BEATRICE VON WEIZSÄCKER

JesusMaria

Jochen Sommer

Der 4-Tage-Firmenscan

Für Mirela, meine große Liebe.
Danke für Deine Liebe und Deinen Einsatz.

Jochen Sommer

Der 4-Tage-Firmenscan

So decken Sie die größten Fehler in Ihrem
Unternehmen auf und stellen sie ab

REDLINE | VERLAG

Bibliografische Information der Deutschen Nationalbibliothek:

Die Deutsche Nationalbibliothek verzeichnet diese Publikation in der Deutschen Nationalbibliografie; detaillierte bibliografische Daten sind im Internet über http://d-nb.de abrufbar.

Für Fragen und Anregungen:

sommer@redline-verlag.de

1. Auflage 2010

© 2010 by Redline Verlag, FinanzBuch Verlag GmbH, München,
Nymphenburger Straße 86
D-80636 München
Tel.: 089 651285-0
Fax: 089 652096

Redaktion: J.T.A. Wegberg, Berlin
Umschlagabbildung: © Jochen Sommer
Satz: HJR, Jürgen Echter, Landsberg am Lech
Druck: GGP Media GmbH, Pößneck
Printed in Germany

ISBN 978-3-86881-273-2

Weitere Infos zum Thema

www.redline-verlag.de
Gerne übersenden wir Ihnen unser aktuelles Verlagsprogramm.

Inhalt

Vorwort

Das vorliegende Buch beschreibt eine vollständige Systematik zum Aufbau und zur Entwicklung leistungsfähiger Unternehmen. Sie ist branchenneutral für Betriebe fast jeder Größe geeignet. Damit ein solch umfassendes System überhaupt beschrieben werden kann, ist die Informationsdichte in diesem Buch sehr hoch. Sofern es für das Verständnis sinnvoll ist, werden Beispiele oder Musterprozesse beschrieben.

In der Praxis hat sich gezeigt, dass jeder davon profitiert, der sich mit dieser Systematik beschäftigt und sie vollständig oder teilweise in sein Unternehmen integriert hat. Die Wirksamkeit des hier vorgestellten Konzepts ist also durch zahlreiche praktische Beispiele bestätigt. Gleichwohl zeigt sich in der Anwendung immer wieder, dass der Anwender Systematik und Struktur wirklich wollen muss, um sie auch tatsächlich zu implementieren. Es ist daher kaum möglich, einen Interessenten durch Verkaufsmaßnahmen oder Überredungskünste zu bewegen, sich mit Systemen zu beschäftigen. Wenn Sie entschlossen sind, ein leistungsfähiges Unternehmen aufzubauen, und dabei eine geeignete Systematik suchen, die Sie über dessen gesamte Lebenszeit begleitet, dann ist dieses Buch für Sie genau richtig.

Unternehmensführung ist vor allem eine bestimmte Art zu denken. Sie werden feststellen, dass alle hier vorgestellten Prinzipien ineinandergreifen, sich gegenseitig unterstützen und ein bestimmtes Menschenbild zur Grundlage haben, das auf gegenseitiger Anerkennung, Fairness und Achtung aufbaut.

Im Gegensatz zu isolierten Tipps, die kurzfristige Entlastung, aber selten dauerhafte Problemlösungen bringen, kann eine gute Systematik tatsächlich zu einem stressfreien und erfolgreichen Unternehmerdasein führen. Die Voraussetzungen dafür haben sich in den letzten Jahrzehnten nicht geändert, auch wenn die technischen und gesellschaftlichen Entwicklungen schnell voranschreiten. Sie werden daher in diesem Buch weder einseitige

Verkaufssprüche noch zahllose Tipps finden. Die sind in der Praxis ohnehin oft wertlos, weil sie nur dann wirksam sind, wenn sie zufällig in Ihr bestehendes System hineinpassen. Stattdessen lernen Sie in diesem Buch, wie Sie selbst ein wirksames System aufbauen, das auch ohne Tricks und Tipps erfolgreich sein kann. Am Ende dieses Lernprozesses steht ein erfolgreicher Unternehmer, der unabhängig von externer Beeinflussung seinen Weg geht und Weisheit und Lebenserfahrung in sich vereinigt.

Es geht letztendlich darum, ein freies, selbst gestaltetes Leben zu führen. Das hier vorgestellte System zeigt Ihnen einen Teil des Weges dorthin.

Jochen Sommer

Gelnhausen, im August 2010

Der Weg zum System:
Wie dieses Buch entstand

Die Misere der Unternehmensberatung

Wer heute ein Unternehmen gründet, steht vor einer Vielzahl scheinbar unlösbarer Probleme. Anstelle der gewünschten unternehmerischen Freiheit steigt die Verantwortung ständig, Risiken nehmen zu, und der finanzielle Ertrag steht in keinem guten Verhältnis zur investierten Zeit. Oft arbeiten Unternehmer länger und härter als Angestellte, erzielen aber vergleichbar geringere Resultate. Wenn man auch im Vergleich zu den eigenen Angestellten besser verdient, steht man doch im Vergleich zu leitenden Positionen in größeren Unternehmen schlecht da.

Unternehmensberater bieten vielfältige Leistungen an, aber meist ist der Unternehmer überfordert, aus der Vielzahl von Spezialisten den richtigen Anbieter auszuwählen. Denn häufig hat er eben kein Personal-, Finanz- und Verkaufsproblem, sondern er fühlt einfach, dass die gesamte Entwicklung nicht so verläuft, wie er sich das gewünscht hat. In dieser Situation nach Problemlösern zu suchen, ist der falsche Ansatz. Was man tatsächlich benötigt, ist ein umfassendes System zur Entwicklung des eigenen Unternehmens, das in erster Linie eine neue positive Perspektive schafft, sodass man die Firma anschließend selbst konsequent weiterentwickeln kann.

Von dieser neuen Perspektive handelt dieses Buch. Hunderte von Unternehmern haben das System bereits umgesetzt und besitzen seitdem vollkommen neue Ansichten und Ideen zur Unternehmensführung. Wer die Empfehlungen in diesem Buch umsetzt, wird sein Unternehmen in einem ganz neuen Licht betrachten.

Herzlichen Glückwunsch, dass Sie sich mit Unternehmensentwicklung beschäftigen. Mit diesem Buch halten Sie den Schlüssel in der Hand, um ein Unternehmen zu entwickeln, das Ihre persönlichen Bedürfnisse unterstützt und Ihnen zu einem selbst gestalteten Leben in persönlicher Freiheit verhilft.

Persönliche Erfahrungen

1997 gründete ich zusammen mit einem Bekannten ein Unternehmen in der IT-Branche. Ich studierte zu dieser Zeit noch Physik und schulte nebenbei IT-Anwender für Microsoft-Produkte. Schnell stellte ich fest, dass ich über sehr gute Fähigkeiten im Bereich Computernetzwerke verfügte, und qualifizierte mich als international anerkannter Experte im Bereich der Microsoft-Server-Technologien. Durch meine Bekanntheit, die große Expertise und mehrere fachbezogene Buchveröffentlichungen hatte ich schnell zahlreiche renommierte Kunden und war für verschiedene Konzerne (darunter Hewlett-Packard, Microsoft, Deutsche Telekom) tätig.

Die Gewinne und mein Einkommen entwickelten sich hervorragend, das Unternehmen hingegen nicht. Der überwiegende Teil der Arbeit im Unternehmen wurde von mir als Geschäftsführer geleistet, und alle wichtigen Kunden bestanden darauf, dass ich persönlich in den Projekten aktiv wurde. Dadurch geriet die Neukundenakquise ins Stocken, und die Qualität der Dienstleistungen ließ aufgrund meiner persönlichen Belastung in einigen Bereichen deutlich nach.

Da die finanzielle Situation sehr komfortabel war, begann ich, mich für Verkaufstechniken und Unternehmensberatung zu interessieren. Den Verkauf lernte ich zunächst selbst und war darin auch sehr erfolgreich. Mehrfach konnte ich Aufträge in Millionenhöhe gewinnen und mich gegen wesentlich besser aufgestellte Mitbewerber durchsetzen. Trotzdem hatte jeder neue Verkauf den Nachteil, dass ich anschließend auch einen großen Teil der damit verbundenen Arbeit durchzuführen hatte. Daher suchte ich die Hilfe professioneller Berater.

Was sie mir anboten, war selten zu gebrauchen und meist erfolglos. Kein einziger Berater hatte ein ganzheitliches Konzept. Die meisten erklärten zunächst, wie der Verkauf optimiert werden sollte, hatten jedoch keine Idee, wie ich die anschließende Leistungserbringung so optimieren konnte, dass ich nicht mehr selbst die meiste Arbeit tun musste. Die am häufigsten gebrauchte Erklärung dafür war, dass sie als Berater zu geringe Fachkenntnisse in der IT-Branche hätten.

Andere Berater wollten mir hochkomplexe Finanzplanungen anbieten, hatten jedoch keine Antwort auf die Fragen, wie ich zu den dafür notwendigen statistischen Daten kommen und was ich später mit den Auswertungen zur Steuerung des Unternehmens anfangen sollte. Und Werbeagenturen optimierten meist zunächst die gerade erst neu erstellten Websites und Werbetexte, doch die strategische Aufgabe, Interessenten zu gewinnen und Kontakte zu generieren, lehnten sie konsequent ab.

Kurz gesagt, alle Berater waren auf etwas spezialisiert, jedoch war kein Einziger daran interessiert, die von ihm erbrachten Leistungen später zum Gesamtnutzen des Unternehmens in die bestehenden Abläufe zu integrieren. Das Ergebnis war eine Vielzahl kostenintensiver Produkte, die letztendlich nutzlos waren. Zu den negativsten Erfahrungen gehörten die folgenden:

➤ Die Erstellung eines kompletten Schulungsprogramms für das Unternehmen mit Terminen und detaillierter Seminarbeschreibung sowie der Druck Tausender von Broschüren. Allerdings wurde im Vorfeld gar nicht überlegt, wem die Broschüren zugesendet werden sollten. Als man die Ansprechpartner der Firmen endlich identifiziert hatte, waren die angebotenen Produktschulungen veraltet, weil neue Versionen der Hersteller vorlagen. Die Broschüren mussten weggeworfen werden.

➤ Die Erstellung einer strategischen Präsentation, mit deren Hilfe Entscheider zum Einstieg in das E-Business gewonnen werden sollten. Nach Erstellung der Präsentation fehlten jedoch die Interessenten, und der Berater (der zum Aufbau des gesamten Geschäftsbereichs engagiert war) erklärte, dass es nicht seine Aufgabe sei, die Interessenten und Ansprechpartner bei den Zielunternehmen zu identifizieren, und er auch nicht wisse, wie das geht. Die 20.000 Euro teure Präsentation war daher wertlos, und der Berater verließ das Unternehmen.

Trotz eines hohen Budgets für Beratung, guter Kontakte und Empfehlungen war kein einziger Berater in der Lage, die eigentlichen Probleme des Unternehmens zu identifizieren.

Es ist also nicht verwunderlich, dass viele Kunden starke Vorbehalte gegenüber Beratern haben. Sie gelten als teuer und unqualifiziert, oft als überheblich oder abgehoben. In großen Firmen werden sie meist als notwendiges Übel angesehen, weil aufgrund von Personalmangel bestimmte Aufgaben ohne externe Unterstützung nicht erledigt werden können.

Steigende Arbeitsbelastung

Mit der Zeit stieg meine Arbeitsbelastung enorm an. Ich hatte über 30 Mitarbeiter, für deren Führung ich (neben der Facharbeit) verantwortlich war. Auftragsbearbeitung, Kundenpflege, Führung und unternehmerische Aufgaben bestimmten meine 100-Stunden-Wochen. Das Einzige, was mich dabei tröstete, waren mein relativ hohes Einkommen und die teuren Firmenwagen, die ich fahren konnte. Unternehmerische und persönliche Ziele standen jedoch nicht miteinander im Einklang.

Ich versuchte, das Problem zu lösen, indem ich einen als fähig bekannten Manager einstellte, der das Unternehmen nach vorne bringen sollte. Leider nutzte er die Situation aus, um sich auf Kosten meines Unternehmens selbstständig zu machen. Nachdem er genügend Einblick in die Kunden- und Lieferantenbeziehungen gewonnen hatte, löste er sich vom Unternehmen und nahm Aufträge und einige Mitarbeiter mit, die er durch geringfügig bessere Konditionen abwerben konnte.

Ich hatte endgültig die Lust verloren und machte zunächst diverse Weiterbildungen, bis ich das Unternehmen schließlich auflöste und zudem von meiner damaligen Frau geschieden wurde: die unausweichliche Folge der Vernachlässigung unserer Beziehung, weil ich mich jahrelang ausschließlich um die Firma gekümmert hatte.

Tatsächlich war ich die ganze Zeit in meinem Unternehmen nichts weiter als die beste Fachkraft und mein eigener Angestellter – mit dem Nachteil, dass ich keinerlei persönliche Freiheit mehr hatte und das Unternehmen mein Leben auffraß. Im Laufe der kommenden Jahre stellte ich fest, dass ich keine Ausnahme war, sondern dass es fast allen kleinen und mittelständischen Unternehmern so geht.

Der unternehmerische Alltag

Eine große Zahl neu gegründeter Unternehmen scheitert innerhalb der ersten fünf Jahre. Je nach Untersuchung werden Zahlen zwischen 50 und 80 Prozent genannt. Doch was passiert mit den restlichen Unternehmen? Wachsen sie zu erfolgreichen und reifen Betrieben heran, sodass der Unternehmer die Früchte seines Engagements ernten kann und zufrieden und positiv in die weitere Zukunft blickt?

Zahlreiche Untersuchungen und Interviews mit Unternehmern zeigen ein anderes Bild. Unternehmer sind häufig mit den zahllosen Aufgaben in ihrem Betrieb überfordert. Sie investieren ein Maximum an Zeit und riskieren ihre Gesundheit und die familiären Beziehungen für den Erhalt ihres Unternehmens. In einigen Fällen handelt es sich um einen ständigen Kampf ums Überleben: Rechnungen werden nicht bezahlt, Wettbewerber drohen mit ständigen Abmahnungen, Mitarbeiter sind unzufrieden, und der Unternehmer hatte seit langem keinen echten Urlaub mehr.

Fragt man nach der langfristigen Perspektive, so antworten die meisten Unternehmer mit unklaren Zielen und Wunschvorstellungen. Häufig wird von der Marktführerschaft gesprochen oder von einem überdurchschnittlichen Wachstum. Tatsächlich hat der Unternehmer dafür aber keine Strategie, sondern träumt schon seit der Gründung von diesen Entwicklungen, während sein Alltag von ständiger Überforderung geprägt ist. Raum für Kreativität und die Schaffung lohnender Perspektiven gibt es nicht.

Von der Fachkraft zum Unternehmer

Die meisten Unternehmensgründer unterliegen dem fatalen Irrtum, dass ihre fachliche Qualifikation sie auch zum Unternehmer qualifiziere. Daher werden so viele Unternehmen von Fachkräften gegründet, die in einem bestimmten Bereich erfolgreich sind. IT-Berater, Ärzte, Rechtsanwälte, Makler, Hausverwalter, Physiker, Chemiker, Künstler, Trainer und auch Berater gründen Unternehmen und stellen Mitarbeiter ein. Zunächst sind sie erfolgreich. Allerdings nur so lange, wie sie ihre Kunden selbst bedienen. Wächst das Unternehmen weiter, findet ein Rollenwechsel statt. Die ehemalige Fachkraft mutiert zum Supermann und kümmert sich nun um alle wesentlichen Aspekte der Unternehmensführung: Buchhaltung, Rekrutierung, Führung, Vertragswesen und so weiter. Jeder Versuch, die Arbeit zu delegieren, scheitert, denn die neuen Mitarbeiter handeln nicht so, wie es der Unternehmer will.

Die Gründe für die nun folgenden Schwierigkeiten liegen einerseits in der steigenden Komplexität, andererseits darin, dass eine Fachkraft eben kein Unternehmer ist und daher keine Unternehmensentwicklung betrieben wird.

Unternehmensentwicklung als strategische Aufgabe

Im Jahre 2004 habe ich zusammen mit Werner Berghaus, dem Herausgeber der Fachzeitschrift *Immobilienprofi*, in Hopfen am See über die Zukunft der Immobilienbranche diskutiert. Immobilienmakler, Hausverwalter und Bauträger leiden genau wie fast alle anderen Unternehmer unter den oben beschriebenen Problemen. Auch in der Immobilienbranche war es seit Jahren die übliche Praxis, Verkaufs- und Motivationsseminare zu besuchen, um unternehmerischen Erfolg zu erzielen. Aufgrund der steigenden Anforderungen durch den Markt gerät aber auch diese Branche immer mehr unter Druck. So zeigte sich bereits damals, dass die althergebrachten Ansätze kaum noch positive Impulse brachten. Schnell kamen wir zu der Erkenntnis, dass ein ganzheitliches System zur Unternehmensentwicklung benötigt wird, das einerseits einfach zu implementieren ist und andererseits schnelle Erfolge ermöglicht.[1]

Der Business-Scan

Hierzu entwickelte ich zunächst mit Unterstützung von Werner Berghaus und Annette Sommer einen Business-Scan, mit dem sich ein Unterneh-

---

[1]   Dieses Modell wurde zwischenzeitlich unter dem Namen Makeln21 (*http://www.makeln21.de*) bekannt.

men innerhalb eines Tages in allen wesentlichen Bereichen untersuchen ließ, damit man anschließend klare Empfehlungen aussprechen konnte, mit welchen Maßnahmen die besten Erfolge zu erzielen sind. Der Scan wurde kontinuierlich verbessert. Mittlerweile liegen die Ergebnisse zahlreicher Unternehmen aus den unterschiedlichsten Branchen vor, wobei sich immer wieder die gleichen Problemfelder zeigen.

Auf Basis des Business-Scan und unter Einbeziehung der Erfahrungen vieler sehr engagierter Kunden wurde schließlich das in diesem Buch vorgestellte Modell in Form eines Würfels (Systematic Cube) entwickelt. Dieses Buch vermittelt die konzentrierten Erkenntnisse Tausender Arbeitstage und integriert die Erfahrungen und Ideen Hunderter erfahrener Unternehmer und Berater. Ohne die Offenheit und das Engagement dieser Personen wären dieses Modell und dieses Buch niemals möglich geworden. Das Modell wird mittlerweile von zahlreichen Unternehmen erfolgreich genutzt, optimiert und branchenspezifisch weiterentwickelt. Je mehr Unternehmer das Modell nutzen und je weiter seine Verbreitung ist, desto erfolgreicher werden die Unternehmen. Der Business-Scan ermöglicht dem Unternehmer, in relativ kurzer Zeit die Reife seines Unternehmens zu ermitteln. Der Scan prüft dabei alle wesentlichen Bereiche des Unternehmens, unabhängig von dessen Größe. Ein kleines, sehr gut strukturiertes Unternehmen kann daher ein besseres Ergebnis erzielen als ein großes, weniger gut strukturiertes Unternehmen.

Würde man den Systematic Cube mit einem Motor vergleichen, so hätte dieser acht Zylinder (die acht Hauptgeschäftsprozesse auf der Oberseite). Die Größe (Hubraum, Drehmoment und Leistung) des Motors würden durch das Volumen des Würfels wiedergegeben, was bei einem Unternehmen der Mitarbeiterzahl, dem Marktanteil und dem Umsatz entspricht. Der Business-Scan hingegen misst die Effektivität der einzelnen Zylinder beziehungsweise die Reife der Hauptgeschäftsprozesse. Jeder Zylinder kann maximal 100 Prozent Wirkungsgrad erzielen (was einer Maximalpunktzahl von 800 Punkten im Business-Scan entspricht). Ein großer Motor kann daher zwar mehr Leistung (Umsatz) haben als ein kleiner, aber bei dem kleinen Motor sind die Zylinder möglicherweise perfekt aufeinander abgestimmt, und jeder erzielt die maximale Wirksamkeit. In diesem Fall würde das kleinere Unternehmen deutlich bessere Gewinnmargen erzielen, Abläufe wären besser abgestimmt, und die Qualität der Mitarbeiterführung und Leistung wäre vorbildlich. Der Business-Scan ermöglicht den brancheninternen Vergleich von Unternehmen unterschiedlicher Größe. Es lässt sich leicht erkennen, dass ein Unternehmen auf einer hohen Entwicklungsstufe für die Zukunft deutlich besser positioniert ist als ein Unternehmen mit nur schwach entwickelter Reife.

Dieses Buch kann den Business-Scan durch einen erfahrenen Berater nicht vollständig ersetzen, gibt Ihnen aber eine klare Vorstellung von den untersuchten Bereichen und den Aktivitäten, die für eine positive Unternehmensentwicklung notwendig sind. Die wichtigste Voraussetzung dafür ist eine offene und positive Grundeinstellung. Anfänglich mögen Ihnen einige Ideen neu und unkonventionell erscheinen. Seien Sie versichert, dass alle auf bewährten Ansätzen (sogenannten Best Practices) beruhen und in der Praxis mehrfach überprüft wurden.

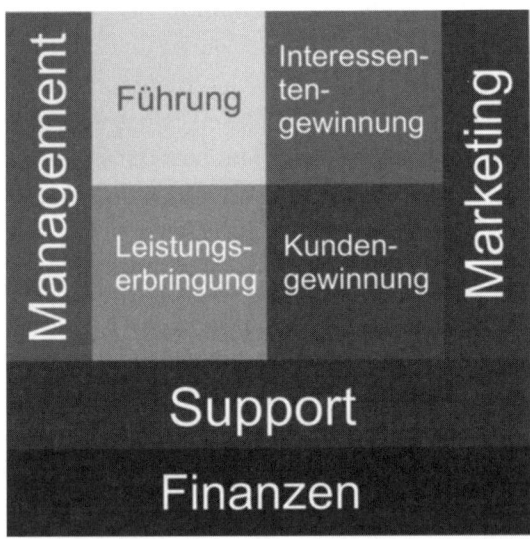

Abbildung 1: Die acht Hauptgeschäftsprozesse des Systematic Cube

Um ein Unternehmen entwickeln und seine Reife bewerten zu können, müssen zwangsläufig bestimmte Begriffe definiert werden. Nur damit ist es möglich, übergreifende Vergleiche durchzuführen und ein zusammenhängendes Verständnis zu entwickeln. Aus diesem Grunde haben wir in diesem Buch Begriffen und deren Definition ein eigenes Kapitel gewidmet, damit Sie schnell darauf zurückgreifen können.

Gegensätzliche Ansichten

An einigen Stellen widersprechen die hier geschilderten Erfahrungen den bekannten Ansätzen. So werden beispielsweise im Hinblick auf Führung von den meisten Experten Methoden vertreten, die sich mehr oder weniger auf die Entwicklung einer Führungspersönlichkeit und deren Eigenschaften konzentrieren. In diesem Buch werden Ihnen hingegen vorrangig Ansätze vorgestellt, wie Sie durch eine Führungssystematik erfolgreich führen.

Der Grundgedanke dabei ist einfach: Wenn Sie es schaffen, durch ein gutes Führungssystem 90 bis 95 Prozent aller Fragen und Probleme unter den Mitarbeitern zu regeln, so brauchen Sie sich persönlich nicht mehr damit zu beschäftigen. Sie benötigen dafür also deutlich weniger Energie, Charisma und Führungspersönlichkeit, sondern können sich auf die kreative Lösung wirklich entscheidender Probleme verwenden. Dabei sind Sie gelassener, entspannter und sicherer als in einem Unternehmen, bei dem aufgrund eines fehlenden Systems und fehlender klarer Regeln ständig Unklarheiten auftreten. Die Grundlage aller hier vorgestellten Gedanken ist also immer die Idee, dass ein funktionierendes System (das aus dokumentierten und angewendeten Regeln, Anweisungen, Prozessen und Automatismen besteht) circa 95 Prozent aller Routineereignisse automatisch regelt und dadurch der Aufwand für den Unternehmer deutlich geringer wird. Gleichzeitig verbessern sich durch Systeme die Qualität, die Zuverlässigkeit und letztendlich die Zufriedenheit aller Beteiligten.

Wenn man sich mit unterschiedlichen Theorien und Ansätzen zur Unternehmensführung beschäftigt, so findet man letztendlich für jede Theorie ein Beispiel, das ihre Richtigkeit zu beweisen scheint. Oft werden diese Theorien auch mit ansprechenden Namen versehen und durch entsprechendes Marketing in den Fokus der Wahrnehmung gerückt. Andererseits findet man genauso leicht Beispiele, die scheinbar beweisen, dass die Theorie nicht zutrifft. Wenn Sie acht Experten befragen, erhalten sie zehn Meinungen.

Menschen neigen auch dazu, Dinge zu bewerten, von denen sie eigentlich keine Ahnung haben. Dies ist für Unternehmer im Hinblick auf Empfehlungen und Führungsmodelle anfänglich oft verwirrend. Es ist daher unabdingbar, dass Sie sich in jedem Fall eine eigene Meinung bilden und positive wie negative Veränderungen bemerken und diesen begegnen. Die hier vorgestellte Systematik hat den Vorteil, dass sie vollständig, zusammenhängend und aufeinander abgestimmt ist. Kein Aspekt wird dabei ausgelassen, und auch unangenehme Fragen werden beantwortet. Der Business-Scan beweist die Richtigkeit der hier getroffenen Aussagen. Trotzdem sind am Ende Ihre Fähigkeiten und Ihr Wille entscheidend, um das Ganze umzusetzen und mittels Ihres eigenen Unternehmens in eine reale Form zu verwandeln. Es geht dabei um nichts anderes als darum, hervorragend organisierte und erfolgreiche Unternehmen zu schaffen.

Stellen Sie sich eine Gesellschaft vor, in der Unternehmen umfangreichen Zugriff auf alle sinnvollen Organisationsinstrumente haben, die das Unternehmen professionalisieren und systematisieren. Leistungen werden kundenorientierter, Mitarbeiter arbeiten unter effektiver Führung und übernehmen persönliche Verantwortung, und der Unternehmer kann sich voll und ganz der kreativen Entwicklung des Unternehmens widmen. Auf diese Weise schaffen und unterstützen wir Unternehmen, die vorbildlich unsere Gesellschaft formen. Das ist das Ziel.

Teil 1

Lebensqualität und das Prozessmodell für unternehmerischen Erfolg

Erfolgsfaktor Nummer 1 – Lebensqualität

Die größten Fehler

1. Dem Unternehmer ist nicht klar, dass der eigentliche Zweck eines Unternehmens darin besteht, mehr Lebensqualität für alle Beteiligten zu schaffen. Lebensqualität wird mit Geld gleichgesetzt, und andere Parameter werden vernachlässigt.

2. Die unternehmerische Vision fehlt: Der Sinn des Unternehmens ist nicht transparent. Der Nutzen des Unternehmens für Mitarbeiter, Kunden und die Gesellschaft ist fraglich.

3. Der Unternehmer hat seine finanziellen Ziele nicht hinreichend definiert: Meist sind die Ziele unklar, oder er will einfach so viel wie möglich verdienen. Hierdurch fehlt eine wichtige Zielgröße.

4. Der Unternehmer hat seine Aufgaben nicht klar definiert: Die Aussage »Ich arbeite gerne!« ist meist das eigentliche Problem. Ein Unternehmer lässt andere arbeiten, kontrolliert und kommuniziert. Wer gerne arbeitet, sollte sich in der Firma eines anderen bewerben.

5. Der Unternehmer verzichtet auf eine ausführliche Planung seiner Lebensziele: Es wird kein Businessplan erstellt, und die zentralen Fragen nach Zeit, Geld und Inhalt der Tätigkeit werden als geklärt betrachtet, obwohl sie es nicht wirklich sind.

6. Meetings werden ohne Plan und Regeln geführt. Dadurch entsteht im Unternehmen der Eindruck, dass Kommunikation und Vereinbarungen beliebig und unverbindlich sind.

7. Der Unternehmer vernachlässigt die persönliche Entwicklung und Freiheit: Wenn er immer als Erster kommt, als Letzter geht und am meisten opfert, ist er kein positives Vorbild. Als Vorbild sollte er das Leben genießen und wissen, dass es um mehr geht als zu arbeiten, Geld zu verdienen und das Unternehmen zu vergrößern.

Geld, Zeit und Inhalt Ihrer Tätigkeit

Um Ihr Unternehmen langfristig zum Erfolg zu führen, müssen Sie es von Anfang an so ausrichten, dass es Ihre persönlichen Ziele unterstützt. Dafür ist es wichtig, diese persönlichen Ziele wirklich zu kennen. Leider tun das nur die wenigsten Unternehmer. Häufig haben sie stattdessen lediglich unklare Vorstellungen von ihrer Zukunft. Sie träumen davon, Millionär zu sein, ein großes Auto zu fahren und mehr Freiheit zu haben. Klare Anforderungen an ihr Leben stellen sie selten. Es ist jedoch dauerhaft nicht möglich, ein Unternehmen zu führen, das die eigenen Vorstellungen vom Leben nicht unterstützt. Wer pausenlos gegen seine Vorstellungen von Einkommen, Arbeitsinhalt und Freiheit arbeitet, wird irgendwann resignieren und aufgeben.

Daher definieren wir den Zweck eines Unternehmens in diesem Buch folgendermaßen:

> Ein Unternehmen dient dazu, dem Unternehmer, den Mitarbeitern und den Kunden mehr Lebensqualität zu verschaffen.

Lebensqualität kann nicht alleine durch finanziellen Gewinn erreicht werden. Um die größtmögliche Lebensqualität für den Unternehmer zu erzielen, ist ein ausgewogenes Verhältnis zwischen den folgenden Faktoren oberstes Ziel der unternehmerischen Aktivität.

Arbeitsaufwand

➤ Definieren Sie möglichst frühzeitig, was Sie als optimalen durchschnittlichen Arbeitseinsatz für das Unternehmen erbringen möchten. Viele Unternehmer planen ihre Wochenarbeitszeit überhaupt nicht. Die Folge ist, dass jedes Wachstum auch automatisch mehr Arbeitszeit bedeutet, weil der Unternehmer weitere Verwaltungs- und Kontrollaufgaben übernimmt. Letztendlich sollte sich der Unternehmer auf die drei Bereiche Planung, Kommunikation und Kontrolle beschränken. Dafür genügen oft wenige Stunden pro Woche. Der deutlich größere Zeitanteil wird für operative Tätigkeiten benötigt. Schafft man es, diese zu reduzieren, so kann ein Unternehmer eine Firma durchaus mit vier bis acht Stunden Arbeitsaufwand pro Woche erfolgreich führen. Wer auf diese Weise plant, könnte also bei einer normalen 40-Stunden-Woche theoretisch fünf bis zehn Unternehmen gleichzeitig führen (was manche Unternehmer tatsächlich tun). Alles, was über die von Ihnen definierte wöchentliche Arbeitszeit hinausgeht, bedeutet eine Einschränkung der Lebensqualität. Außerdem sind mehrere Wochen Urlaub pro Jahr vorzusehen. Auch hier werden von den meisten Unternehmern zu viele Einschränkungen gemacht: Wer selbst in seiner Firma arbeitet, kann sich Urlaub kaum leisten. Neben den Kosten für den Urlaub selbst entsteht nämlich ein hoher Umsatzverlust, der nicht mehr ausgeglichen werden kann.

Der Inhalt Ihrer Tätigkeit

➤ *Die eigentlichen Aufgaben des Unternehmers sind die kreative Planung des Unternehmens, die Kommunikation der unternehmerischen Idee und die Kontrolle der klar definierten operativen Ziele.* Außerdem müssen bestimmte wichtige Entscheidungen zu Personalfragen und Strategie getroffen werden. Alle anderen Tätigkeiten gehören nicht mehr zu den Aufgaben des Unternehmers, sondern sind meist operativer Natur und könnten an Mitarbeiter oder einen angestellten Geschäftsführer delegiert werden. Wer als Unternehmer davon träumt, als Verkäufer oder Fachkraft in seiner eigenen Firma zu arbeiten – weil er zum Beispiel gerne mit Menschen zu tun hat –, und dafür dann einen Vertriebsleiter und Geschäftsführer benötigt, der die anderen Mitarbeiter für ihn führt, der sollte sich besser um eine Anstellung bei einer Firma bemühen, die bereits ein erfolgreiches System besitzt.

Finanzieller Erfolg

➤ Der Treibstoff für funktionierende Unternehmen ist das Geld, das durch ihre Aktivitäten erwirtschaftet wird. Gleichzeitig muss der Unternehmer so viel Geld aus der Firma entnehmen können, dass er seinen gewünschten Lebensstil damit finanzieren kann. Zu Beginn der unternehmerischen Tätigkeit sollten Sie daher festlegen, wie viel Geld Sie für Ihren Lebensunterhalt benötigen. Definieren Sie drei Größen:

- Legen Sie zunächst das absolute Minimum fest, das Ihr Unternehmen für Sie erwirtschaften muss. Diese Größe ist die Mindestvoraussetzung, die dauerhaft nicht unterschritten werden darf. Wenn Ihr Unternehmen dieses Minimum nicht erwirtschaften kann, müssen Sie bereit sein, es aufzugeben. Leider gibt es viele Unternehmer, die diesen Ratschlag nicht berücksichtigt und ihr Unternehmen in die Insolvenz geführt haben. Dann ist häufig auch das private Vermögen so geschädigt, dass man Jahre braucht, um wirtschaftlich wieder auf die Beine zu kommen.

- Anschließend legen Sie das jährliche Wunschgehalt fest, das Ihnen einen annehmbaren Lebensstandard ermöglicht. Mit diesem Gehalt haben Sie bei der oben definierten Arbeitszeit die höchste Lebensqualität. Wenn Sie es jährlich um 3 bis 5 Prozent steigern können, während Ihre Arbeitszeit sinkt, dann erfüllt Ihr Unternehmen seinen Zweck für Sie optimal.

- Wer hingegen sein Gehalt bis zum möglichen Maximum steigern möchte, der riskiert, dass er dafür zu viel Arbeitszeit und persönliche Opfer erbringen muss.

> Lebensqualität ist die Kombination vieler Faktoren, von denen die wichtigsten für den Unternehmer Geld, Zeit und Inhalt der Tätigkeit sind.

Die Erfahrung zeigt, dass der vierte wichtige Faktor die Gesundheit ist. Er wird anfänglich meist unterschätzt und ist auch nicht Bestandteil dieses Buchs. Bitte achten Sie trotzdem darauf, ernsthaften gesundheitlichen Problemen den Vorrang vor anderen Dingen zu geben.

Die optimale Vorgehensweise besteht also darin, zunächst ein einfaches Unternehmen zu planen und zu erschaffen, das Ihren Lebensstandard optimal finanziert und dabei nur wenig Arbeitszeit von Ihnen verlangt. Anschließend kann die gewonnene Zeit genutzt werden, um weitere Unternehmen nach einem ähnlichen Bauplan zu schaffen, die Ihnen dann deutlich höhere Gewinne ermöglichen.

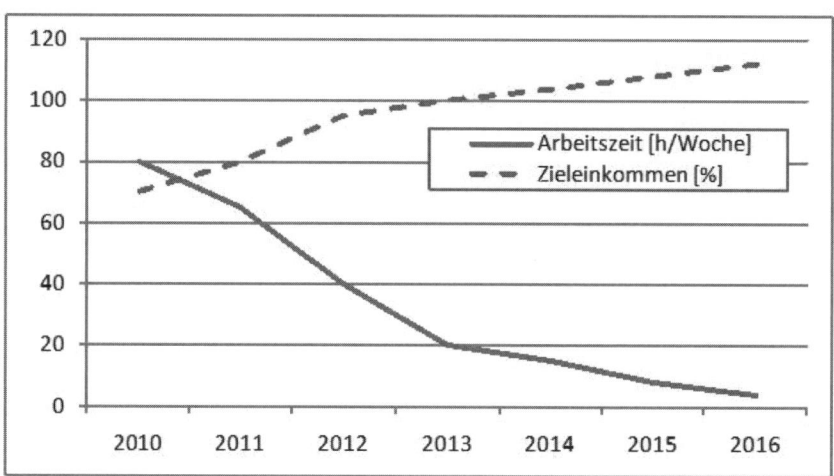

Abbildung 2: Beispiel für einen optimalen Verlauf von Einkommen und Arbeitszeit

Ein wichtiger Grundsatz des amerikanischen Managementberaters Michael Gerber lautet:

Das System verrichtet die Arbeit, die Menschen betreiben das System.

Wir sehen dieses Prinzip als Grundlage für eine optimale Unternehmensentwicklung an. Der Unternehmer sollte sich deshalb darauf konzentrieren, Systeme zu schaffen, welche die wichtigsten Aufgaben im Unternehmen (zum Beispiel Marketing, Interessentengewinnung, Führung und Kundengewinnung) möglichst automatisch erledigen. Anschließend sucht man sich nach einer klar definierten Vorgehensweise (Rekrutierungsprozess) die passenden Mitarbeiter, welche die durch das System vorgegebenen Anforderungen und Aufgaben erfüllen. Dabei werden die Systeme immer so aufgebaut, dass sie von Mitarbeitern mit möglichst geringer Qualifikation ausgeführt werden können. Auf diese Weise spart der Unternehmer Lohnkosten und hat gleichzeitig die Sicherheit, dass die Leistungen auch tatsächlich mit hoher Zuverlässigkeit erbracht werden.

Auch wenn das hier beschriebene Prinzip auf den ersten Blick schwierig erscheint, ist es doch möglich. Beispielsweise konnte in der Immobilienbranche gezeigt werden, dass Aushilfen und Auszubildende den Einkauf von zu vermarktenden Immobilien mit gleicher Zuverlässigkeit und Erfolgsquote durchführen können wie erfahrene Makler. Für den Unternehmer bedeutet dies eine große Ersparnis, da Makler üblicherweise prozentual am Einkaufserfolg beteiligt werden, während Aushilfskräfte nur sehr geringe Kosten verursachen. Der größte Widerstand bei der Entwicklung des zugrunde liegenden Systems war dabei nicht die Definition der Aktivitäten und Abläufe, sondern die Überzeugung der meisten Unternehmer, dass es nicht möglich sei, diese Spezialistentätigkeit durch ein System auf »normale« Mitarbeiter zu übertragen.

Grundprinzipien

Die folgenden Grundprinzipien sind von Bedeutung bei der Beantwortung der Frage: »Was bedeutet Lebensqualität für mich als Unternehmer?«

➤ **Das Prinzip des Lebens**: Ihre Firma ist nicht Ihr Leben und idealerweise von diesem getrennt. Betrachten Sie sich als Mutter oder Vater eines Unternehmens, das auch ohne Sie existenzfähig ist und eine eigene Identität hat. Wenn Sie sich bisher als Herz des Unternehmens gesehen haben (das Herz arbeitet unermüdlich) oder als der Kopf (kein anderer außer Ihnen denkt in diesem Unternehmen wirklich nach) oder als die Beine (Sie gehen den Weg vor, die anderen folgen) oder die Hände (nur Sie handeln), dann ändern Sie bitte dringend diese Sichtweise.

➤ **Das Prinzip des geringsten Widerstandes**: Menschen folgen Naturgesetzen. Das Gesetz des geringsten Widerstandes besagt, dass ein Element in einem System immer den Weg wählen wird, der am wenigsten Energie beziehungsweise Aufwand erfordert. Der Weg selbst ist immer von der Struktur der Umgebung abhängig. Schaffen Sie also die richtigen Strukturen, dann arbeiten Mitarbeiter erfolgreicher in Ihrem Sinne (weil alles andere für sie unbequemer ist), und Sie selbst werden ebenfalls erfolgreicher und benötigen weniger Energie.

➤ **Das Problem der Magie ist nicht, dass sie nicht funktioniert. Das Problem ist, dass sie es tut!** Mit anderen Worten: Achten Sie auf Ihre Wünsche, denn sie könnten in Erfüllung gehen! Viele Menschen denken, sie könnten die wesentlichen Fragen in ein bis zwei Stunden ausreichend beantworten und dann ihr Leben danach führen. Leider zeigt sich später oft, »dass man es so ja nicht gemeint hatte«, doch dann ist es zu spät, die Richtung noch einmal zu ändern. Nehmen Sie sich also bitte genügend Zeit, auch dann, wenn Sie die oben beschriebenen Fragen nach Geld, Zeit und Inhalt Ihrer Tätigkeit schon einmal beantwortet haben. Wenn Sie die richtige Antwort gefunden haben, werden Sie es fühlen. Sind Sie noch unsicher, so prüfen Sie, was an Ihrem Ziel noch fehlt, damit Sie wirklich zu 100 Prozent begeistert sind.

Lebensqualität für Kunden und Mitarbeiter – die unternehmerische Vision

Betrachtet man die persönlichen Grenzen für Wachstum und Effektivität von Mitarbeitern in Unternehmen, kann man leicht sehen, dass vor allem die Personen benachteiligt sind, die sich mit der Erschaffung von Dingen oder dem Erbringen von Dienstleistungen befassen. Eine Fachkraft, die beispielsweise Beratungen für Kunden durchführt, ist durch die Anzahl der möglichen Beratungen in einem bestimmten Zeitraum eingeschränkt. Ein Automechaniker ist durch die Anzahl der möglichen Reparaturen beschränkt, ein Künstler durch die Anzahl der gleichzeitig durchführbaren Projekte. In allen genannten Beispielen ist die persönliche Leistungsfähigkeit durch die zur Verfügung stehende Zeit begrenzt.

Personen, die andere Mitarbeiter führen, sind ebenfalls von ihren fachlichen Fähigkeiten abhängig. Je nach Systematisierungsgrad der Führungsaufgaben und je nach der auszuführenden Tätigkeit der Mitarbeiter kann eine Führungskraft nur eine geringe Zahl von Mitarbeitern betreuen. Jeder Manager ist also beschränkt durch die Anzahl der Mitarbeiter, die er direkt führen kann.

Versucht ein Unternehmer, eine Firma zur Größe zu entwickeln, indem er selbst alles steuert und die Mitarbeiter selbst betreut, so wird er schnell an seine persönlichen Grenzen gelangen, und das Unternehmenswachstum wird stagnieren. Die Wachstumsgrenze für einen Unternehmer ist die Anzahl der Manager und Führungskräfte, die er für seine Idee begeistern kann. Liegt also eine gute Idee vor, die andere überzeugt, ist es möglich, Menschen dafür zu gewinnen, sodass sie später im Sinne dieser Idee handeln und entscheiden. Eine solche Idee hat immer mit der Schaffung von mehr Lebensqualität zu tun und überzeugt durch ihre Einfachheit.

Die unternehmerische Vision beschreibt die Idee von mehr Lebensqualität aus der Perspektive des Nutzens für andere Personen. In der Zusammenarbeit mit Unternehmern wird immer wieder deutlich, dass sich der größte Teil der Unternehmer damit überhaupt noch nicht beschäftigt hat. Auf die Frage, was die unternehmerische Vision ist, werden häufig keine sinnvollen Antworten gegeben. Stattdessen liefern die Unternehmer Wachstumsfantasien. »Unsere Vision ist es, 100 Mitarbeiter zu beschäftigen und bis zum Jahr 2015 8 Millionen Euro Umsatz zu erwirtschaften!«, lautet eine davon. Wenn der Berater beim Business-Scan fragt: »Was habe ich oder was hat einer Ihrer Kunden davon, wenn Ihr Unternehmen 100 Mitarbeiter beschäftigt? Unternehmen dieser Größenordnung gibt es schließlich sehr häufig!«, ist der Unternehmer verblüfft und meistens sprachlos.

> Eine unternehmerische Vision beantwortet immer auch die Frage: »Was bringt es mir (als Kunde, Mitarbeiter oder Investor), wenn ich dieses Unternehmen unterstütze?«

Jede Formulierung, die sich mit der Größe, dem Gewinn oder dem Einfluss des Unternehmens beschäftigt, zeigt keinen erkennbaren Nutzen für Außenstehende. Vielleicht können die Mitarbeiter noch einen Vorteil in Größe sehen, weil sie die Karriere erleichtert oder die Chancen für Bewerbungen bei anderen Unternehmen erhöht – für den Kunden bringt reine Größe jedoch sicher keinen Vorteil.

Eine Vision muss sich also mit Themen beschäftigen, die für Mitarbeiter und Außenstehende gleichermaßen interessant und wichtig sind. Dabei ist vor allem das von Belang, was die Lebensqualität der Betroffenen oder der Gesellschaft steigert. Wenn das Unternehmen eine positive gesellschaftliche Entwicklung begünstigt oder sich für die Beseitigung negativer Faktoren einsetzt, gewinnen alle Beteiligten dabei. Einige Beispiele sollen dies verdeutlichen:

> Immobilienmakler können versuchen, ein Unternehmen zu schaffen, das alle Beteiligten vor Risiken beim Wohnungskauf schützt. Hierdurch steht das Maklerunternehmen für Sicherheit und Seriosität und unterstützt seine Kunden bei einer der wichtigsten finanziellen und persönlichen Entscheidungen in ihrem Leben.

> Anstatt sich auf die beste Ausbildung und Fachkompetenz zu konzentrieren, können Ärzte sich dafür einsetzen, Gesundheit zu fördern und einen Betrag zur gesunden Lebensführung zu leisten. Hierbei kann sich das Unternehmen durch entsprechende Forschung und Kommunikation mit den Patienten profilieren.

> Technische Dienstleister können ein umfassendes Verständnis der geschäftlichen Probleme ihrer Kunden aufweisen. Statt Computerprobleme zu lösen, bieten IT-Dienstleister eine optimale Unterstützung und Gestaltung der Geschäftsprozesse von Kunden durch EDV.

> Ein Softwareanbieter kann eine bessere Gestaltung der Arbeitsabläufe und damit den geschäftlichen Erfolg seiner Kunden gewährleisten, anstatt immer mehr Funktionen in seine Programme einzubauen.

Durch eine geschickt formulierte unternehmerische Vision wird also deutlich, in welcher Hinsicht das Unternehmen mehr Lebensqualität erzeugt, welche Werte unterstützt werden und in welchem größeren Zusammenhang das Unternehmen einen sinnvollen Beitrag leistet. Wer sich als Unternehmenslenker die Zeit nimmt, eine klare Vision zu formulieren, der gewinnt nicht nur mehr Kunden. Er kann sich auch dann der Unterstützung seiner Idee durch andere sicher sein, wenn die wirtschaftliche Entwicklung negativ ist oder ein Mitbewerber gerade einen besseren Service oder eine besondere Innovation anbietet.

Eine unternehmerische Vision ist die Grundlage für die Kommunikation nach außen und die Basis für Wachstum und Gewinn – gerade auch in schwierigen Zeiten oder wenn die Mitbewerber im Service oder in der Fachkompetenz überlegen sind. Wer durch seine unternehmerische Vision für mehr Lebensqualität einsteht und echten Sinn vermittelt, ist der moralische Sieger und gewinnt die Herzen der Menschen. Auch wenn es an dieser Stelle etwas ungehörig klingen mag, so wird sich dies letztendlich wieder in Profit umwandeln.

Stellen Sie sich die Wünsche der Menschheit als Wellen in einem Meer von Bedürfnissen vor. Manche dieser Wünsche erzeugen große Wellen, andere nur sehr kleine. Wenn Sie eine Vision formulieren, die im Einklang mit einer großen Welle ist, wird Ihr Unternehmen von dieser Welle nach vorne getragen. Ein solches Beispiel ist Wikipedia. Jimmy Wales, der Gründer von Wikipedia, hat die Vision treffend formuliert: »Stellen Sie sich eine Welt vor, in der jeder Mensch freien Zugang zum gesamten Wissen der Menschheit hat. Das ist unser Ziel!«

Mit dieser Vision erzeugt das Unternehmen eine Resonanz auf das millionenfach geäußerte Bedürfnis nach freiem Zugang zu Bildung und Wissen. Wikipedia bietet allen Menschen eine Plattform, die dieses Bedürfnis teilen. Das Ergebnis ist die kostenlose Unterstützung durch Tausende ehrenamtlich tätige Autoren, die diese unvergleichliche Online-Enzyklopädie in der ganzen Welt täglich aktualisieren und vervollständigen. Nur durch diese Vision und die damit verbundene Anziehungskraft ist es möglich, dass Wikipedia eine solche Entwicklung erlebt.

Was können Sie selbst tun?

Fassen Sie Ihre bisherigen Antworten in einer klaren Aussage zusammen

Meine ideale wöchentliche Arbeitszeit beträgt ____ Stunden. Jedes Jahr nehme ich mindestens ____ Wochen Urlaub. In der Urlaubszeit bin ich in der Lage, mich ausschließlich auf meine Erholung zu konzentrieren.

Ich benötige monatlich mindestens ____ Euro, um meinen jetzigen Lebensstil zu erhalten. Mein Unternehmen soll für mich in ____ Jahren mindestens ____ Euro pro Jahr vor Steuern erwirtschaften. Wenn ich das Unternehmen verkaufen sollte, muss der Verkaufswert mindestens ____ Euro ergeben. Ich bin bereit, in schlechten Zeiten auch für ____ Euro monatlich zu arbeiten, wenn es aus wirtschaftlichen Gründen sein muss. Unterschreitet mein Einkommen diesen Wert für mehr als ____ Monate, werde ich das Unternehmen auflösen.

Meine Tätigkeit besteht hauptsächlich aus strategischer Planung, dem Aufbau von Systemen, Kommunikation und Kontrolle. Operative Tätigkeiten delegiere ich konsequent an meine Mitarbeiter, nachdem ich die notwendigen Voraussetzungen dafür geschaffen habe.

Meine unternehmerische Vision sorgt für mehr Lebensqualität für alle Beteiligten (Kunden, Mitarbeiter, Unternehmer) und lautet:

_____

Ihr Wochenplan: Organisieren Sie Ihr Arbeitsleben
Wer nur in der Firma und nicht an der Firma arbeitet, ist letztendlich nur ein besserer Angestellter. Da der Unternehmer die größte Verantwortung trägt, wird er als bester Angestellter von allen Mitarbeitern am meisten arbeiten und viele Tätigkeiten selbst ausführen. Natürlich bleibt dann keine Zeit mehr, an der Firma zu arbeiten und die weitere Entwicklung zu beeinflussen. Erfolglose Unternehmer arbeiten pausenlos im Tagesgeschäft und haben keine festen Zeiten, in denen sie sich ausschließlich der strategischen

Entwicklung des Unternehmens widmen. Bringen Sie Ordnung in Ihr zukünftiges Berufsleben und schaffen Sie die Basis für zukünftige Freiräume! Erstellen Sie sich einen schriftlichen Wochenarbeitsplan, den Sie von nun an strikt einhalten. Er ähnelt einem Stundenplan und sollte die folgenden Punkte berücksichtigen:

➤ Verplanen Sie nur 80 Prozent Ihrer Zeit. Wenn möglich, lassen Sie pro Woche einen ganzen Tag frei. Dieser Tag dient der Reduzierung Ihrer Arbeitsbelastung. Sie erreichen dies nämlich nicht, indem Sie planen, in drei Jahren weniger zu arbeiten, sondern nur wenn Sie ab jetzt weniger arbeiten. Mit der Zeit werden Sie mehr Routinetätigkeiten in kürzerer Zeit erledigen können, sodass sie noch mehr Zeit sparen werden. Im Moment genügt ein Tag. Ist ein voller Tag nicht machbar, so planen Sie täglich zwei Stunden Freiraum ein.

➤ Als Geschäftsführer (siehe Führungssystematik) lautet Ihre Hauptaufgabe »Entwicklung und Umsetzung von Strategien, die das langfristige Überleben des Unternehmens sichern«. Solange Sie noch nicht über einen angestellten Geschäftsführer verfügen, planen Sie hierfür mindestens einen halben Tag pro Woche ein. Später können Sie diese Aktivitäten auf Mitarbeiter übertragen und dadurch einen halben Tag Freizeit gewinnen.

➤ Planen Sie täglich maximal eine Stunde für die Bearbeitung von E-Mails ein.

➤ Planen Sie zwei Zeiteinheiten pro Tag für Rückrufe ein, idealerweise von 13 bis 13:30 Uhr und von 16:30 bis 17 Uhr. Zu anderen Zeiten sind Sie nur per Anrufbeantworter oder Assistenz erreichbar. Besprechen Sie Ihren Anrufbeantworter entsprechend. Nur eine Fachkraft muss für Kunden immer erreichbar sein, und die Erfahrung zeigt, dass Kunden diese klare Regelung fast einstimmig akzeptieren und positiv aufnehmen.

➤ Ein wesentliches Element für unternehmerischen Erfolg ist Kommunikation. Daher planen Sie ebenfalls mindestens einen halben Tag für Gespräche, Einarbeitung/Einweisung von Mitarbeitern, Teambesprechungen und Telefonate ein. Richten Sie eine wöchentliche Sprechstunde für Unvorhergesehenes ein. Mitarbeiter können diese Sprechstunde nach vorheriger Anmeldung und Bekanntgabe des Themas nutzen, um spezielle Fragen zu klären.

➤ Legen Sie eine erste wichtige Regel für das Unternehmen fest: *Meetings dauern maximal 45 Minuten.* Legen Sie für Meetings klare Regeln und eine Standardagenda fest. Da Routinebesprechungen immer auf die gleiche Weise verlaufen, benötigen Sie nur eine Agenda, und alle kommenden Besprechungen sind ausreichend vorbereitet. Auf diese Weise schaffen Sie das erste Mal eine einfache Systematik in Ihrem Unternehmen.

Erklären Sie Ihrem Team Ihren neuen Terminkalender und die Systematik für Meetings. Sorgen Sie dafür, dass Sie während der Planzeiten nicht durch andere Dinge unterbrochen werden. Ihre Tür ist zu den entsprechenden Zeiten offen, zu allen anderen Zeiten stehen Sie nicht zur Verfügung. Hängen Sie ein Schild an die Tür »Bitte nicht stören!« und benutzen Sie dieses als Signal. Hierdurch entstehen klare Kommunikationsregeln in Ihrem Unternehmen, die allen Beteiligten zeigen, dass ein ergebnisorientiertes Arbeiten erwünscht ist und konsequent durchgeführt wird.

Beispiel für Standardregeln eines Meetings

➤ Das Meeting beginnt pünktlich und wird nicht durch Anrufe unterbrochen.

➤ Es gibt keine Pause innerhalb des Meetings.

➤ Auf zu spät Kommende wird nicht gewartet, und das Meeting wird gegebenenfalls auch mit weniger Teilnehmern durchgeführt.

➤ Vor dem Meeting werden der Protokollant und der Meetingleiter bestimmt.

➤ Der Meetingleiter ist für die Zeitvorgaben und den geplanten Ablauf zuständig. Er bestimmt auch, wer Redezeit bekommt.

➤ Das Protokoll wird direkt während der Sitzung geschrieben, vorgelesen und gilt dann als genehmigt. Die Datei wird an einem dafür vorgesehenen Platz abgelegt, sodass Interessierte darauf zugreifen können. Rückwirkende Abstimmungsrunden, umfangreiche E-Mail-Verteiler und Einspruchsfristen sind nicht vorgesehen.

Beispiel für die Standardagenda eines Vertriebsmeetings

> Bericht der Vertriebsleitung (10 Minuten): Begrüßung, aktuelle Neuigkeiten und Kontrolle der im letzten Meeting getroffenen Vereinbarungen

> Bericht über die letzten Verkaufsaktivitäten (5 Minuten)

> Aktuelles zum Beispiel Entwicklungen aus der Branche, besondere Aktionen (10 Minuten)

> Teamarbeit, Potenziale, Zusammenarbeit und Regeln, Nutzung von Software, Vertretungsbesprechungen, Zielkontrolle, Umgang mit Kunden (15 Minuten)

> Abnahme des Protokolls (5 Minuten)

Tabelle 1: Beispielagenda eines Vertriebsmeetings

Kontrollfragen

> Ist allen Beteiligten des Unternehmens klar, dass der Zweck des Unternehmens in der Schaffung von Lebensqualität besteht?

> Sind die Rolle des Unternehmers und seine Aufgaben klar definiert?

> Wird die Rolle des Unternehmers (strategische Entwicklung) klar von der des Geschäftsführers (operative Unternehmensleitung) unterschieden? (Auch bei sogenannten Ein-Mann-Unternehmen ist diese Trennung sinnvoll, denn wenn das Unternehmen wächst, ist es später sinnvoll, die Rollen auf zwei Personen zu verteilen.)

> Sind die Ziele des Unternehmers hinsichtlich Zeit, Geld und Inhalt seiner Tätigkeit klar definiert?

> Gibt es einen Businessplan mit strategischen Unternehmenszielen, der die Ziele des Unternehmers unterstützt und deren Erfüllung ermöglicht?

> Ist die unternehmerische Vision anziehend, motivierend und belastbar? Stehen die wichtigsten Mitarbeiter des Unternehmens hinter der Vision?

Das System

Die größten Fehler hinsichtlich der Systematik

1. Eine Systematik zur Unternehmensentwicklung fehlt. Der Unternehmer arbeitet in seiner Firma und nicht an der Firma und deren Entwicklung. Hierdurch fehlt dem Unternehmen das Potenzial zur positiven Entwicklung.

2. Der Wert von dokumentierten Prozessen wird nicht erkannt. Was nicht dokumentiert ist, existiert nicht (zuverlässig) und kann daher auch nicht gesteuert werden.

3. Mitarbeiter werden eingestellt, bevor die richtigen Strukturen und Prozesse geschaffen wurden. Der Unternehmer vertraut darauf, dass es genügt, die fachliche Qualifikation zu prüfen und ein Gehalt zu zahlen. Dies garantiert jedoch nicht, dass der Mitarbeiter auch professionell arbeitet.

4. Es wird zu Beginn zu wenig darauf geachtet, dass für die Routinekommunikation entsprechende Vorlagen existieren. Dadurch müssen Briefe mehrfach formuliert werden, die Ablage wird unübersichtlich, und es schleichen sich Fehler in der Kommunikation ein, die teuer werden können.

5. Im Unternehmen herrscht keine einheitliche Sprachregelung. Die Mitarbeiter sind unsicher, was ein Kunde ist, wie er sich von Kontakten, Interessenten oder Partnern unterscheidet, und demzufolge sind auch alle Arbeitsabläufe, Anleitungen oder Dokumentationen unverständlich.

Das Prozessmodell für unternehmerischen Erfolg

Ein Prozessmodell erleichtert in erster Linie das Denken und die Kommunikation in einem Unternehmen. Wenn Sie die Hauptgeschäftsprozesse Ihres

Unternehmens identifiziert und benannt haben, können Sie diese Bereiche analysieren und mit anderen Unternehmen vergleichen. Jedes Unternehmen kann prinzipiell selbst ein Prozessmodell entwickeln, das an die eigenen Aktivitäten angepasst ist. Dies ist jedoch oft aufwendig und führt nur selten zu echten Durchbrüchen. Dem Business-Scan und diesem Buch liegt ein Modell zugrunde, das von Werner Berghaus und mir erstmalig 2009 für die Immobilienbranche formuliert wurde. Das Modell ist jedoch so allgemein gehalten, dass es auf nahezu alle kleineren und mittelständischen Unternehmen angewendet werden kann. Ausnahmen sind nur solche Unternehmen, bei denen aus sehr speziellen Gründen bestimmte Hauptprozesse nicht benötigt werden. Zum Beispiel wäre es denkbar, dass ein Unternehmen Werbung (Interessentengewinnung), Kundengewinnung und strategisches Marketing nicht durchführt, weil es ausschließlich für einen Kunden tätig ist, der eine enge persönliche Bindung zum Geschäftsführer hat. In diesem Fall könnte man auf diese Prozesse verzichten. Dabei geht man bewusst das Risiko ein, dass das Unternehmen bei Wegfall des Kunden nicht mehr existieren könnte. Das Prozessmodell wird als die Oberseite des Systematic Cube dargestellt und besteht aus acht Hauptgeschäftsprozessen.

Die acht Hauptgeschäftsprozesse

1. **Das Management:** Die Hauptaufgabe des Managements besteht darin, eine strategische Unternehmensplanung vorzunehmen (Businessplanung) und die Umsetzung sicherzustellen. Außerdem ist der Managementprozess dafür verantwortlich, dass die Systematisierung im gesamten Unternehmen optimal gestaltet wird. Die wichtigste Mitarbeiterrolle für diesen Prozess ist die Geschäftsführung.

2. **Das Marketing:** Das Marketing ist die strategische Komponente der Interessentengewinnung. Marketing bedeutet, die Kundenbedürfnisse zu ermitteln (Marktforschung und Studien) und daraus die zentralen Marketingbotschaften zu definieren. Anschließend werden ein Marketingplan und ein Marketingbudget definiert. Die wichtigste Mitarbeiterrolle für diesen Prozess trägt den Namen Marketing.

Abbildung 3: Der Systematic Cube mit den Hauptgeschäftsprozessen auf der Oberseite

3. **Die Führung:** Der Führungsprozess beinhaltet eine Systematik zur Mitarbeiterplanung, Rekrutierung, Einarbeitung, Entwicklung und schließlich zur Entlassung. Da der Unternehmer möglicherweise sein Unternehmen in der Zukunft verkaufen möchte, ist die Führungssystematik auch dafür verantwortlich, geeignete Nachfolger für die Geschäftsführung und Leitung zu rekrutieren und einzuarbeiten.

4. **Die Interessentengewinnung:** Ihr Ziel ist es, möglichst viele qualifizierte Interessenten für die Leistungen des Unternehmens zu gewinnen. Die Interessentengewinnung besteht aus verschiedenen Werbeaktivitäten, die üblicherweise für eine möglichst große Anzahl von potenziellen Interessenten durchgeführt werden. Anschließend werden diese Interessenten wieder disqualifiziert, sodass nur die Personen an die Kundengewinnung weitergeleitet werden, die ein echtes Interesse an den angebotenen Leistungen haben. Durch die Disqualifizierung steigen die Verkaufsquoten deutlich an, und es wird verhindert,

dass sich der Verkauf mit Personen beschäftigt, für die die angebotenen Leistungen nicht oder noch nicht infrage kommen. Die Interessentengewinnung wird über den Marketingprozess gesteuert, der die zentralen Marketingbotschaften und die Planung der Aktivitäten beinhaltet.

5. **Die Kundengewinnung:** In der Kundengewinnung werden qualifizierte Interessenten durch einen systematischen Überzeugungsprozess geführt, an dessen Ende eine Vereinbarung (Vertrag) getroffen wird. Erst jetzt kann man von Kunden sprechen. Damit die getroffene Vereinbarung später auch in der Leistungserbringung erfüllt werden kann, müssen bestimmte Rahmenpunkte und Zusagen in der Kundengewinnung eindeutig definiert sein. Ansonsten besteht die Gefahr, dass die Verkäufer um des Auftrags willen Zusagen treffen, die später kaum erfüllt werden können. Je nach Unternehmensschwerpunkt sind in diesem Prozess die Mitarbeiterrollen Verkauf oder Einkauf tätig.

6. **Die Leistungserbringung:** Die Leistungserbringung besteht neben den Aktivitäten zur Erbringung der mit dem Kunden vereinbarten Leistungen auch aus der Kontrolle der Zufriedenheit des Kunden. Aus diesem Grunde enthält die Leistungserbringung auch Aktivitäten zur kontinuierlichen Verbesserung der angebotenen Produkte oder Dienstleistungen, zur Erlangung von Weiterempfehlungen und Kundenreferenzen.

7. **Support:** Dieser Hauptprozess beinhaltet alle Abläufe, die zur optimalen Unterstützung und Gestaltung der anderen Hauptgeschäftsprozesse benötigt werden. Hierunter fallen vor allem die Aktivitäten der IT (Informationstechnologie) und Telekommunikation, denn ohne funktionierende Technik sind die anderen Prozesse in modernen Unternehmen nicht denkbar. Üblicherweise wird hier eine Mitarbeiterolle definiert, die als IT-Rolle bezeichnet wird.

8. **Finanzen:** Unter Finanzen werden alle Prozesse zusammengefasst, die mit dem Management von Geld zu tun haben. Dies sind insbesondere: Buchhaltung, Fakturierung, Mahnwesen, Controlling und Finanzplanung. Ziel des Finanzprozesses ist der Aufbau funktionierender Systeme zum Geldmanagement und die Schaffung einer finanziellen Grundlage, die es ermöglicht, dass das Unternehmen auch schwierige Zeiten über einen bekannten Zeitraum (idealerweise mehr als ein Jahr) überstehen kann.

Operative Prozesse

Die drei Prozesse Interessentengewinnung, Kundengewinnung und Leistungserbringung sind in erster Linie operative Prozesse, die in jedem Unternehmen eine wichtige Rolle spielen und direkt mit der Kommunikation nach außen verknüpft sind. Ohne neue Interessenten gibt es keine Kunden, und es kann keine Leistung erbracht (und verrechnet) werden. Der Supportprozess hat eine Sonderrolle, da er gleichermaßen strategisch (Planung) wie auch operativ (Installationen, Wartung, Support) ist.

Strategische Prozesse

Die strategischen Prozesse dienen der Steuerung des Unternehmens und seiner Reifentwicklung. Zu diesen Prozessen gehören: Führung (als strategische Aufgabe des Managements), Finanzen, Marketing (als strategisch geplantes Vorgehen) und Management (Steuerung des Unternehmens in Form von Planung und Prozessen).

Die sieben Ebenen des Würfels

Der Systematic Cube enthält neben den acht Hauptgeschäftsprozessen noch sieben Ebenen, die bestimmte Klassen von Dokumentationen und Instrumenten beschreiben. Diese Ebenen gelten für jeden der acht Prozesse gleichermaßen. Die Ebenen lauten:

➤ **Ebene 0 – Definitionen:** In den meisten Unternehmen herrscht zunächst babylonische Sprachverwirrung. Oft ist zum Beispiel nicht klar definiert, was einen Kunden von einem Interessenten unterscheidet oder ob ein Lieferant auch gleichzeitig ein Partner ist. Werden Begriffe jedoch wahllos durcheinandergebracht, so ist es fast unmöglich, professionell miteinander zu kommunizieren, eine Anleitung zu verstehen oder gar ein System in der EDV zu nutzen. Daher werden für ein Unternehmen zunächst die wichtigsten Begriffe definiert.

> **Ebene 1 – Strukturelemente:** Menschen gehen üblicherweise den Weg des geringsten Widerstands. Wenn es in einem Unternehmen bequemer und angenehmer ist, eine erwünschte Arbeit nicht zu tun, dann werden die Mitarbeiter diese auch nicht ausführen. In solchen Fällen helfen weder Schulungen noch Motivationsveranstaltungen, weil die zugrunde liegende Unternehmensstruktur dazu führt, dass man immer wieder in die alten Verhaltensmuster zurückfällt. Das Unternehmen muss Strukturen schaffen, die Mitarbeiter zur Leistung führen. Dem Thema Strukturelemente wird ein eigenes Kapitel gewidmet. Für den Anfang genügt es, wenn Sie sich unter Strukturen klare Regeln, einfache Kontrollinstrumente und klar definierte Abläufe vorstellen, an denen die Mitarbeiter nur mit Mühe vorbeikommen.

> **Ebene 2 – Tools und Vorlagen:** Einfache Hilfsmittel (Tools) und Vorlagen stellen im täglichen Betrieb sicher, dass Arbeiten leichter und nach klaren Vorgaben durchgeführt werden. Ein einfaches Beispiel für eine Vorlage ist die automatische E-Mail-Signatur. Wird diese automatisch allen E-Mails angehängt, so ist ein einheitliches Bild nach außen gewährleistet, und das Unternehmen reduziert das Risiko, wegen fehlender Impressumsangaben abgemahnt zu werden. Für alle Routineschreiben (zum Beispiel Rechnungen, Mahnungen, Briefe, Einladungen), Verträge (Arbeitsverträge, AGBs) und Dokumentationen müssen möglichst früh Vorlagen geschaffen werden, damit Kommunikationsfehler vermieden werden und man später die Dokumente auch leicht wiederfinden kann. Zur Ebene 2 gehört auch ein einfacher Standard für die Benennung und Ablage von Dokumenten, wie er ebenfalls in diesem Buch vorgestellt wird.

> **Ebene 3 – Prozesse:** *Prozesse sind eine geordnete Abfolge von Aktivitäten, um ein klar definiertes Ziel zu erreichen.* Wenn sie richtig aufgebaut sind, reduzieren sie Kosten und steigern die Qualität. Außerdem sorgen Prozesse dafür, dass Arbeiten transparenter werden und leichter auf neue Mitarbeiter und Vertreter übertragbar sind. Prozesse machen den Unternehmer unabhängig von einzelnen Mitarbeitern und geben ihm die Kontrolle über das Unternehmen. Wenn ein Prozess nicht implementiert ist, gehört er dem Unternehmer sozusagen nicht. Wer zum Beispiel keinen Führungsprozess implementiert hat, überlässt die Führung seinen leitenden Angestellten. Im schlimmsten

Fall kann das dazu führen, dass man als Unternehmer keinerlei Kontrolle mehr über sein Unternehmen hat. Prozesse können nur für Routinetätigkeiten festgelegt werden. Dies sind in der Regel circa 95 Prozent der Aktivitäten in einem Unternehmen. Die Gefahr ist, dass man anfangs den Routineanteil unterschätzt und Dinge dem Zufall überlässt, die man besser klar regeln könnte.

➤ **Ebene 4 – Indikatoren:** *Indikatoren sind einfache Messgrößen, mit denen man die Wirksamkeit der acht Hauptgeschäftsprozesse ermitteln und steuern kann.* Viele Unternehmer messen leider nur den Umsatz des Unternehmens. Dadurch verhindern sie, dass sie ihr Unternehmen aktiv steuern können, denn der Umsatz ist eine Kenngröße, die sich als Folge der anderen Prozesse erst ergibt.

➤ **Ebene 5 – Strategien:** Diese Ebene fasst alle Pläne und Strategiedokumente zusammen, die für die Entwicklung des Unternehmens benötigt werden.

➤ **Ebene 6 – Schaubilder:** Jeder Hauptprozess kann durch ein einfaches Schaubild schematisch dargestellt werden. Das erleichtert das Verständnis und hilft dabei, das Unternehmen und seine prinzipiellen Abläufe zu erklären.

Abbildung 4: Die Frontseite des Systematic Cube zeigt die sieben Ebenen

Grundprinzipien

Die folgenden Grundprinzipien sind für das Verständnis der Systematik von Bedeutung:

Das System verrichtet die Arbeit, die Menschen betreiben das System: Diese Aussage des amerikanischen Managementberaters und Autors Michael Gerber bedeutet, dass das Unternehmen bei den wesentlichen Abläufen »wissen« sollte, wie sie funktionieren müssen. Es wird nicht der Fachkraft überlassen, wie sie etwas ausführt. Das Unternehmen gibt dies vor und ist selbst der beste Experte in den wesentlichen Dingen (zum Beispiel Marketing, Führung und Kundengewinnung).

Was man nicht misst, kann man nicht bewerten. Was man nicht bewerten kann, kann man nicht verbessern: Dieser Ausspruch stammt von dem bekannten Managementautor Peter Drucker. Jeder Prozess sollte einfachen Messungen unterzogen werden, um seine Leistungsfähigkeit bewerten zu können. Messen Sie beispielsweise die Effektivität von Werbung nicht, so kann dies bedeuten, dass Sie jahrelang einen großen Teil Ihrer Einkünfte unproduktiv vergeuden. Das Problem ist oft nicht die Messung an sich, sondern eher die Einfallslosigkeit der Unternehmer, was man sinnvollerweise messen sollte.

Was nicht dokumentiert ist, existiert nicht: Wenn Sie einen Prozess nicht dokumentieren und diese Dokumentation Ihren Mitarbeitern nicht zugänglich machen, können Sie niemals davon ausgehen, dass die Mitarbeiter auch so arbeiten, wie Sie es möchten. Nur beschriebene Abläufe können genau eingehalten werden.

Wesentlich ist, dass Sie als Unternehmer alle Routineaufgaben möglichst gut systematisieren. Dadurch gewinnen Sie Zeit für die wirklich wichtigen Aufgaben und können das Unternehmen kreativ gestalten. Wenn es sehr klein ist, werden Sie anfänglich viele Aufgaben übernehmen müssen, die später von Angestellten durchgeführt werden können. Übertragen Sie immer zuerst die Aufgaben auf neue Mitarbeiter, die bereits klar systematisiert wurden, und kontrollieren Sie die Ausführung. Je größer das Unternehmen wird und je eigenständiger die Mitarbeiter werden, desto mehr Aufgaben können Sie übertragen. Schließlich können Sie sich auf die Rolle des Unternehmers konzentrieren. Das Unternehmen ist dann unabhängig von Ihrer Mitarbeit erfolgreich und könnte demnach auch als gut funktionierendes System verkauft werden. Da es für viele kleine und mittelständische Unternehmen schwierig ist, einen Käufer zu finden, favorisieren wir in diesem Buch die Methode, langfristig Mitarbeiter an das Unternehmen zu binden und auszubilden, denen man schließlich Unternehmensanteile verkauft. So gelingt später ein sicherer und kontrollierter Rückzug aus dem Unternehmen, bei dem sichergestellt ist, dass die verbleibenden Manager das Unternehmen nach klaren Prinzipien zum Erfolg führen.

Bestandsaufnahme: Wie vollständig ist Ihr System?

Bitte füllen Sie die nachfolgenden Tabellen aus. Sie helfen Ihnen dabei zu ermitteln, in welchem Maße bereits Systeme in Ihrem Unternehmen vorhanden sind. Am besten tragen Sie dabei jeweils die von Ihnen geschätzten Prozentsätze ein, zu denen bestimmte Elemente bereits bei Ihnen umgesetzt sind. Eine ehrliche Antwort bedingt, dass Sie nur das bewerten, was auch tatsächlich schon vorhanden ist und seit mindestens drei Monaten praktiziert wird. Häufig neigen Unternehmer nämlich dazu, Dinge als erledigt zu betrachten, mit denen sie gerade erst begonnen haben beziehungsweise die zwar beschrieben wurden, jedoch in der täglichen Arbeit gar nicht berücksichtigt werden. Eine genaue Analyse aller Bereiche in einem durchschnittlichen Unternehmen dürfte, den Zugang zu den Informationen vorausgesetzt, nicht mehr als vier Tage in Anspruch nehmen. Nach Abschluss dieses 4-Tage-Firmenscans haben Sie einen guten Überblick über die Struktur des Unternehmens und finden in den nachfolgenden Kapiteln Hinweise und Maßnahmen zur Optimierung.

Managementsystematik

Systembestandteil	dokumentiert	praktiziert
Der Businessplan beschreibt das geplante strategische Wachstum für die nächsten fünf bis sieben Jahre.		
Der Businessplan beschreibt die Strategie, mit der die unternehmerische Reife in den nächsten drei Jahren weiterentwickelt wird.		
Der Businessplan beschreibt, wie das Unternehmen dazu beiträgt, Ihre persönlichen Lebensziele zu unterstützen.		
Der Businessplan beschreibt, wie die Leistungsfähigkeit und Reife der acht Hauptgeschäftsprozesse gemessen wird.		
Der Businessplan beschreibt eine Strategie, die sicherstellt, wie das Unternehmen später verkauft oder teilweise an Mitarbeiter übertragen werden kann.		
Der Businessplan beschreibt klare Maßnahmen für die nächsten zwölf Monate, um das Unternehmen systematisch weiterzuentwickeln.		
Es existiert eine Übersicht über alle wesentlichen Routineprozesse im Unternehmen. Die Übersicht zeigt auf, welche Prozesse bereits in welcher Qualität dokumentiert sind und welche Prozesse mit welcher Priorität entwickelt und beschrieben werden müssen.		
Der Businessplan beschreibt, wie man mit Kooperationen und Partnern umgeht und diese zum Geschäftsaufbau nutzt.		

Systembestandteil	dokumentiert	praktiziert
Der Businessplan beschreibt eine Stärken-Schwächen-Analyse und berücksichtigt die Ergebnisse in der Maßnahmenplanung.		
Die unternehmerische Vision ist klar beschrieben und wurde allen Beteiligten vermittelt.		
Es existiert eine einheitliche Vorlage, mit deren Hilfe Sie Prozesse und Dokumentationen erstellen.		
Es gibt eine klare Namensregelung für Dateien und die Art und Weise, wie diese abgespeichert und verwaltet werden.		

Tabelle 2: Kontrolltabelle zur Bewertung Ihrer Managementsystematik

Marketingsystematik

Systembestandteil	dokumentiert	praktiziert
Es gibt eine Marketingplanung, die verschiedene Aktivitäten der Interessentengewinnung beinhaltet, und ein Jahresbudget für die Aktivitäten der Interessentengewinnung (circa 10 Prozent des Vorjahresumsatzes).		
Die zentralen Marketingbotschaften (Positionierungsaussage, USP, Elevator Pitch) liegen schriftlich vor. Sie sind kundenorientiert und werden in der Interessentengewinnung genutzt.		
Es gibt ein Budget für Marktforschung, und es werden aktiv Studien betrieben, um die Motive der Interessenten zu ermitteln.		

Es gibt klare Standards für Dokumente, Broschüren, die Büroeinrichtung, Kleidungsregeln, PC-Arbeitsplätze und Kommunikationsregeln nach außen (zum Beispiel einheitliches Melden am Telefon).

Die Kernkompetenz ist klar kundenorientiert, und das Unternehmen hat einen Plan, wie die Kernkompetenz ausgebaut und kommuniziert wird.

Tabelle 3: Kontrolltabelle zur Bewertung Ihrer Marketingsystematik

Führungssystematik

Systembestandteil	dokumentiert	praktiziert
Es existiert ein von Personen unabhängiges Rollendiagramm, das die prinzipielle Struktur des Unternehmens aufzeigt und so weit skalierbar ist, dass es im Rahmen des geplanten Wachstums nicht permanent angepasst werden muss.		
Es gibt ein Führungsleitbild, das die wesentlichen Führungsprinzipien erläutert und in der Praxis berücksichtigt wird.		
Es existiert ein Mitarbeiterhandbuch, das die wesentlichen Fragen für Mitarbeiter (zum Beispiel Arbeitszeiten, Vertretungsregeln, Krankheitsfall, Umgang mit Kunden und Partnern, Arbeitsregeln, Kommunikation) beantwortet.		
Es gibt einen Weiterbildungs- und Entwicklungsplan für Mitarbeiter.		
Es gibt rechtlich abgesicherte Vorlagen für Arbeitsverträge und Kündigungen.		

Es gibt einen dokumentierten Führungs-prozess, in dem auch die Rekrutierung, Weiterentwicklung und Entlassung be-rücksichtigt sind.		
Es gibt eine Vorlage, in der Mitarbeiter-ziele und Besprechungen dokumentiert werden.		
Die Leistung der Führung wird kontinu-ierlich gemessen und bewertet.		

Tabelle 4: Kontrolltabelle zur Bewertung Ihrer Führungssystematik

Systematik zur Interessentengewinnung

Systembestandteil	dokumentiert	praktiziert
Aktivitäten zur Interessentengewinnung werden seit mindestens drei Monaten kontinuierlich durchgeführt.		
Jede Aktivität wird vor der Durchführung geplant, und die Ziele werden definiert. Anschließend erfolgen eine Auswertung der Ergebnisse und die Berechnung der Kosten pro gewonnenem qualifiziertem Interessenten.		
Es gibt klare Regelungen oder einen Leitfaden, die definieren, welche Vor-aussetzungen ein Interessent aufweisen muss (zum Beispiel kann, will und hat das Geld), damit er an die Kundengewin-nung weitergegeben wird.		

Es gibt klare Prozesse für die Behandlung von Interessenten, die disqualifiziert wurden und derzeit noch nicht für ein Verkaufsgespräch infrage kommen (zum Beispiel Aufnahme in den Informationsverteiler). Die Prozesse stellen sicher, dass regelmäßig Kontakte stattfinden und eine erneute Qualifizierung stattfindet, wenn der Interessent die Voraussetzungen erfüllt.		
Die Ergebnisse der Interessentengewinnung werden regelmäßig überprüft. Werbeaktivitäten, die geringen Erfolg zeigen, werden durch bessere Maßnahmen ersetzt und führen zu einer Änderung des Marketingplans.		

Tabelle 5: Kontrolltabelle zur Bewertung Ihrer Interessentengewinnung

Kundengewinnung

Systembestandteil	dokumentiert	praktiziert
Der grundsätzliche Ablauf der Verkaufsgespräche ist dokumentiert und wird einheitlich befolgt.		
Es existiert ein Gesprächsschema für die Kundengespräche, das die Elemente Vertrauen aufbauen, Firmenpräsentation, Fragen und Einwände sowie Vor- und Nachbereitung (Berichtswesen) beschreibt.		
Es gibt grafische Verkaufshilfen (Broschüren, Kundenreferenzen, Präsentationen), die das Verkaufsgespräch optimal begleiten.		

Systembestandteil	dokumentiert	praktiziert
Verträge und Auftragsbedingungen sind einfach zu verstehen, kundenorientiert und beschreiben neben den Rücktrittsvereinbarungen auch die zu erbringenden Leistungen.		
Zufriedenheitsgarantien und Leistungsversprechen erleichtern dem Kunden die Entscheidung, einen Auftrag zu erteilen.		
Die Konversionsquote, wie viele qualifizierte Interessenten zu Kunden werden, wird permanent berechnet.		

Tabelle 6: Kontrolltabelle zur Bewertung Ihrer Kundengewinnung

Leistungserbringung

Systembestandteil	dokumentiert	praktiziert
Der Prozess der Leistungserbringung ist dokumentiert, und die wesentlichen Qualitätskriterien sind für den Kunden sichergestellt.		
Nach erfolgter Leistungserbringung finden Zufriedenheitsbefragungen oder interne Auswertungen statt, sodass die Leistung kontinuierlich verbessert wird.		
Der Prozess der Leistungserbringung sieht die Frage nach Referenzen und Weiterempfehlungen vor.		
Die Leistungserbringung und die anschließenden Prozesse sorgen für Kundenbindung.		
Leistungskennzahlen werden erfasst, sodass die Leistung oder der Unternehmensgewinn optimiert werden können.		

Tabelle 7: Kontrolltabelle zur Bewertung Ihrer Leistungserbringung

Supportprozesse

Systembestandteil	dokumentiert	praktiziert
Die IT befindet sich in gutem Zustand. Backup, Virenscanner, Firewall und Office-Software sind aktuell und werden optimal gewartet.		
Es gibt eine schriftliche IT-Strategie und ein Budget zur ständigen Weiterentwicklung der Technik und Anpassung an Veränderungen.		
Das IT-Administrationshandbuch dokumentiert die aktuelle Netzwerkkonfiguration und die Standardaufgaben für die Wartung.		
Ein Notfallplan beschreibt, was im Falle einer Katastrophe (Diebstahl, Feuer, Wasserschaden) zu tun ist. Es ist klar, wie Ersatz beschafft wird, wer zu verständigen ist, was in Bezug auf Versicherungsansprüche zu beachten ist und welche Mitarbeiter so stark beeinträchtigt sind, dass sie vorübergehend beurlaubt werden müssen.		
Es gibt einen Prozess, der sicherstellt, dass im Falle einer externen Lizenzprüfung alle organisatorischen und administrativen Anforderungen nachgewiesen werden können.		
Eine CRM-Software stellt sicher, dass die wichtigsten Marketing- und Kundenprozesse optimal unterstützt und automatisiert werden.		

Tabelle 8: Kontrolltabelle zur Bewertung der Supportprozesse

Finanzen

Systembestandteil	dokumentiert	praktiziert
Es gibt eine Finanzplanung über mindestens drei Jahre, die für die wesentlichen Bereiche (zum Beispiel Marketing, IT, Büro, Kfz, Buchhaltung) Budgets enthält und die Personalkosten sowie den zu erwartenden Umsatz/Gewinn berechnet. Die Budgets werden kontinuierlich überwacht.		
Das Mahnwesen ist dokumentiert, und es gibt klare Fristen und Briefvorlagen für Mahnungen. Gemahnt wird auch dann automatisch, wenn der Geschäftsführer die Schuldner persönlich kennt.		
Finanzberichte werden zeitnah erstellt und vom Geschäftsführer zur Kontrolle benutzt.		

Tabelle 9: Kontrolltabelle zur Bewertung der Finanzprozesse

Die Umsetzung in die Praxis

Auf den ersten Blick mögen Ihnen die oben beschriebenen Anforderungen sehr umfangreich vorkommen. In der Praxis zeigt sich jedoch oft, dass bereits sehr einfache Lösungen den gewünschten Zweck umfassend erfüllen können. So kann zum Beispiel die beschriebene Finanz- und Budgetplanung in der Regel mittels einer einmalig zu erstellenden, einfachen Excel-Tabelle vollständig beschrieben werden. Der monatliche Pflegeaufwand beläuft sich anschließend auf wenige Minuten. Viele Vorlagen oder Pläne werden einmalig erstellt und müssen schließlich nur noch ein- bis zweimal im Jahr angepasst werden. Der Gewinn ist ein Unternehmen, das wirklich funktioniert und in dem alle wesentlichen Aufgaben und Abläufe klar geregelt sind.

Erfahrungsgemäß benötigt ein unerfahrener Unternehmer ein bis zwei Jahre, bis er alle oben beschriebenen Steuerungsinstrumente weitgehend implementiert hat, sofern er sich intensiv mit der Thematik beschäftigt. Die richtige externe Unterstützung vorausgesetzt, kann dieser Zeitraum auf circa sechs Monate reduziert werden. Wichtig bei der Wahl des externen Beraters ist, dass er möglichst über Branchenerfahrungen verfügt und Vorlagen für Pläne kostenfrei zur Verfügung stellt. Möchte der Berater alle Instrumente erst individuell entwickeln, so bedeutet dies, dass er entweder nicht genügend Erfahrung hat oder Leistungen abrechnen möchte, die eigentlich zum kostenlosen Standardrepertoire eines Beraters gehören sollten. Viele Standardvorlagen (zum Beispiel Vertragsvorlagen, Kündigungsformulierungen) können sogar kostenlos im Internet heruntergeladen werden. Das Beraterengagement sollte in jedem Fall ergebnisorientiert sein, nach Möglichkeit durch Fördermittel unterstützt werden und zeitlich begrenzt sein. Nehmen Sie Abstand von Beratungsaufträgen, die Sie zu zeitlich unbegrenzten monatlichen Zahlungen verpflichten. Die Unternehmensentwicklung soll Sie in die Lage versetzen, nach einer gewissen Zeit selbstständig das Unternehmen weiterentwickeln zu können. Unter http://www.business-scan.info finden Sie viele Vorlagen und Tools, die Ihnen den Einstieg in die Thematik erleichtern können.

Was Sie selbst tun können

➤ Arbeiten Sie die Bestandsaufnahme vollständig und ehrlich durch. Schreiben Sie dabei in das Buch hinein und halten Sie bei der weiteren Lektüre immer einen Stift für Anmerkungen zur Verfügung. Dieses Buch ist ein Lehr- und Arbeitsbuch, und sein Nutzen entfaltet sich erst dann vollständig, wenn Sie intensiv damit arbeiten. Wollen Sie das Buch schonen und von eigenen Notizen frei halten, dann kaufen Sie sich ein zweites Exemplar, das ist die Investition in jedem Fall wert.

➤ Prozessfehler, die erst spät auftreten oder spät entdeckt werden, sind immer teurer als solche, die bereits zu Beginn erkannt werden. Entscheiden Sie daher jetzt gleich, ob Sie bereit sind, den notwendigen Aufwand (circa vier Stunden pro Woche über ein bis zwei Jahre) selbst zu erbringen, oder ob Sie einen erfahrenen Berater engagieren wollen. Falls Sie sich für einen Berater entscheiden, definieren Sie klare Erfüllungskriterien. Auf keinen Fall sollten Sie einen Berater nehmen, bloß weil Sie ihn bereits seit Jahren kennen oder mit ihm befreundet sind. Wer sich als Berater mit Unternehmensentwicklung beschäftigt, ist moralisch verpflichtet, das Thema mit seinen Kunden zu besprechen. Hat Ihr bisheriger Berater das nicht getan, ist dieser Bereich vermutlich zu neu für ihn. In diesem Fall sollten Sie sich nicht als Versuchsobjekt für seine berufliche Entwicklung opfern.

Kontrollfragen

➤ Ist Ihnen bewusst, dass Unternehmensentwicklung ein kontinuierlicher Prozess ist?

➤ Ist Ihnen klar, dass Unternehmensentwicklung in den ersten ein bis zwei Jahren circa vier Stunden Aufwand pro Woche bedeutet?

➤ Was ist der Sinn eines Prozessmodells und aus welchen Elementen besteht der hier vorgestellte Systematic Cube?

➤ Was bedeuten die beiden Aussagen: »Was nicht dokumentiert ist, existiert nicht« und »Wenn ein Prozess nicht implementiert ist, gehört das Unternehmen dem Unternehmer an dieser Stelle nicht«?

➤ Bei oberflächlicher Betrachtung des Systematic Cube äußern Kritiker gelegentlich, dass das Thema Prozesse seit langem bekannt ist und deshalb keine besonderen Vorteile durch den Einsatz des Cube zu erwarten sind. Überlegen Sie, warum der Cube und die hier vorgestellte Systematik zur Unternehmensentwicklung weit mehr sind als nur eine weitere Methode, durch Prozesse Ordnung in ein Unternehmen zu bekommen.

Management

Möchten Sie für eine Firma arbeiten, deren Leiter keinen belastbaren Plan für die Zukunft hat? Für jemanden, der seine Ziele nur im Kopf festhält und diese bei jeder Gelegenheit ändern kann? Sicherlich nicht.

> Die Hauptaufgabe eines Geschäftsführers ist es, dem Unternehmen eine belastbare Perspektive für die Zukunft zu geben.

Genau dafür wird ein Businessplan benötigt, in dem das strategische Wachstum und die dafür notwendigen Aktivitäten beschrieben werden. Ein Plan ist die Grundlage für ein gezieltes Wachstum. Leider erfüllen circa 95 Prozent aller Geschäftsführer ihre Hauptaufgabe nicht, weil sie der Meinung sind, sie könnten auf einen solchen Plan verzichten. Hierfür gibt es verschiedene Gründe. Die während des Business-Scans am häufigsten genannten waren:

> ➤ Unfähigkeit, eine solche Planung zu erstellen. Es fehlen die dafür nötigen Grundkenntnisse (»Ich weiß nicht, wie ich anfangen soll!«).

> ➤ Angst vor Versagen. Der Unternehmer glaubt, keine verlässliche Planung erstellen zu können (»Niemand weiß, was die Zukunft bringt!«) und befürchtet, später an dem Plan gemessen zu werden.

> ➤ Fehlende Einsicht, dass Planung und Ziele ein wesentliches Element für den eigenen Erfolg sind – auch wenn dies bereits als erwiesen gilt (»Das funktioniert bei anderen, aber nicht bei uns!«).

Mit anderen Worten: Unfähigkeit, Angst und Ignoranz prägen die Geschäftsführung in vielen kleinen und mittelständischen Unternehmen. Stellen Sie sich vor, Sie selbst wären Angestellter einer Person, die keine Vorstellung von der Zukunft hat oder nicht in der Lage ist, diese zu kommunizieren. Fragen Sie sich: Möchte ich für einen unfähigen Ignoranten arbeiten, der keine Zeit und Einsicht hat, um eine Perspektive für die Zukunft zu entwickeln? Welche Perspektive hätten dann Sie als Angestellter dieses Unternehmens?

Alle drei oben genannten Gründe sind inakzeptabel und zeigen nur, dass das Unternehmen eben nicht von einem Profi geführt wird. Noch einmal: Die wichtigste Aufgabe eines Geschäftsführers ist es, dem Unternehmen eine positive Zukunft zu ermöglichen! Mit einem Businessplan schaffen Sie die Grundlage dafür.

Die größten Fehler des Managements

1. Der Geschäftsführer weiß nicht, was seine wirkliche Aufgabe ist. Für das langfristige Überleben des Unternehmens zu sorgen bedeutet nicht, dass man für alles Zeit hat und überall mitarbeitet.

2. Es existiert kein Businessplan. Es geht weniger darum, dass die Planung exakt richtig ist, sondern um den kreativen Prozess, der für die Planung benötigt wird.

3. Wenn ein Businessplan existiert, wurde dieser für die Kapitalgeber geschrieben. Solche Pläne entsprechen nicht den Anforderungen an eine gesteuerte Unternehmensentwicklung und sind meist schon veraltet, wenn sie ausgedruckt werden.

4. Es gibt keine Maßnahmenplanung, um das Unternehmen weiterzuentwickeln. Maßnahmen beschränken sich auf Reaktionen auf akute Probleme.

5. Der Unternehmer ist durch operative Tätigkeiten überlastet und hat keine Zeit, um an der Firma zu arbeiten.

6. Es gibt keine Strategie, um wichtige Abläufe zu entwickeln, zu dokumentieren und zu automatisieren.

7. Der Unternehmer kann nicht nachweisen, dass die Messung von Kennzahlen und Leistungsbewertungen in die Strategie des Unternehmens integriert ist.

8. Kennzahlen werden nur für rückwirkende Betrachtungen genutzt: Gute Kennzahlen lassen frühe Prognosen über die Unternehmensentwicklung zu.

9. Die Prozessautomation ist nicht gut entwickelt. Aktivitäten, die manuell und nicht automatisiert erbracht werden, kosten Zeit, Geld und unnötige Ressourcen.

Schaubild Management

Der Managementprozess lässt sich durch das nachfolgende Schaubild am einfachsten veranschaulichen. Im Gegensatz zu den sehr spezifischen, stärker operativen Hauptgeschäftsprozessen wie Kundengewinnung und Leistungserbringung ist das Schaubild branchenunabhängig und kann in den meisten Fällen unverändert übernommen werden.

> Unter http://www.business-scan.info sind die Schaubilder im PDF- und Microsoft-Visio-Format zu Ihrer persönlichen Verwendung auch in Farbe erhältlich. Die dort in den Schaubildern verwendeten Farben entsprechen denen des Systematic Cube. Kommt ein Prozess oder eine Aussage aus einem anderen Hauptgeschäftsbereich, so wird die entsprechende Farbe verwendet (beim Managementprozess kommen z.B. die zentralen Marketingaussagen aus dem Marketingprozess, dessen Farbe Rot ist).

Die Hauptaufgabe des Managementprozesses besteht darin, eine strategische Unternehmensplanung vorzunehmen (Businessplanung) und die Umsetzung sicherzustellen. Außerdem ist der Managementprozess dafür verantwortlich, dass die Systematisierung im gesamten Unternehmen optimal gestaltet wird. Der Hauptgeschäftsprozess Management untersteht der Verantwortung der Geschäftsführerrolle. Der Geschäftsführer ist dem Unternehmer gegenüber verantwortlich. Während der Unternehmer für die Entwicklung der unternehmerischen Idee zuständig ist, muss der Geschäftsführer das langfristige Überleben des Unternehmens sicherstellen. Hierzu legt er dem Unternehmer belastbare Pläne und Umsetzungsstrategien vor.

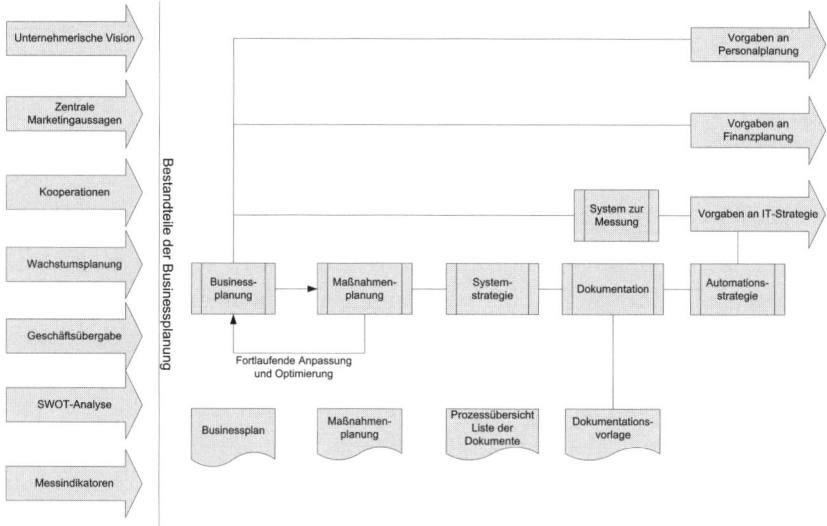

Abbildung 5: Übersichtsschaubild Management

Die Managementstrategie umfasst verschiedene Unterprozesse. Diese sind:

➤ die strategische Planung und Organisationsstrategie in Form eines Businessplans,

➤ die Maßnahmenplanung zur Umsetzung der strategischen Planung,

➤ die Systemstrategie zur Organisation und Optimierung aller Prozesse im Unternehmen,

➤ die Dokumentation aller wesentlichen Routineaufgaben im Unternehmen,

➤ das System zur Messung von Ergebnissen und

➤ eine Strategie, um möglichst viele Abläufe mithilfe von IT-Systemen automatisch ablaufen zu lassen.

Das Ergebnis des Managementprozesses sind ein Businessplan, eine Maßnahmenplanung, eine Übersicht über die Routineprozesse und deren Dokumentationsstand sowie Vorgaben für die Personal-/Finanzplanung und die IT-Strategie.

Die strategische Planung

Die strategische Planung umfasst alle wesentlichen Punkte zur Planung des Wachstums in Ihrem Unternehmen. Es ist empfehlenswert, sie über einen längeren Zeitraum von fünf bis zehn Jahren vorzunehmen. Definieren Sie, wie Ihre Firma aussehen wird, wenn sie »fertig« ist. Typischerweise dauert der Aufbau Ihres ersten erfolgreichen Unternehmens mehrere Jahre. Selbstverständlich ist die Planung über mehrere Jahre nicht exakt möglich. Lassen Sie sich dadurch nicht entmutigen. Es geht nicht so sehr darum, dass der Plan richtig ist, sondern dass Sie ein kreatives Potenzial entfalten, um Ihre Zukunft optimal gestalten zu können. Wenn Sie auf langfristige Ziele verzichten, so wird es schwer, die richtigen Entscheidungen zu treffen, um das Unternehmen auf seine geplante Größe hinzusteuern. Bedenken Sie dabei:

➤ Die Grenze einer Fachkraft ist das Pensum der täglichen Arbeit, die sie selbst erledigen kann.

➤ Die Grenze des Managers ist die Anzahl der Mitarbeiter, die er selbst erfolgreich führen und überwachen kann.

➤ Die Grenze des Unternehmers ist die Anzahl der Manager, die er für die Umsetzung seiner Vision gewinnen und begeistern kann.

Die mögliche Größe Ihres Unternehmens ist also weniger von äußeren Faktoren abhängig als von Ihrer Perspektive und Ihrer Entschlossenheit, andere Menschen zur Zusammenarbeit zu gewinnen. Grundsätzlich muss Ihr Unternehmen so lange wachsen, bis es Ihre persönlichen Ziele (siehe das Kapitel über Lebensqualität) optimal unterstützt. Das Wachstum aufgrund externer Faktoren (zum Beispiel der Größe der Wettbewerber oder des Marktvolumens) zu beschränken, hindert Sie nur bei der Entfaltung Ihres Potenzials. Schließlich kann ein Unternehmen jederzeit wachsen, indem es neue Märkte erschließt, neue Produkte entwickelt, Filialen an neuen Standorten gründet oder einfach einen Mitbewerber aufkauft.

Dokumentieren Sie die strategische Planung in einem Businessplan, den Sie mindestens zweimal im Jahr überarbeiten. Beschreiben Sie das geplante Personal- und Umsatzwachstum sowie die Zielkunden und Zielmärkte, die Sie bedienen werden.

Der Businessplan ist nicht nur ein kreatives Planungsinstrument, sondern dient auch der Kommunikation gegenüber Kapitalgebern, Kunden und Mitarbeitern. Nicht immer wird man den gesamten Plan herausgeben, jedoch ist ein guter Plan beim Umgang mit Außenstehenden ausgesprochen hilfreich.

Die Bestandteile des Businessplans

Auf der linken Seite des Managementschaubilds sind verschiedene Pfeile dargestellt. Jeder Pfeil beschreibt ein Kapitel des Businessplans:

Unternehmerische Vision	Die unternehmerische Vision ist eine Aussage, die den Sinn und Nutzen des Unternehmens beschreibt. Idealerweise drückt sie aus, wie durch das Unternehmen die Lebensqualität für alle Beteiligten verbessert wird.
Zentrale Marketingaussagen	Die zentralen Marketingaussagen werden im Marketingprozess definiert und beinhalten die Positionierungsaussage, die USP und den Elevator Pitch. Sie sind die Basis für jede Kommunikation mit Kunden und Interessenten.
Kooperationen	Der Businessplan beschreibt, welche Kooperationen man eingehen will. Idealerweise stellt man an Kooperationspartner die gleichen Anforderungen hinsichtlich Qualität und ethischer Werte wie an das eigene Unternehmen.
Wachstumsplanung	Die Wachstumsplanung beschreibt, welche Größenordnung (Umsatz, Personal et cetera) das Unternehmen anstrebt. Das Wachstum muss die persönlichen Lebensziele des Unternehmers unterstützen und darf diese nicht hinsichtlich Geld, Freizeit und Inhalt der Tätigkeit gefährden.

Geschäftsübergabe	Bereits in einer frühen Phase sollte man planen, wie man das Unternehmen später wieder verkauft. Dabei sollte es genügend Gewinn abwerfen, um die weiteren Lebensziele des Unternehmers zu ermöglichen. Im Kapitel über die Führungssystematik wird eine einfache Strategie beschrieben, wie man sein Unternehmen an die eigenen Mitarbeiter übertragen kann.
SWOT-Analyse	Die SWOT-Analyse (für Strengths [Stärken], Weaknesses [Schwächen], Opportunities [Chancen] und Threats [Gefahren]) dient der einfachen Auflistung spezifischer Stärken, Schwächen et cetera. In der nachfolgenden Maßnahmenplanung ist darauf zu achten, dass die Ergebnisse der SWOT-Analyse zu Aktivitäten führen, um die aktuelle Situation zu verbessern.
Messindikatoren	Damit der Unternehmer sehr frühzeitig merkt, ob das Unternehmen auf Erfolgskurs ist, werden für jeden Hauptgeschäftsprozess einfache Messgrößen definiert, an denen man erkennen kann, ob der Prozess optimale Ergebnisse liefert. Im Falle einer Umsatzschwäche kann man so sehr schnell herausfinden, welche Veränderung die besten Ergebnisse bewirkt.

Tabelle 10: Bestandteile der Businessplanung

Ihre Organisationsstrategie

Die Organisationsstrategie legt fest, welche Personalrollen Bestandteil Ihres Unternehmens sein werden. Der Begriff der Rolle wurde bereits mehrfach erwähnt. Eine Rolle ist unabhängig von der Anzahl der Mitarbeiter, von denen sie ausgeübt wird. In der Anfangsphase wird meist der Unternehmer mehrere Rollen einnehmen.

Eine Rolle ist ausschließlich durch ihre Hauptverantwortung definiert.

Daher hat jede Rolle eine andere Funktion im Unternehmen und verlangt von dem ausführenden Mitarbeiter unterschiedliche Qualifikationen. Legen Sie fest, welche Aufgaben beispielsweise die Vertriebsmitarbeiter und die jeweiligen Manager (zum Beispiel Verkaufsleiter) haben und über welche Qualifikationen sie verfügen müssen. Die Beschreibung der Rollen halten Sie in Ihrem Teammodell fest (siehe Führungssystematik). Die Organisationsstrategie beschreibt dann, welche Mitarbeiter in welcher Anzahl und zu welchem Zeitpunkt in Ihrer Firma aktiv sein werden.

Die Systemstrategie

Die Systemstrategie legt fest, wie Abläufe in Ihrer Firma dokumentiert werden. Definieren Sie ein übergreifendes Prozessmodell, das die wesentlichen Abläufe und Zusammenhänge dokumentiert. Typischerweise wird das Prozessmodell die acht Hauptgeschäftsprozesse beinhalten. Sie können daher die Schaubilder in diesem Buch als Grundlage für Ihr persönliches Modell benutzen. Zu den wesentlichen Bestandteilen einer erfolgreichen Systemstrategie gehören folgende Aufgaben:

1. Erstellen Sie eine Liste aller Routinetätigkeiten und beschreiben Sie die einzelnen Tätigkeiten. Vermerken Sie in der Liste, ob und wie weit eine Tätigkeit bereits dokumentiert ist. So haben Sie immer einen Überblick, wie vollständig Ihre Dokumentation ist. Ein Beispiel für eine solche Liste können Sie unter http://www.business-scan.info anfordern.

2. Sorgen Sie dafür, dass die so dokumentierten Aktivitäten von allen Mitarbeitern entsprechend der Dokumentation ausgeführt werden.

3. Wenn die Dokumentation nicht zur Ausführung der Aufgaben passt, ändern Sie sie. Achten Sie darauf, dass die Dokumentation die Realität widerspiegelt.

4. Überarbeiten und optimieren Sie Abläufe ständig. Optimal ist es, wenn die Mitarbeiter die Dokumentationen und Checklisten während ihrer Tätigkeiten benutzen und Fehler und Abweichungen sowie Optimierung selbst vornehmen.

5. Was nicht dokumentiert ist, existiert nicht. Prozesse, die nicht beschrieben sind, unterliegen der Willkür des jeweiligen Mitarbeiters. Das führt automatisch zu unterschiedlichen Arbeitsergebnissen und einer Beeinträchtigung der Qualität.

6. Unterscheiden Sie zwischen strategischen und operativen Dokumenten. Strategische Dokumente sind nur für bestimmte Personen (zum Beispiel die Führung) zugänglich, während die operativen Unterlagen Arbeitsabläufe beschreiben und prinzipiell für jeden zugänglich sind.

Eine gute Systemstrategie führt zu einer Dokumentation (Betriebshandbuch), die verständlich beschreibt, wie Ihre Firma arbeitet. Die Dokumentation ist den Mitarbeitern eine echte Hilfe bei der Arbeit und wird schließlich auch gerne benutzt. Anfänglich befürchten Unternehmer häufig, dass eine solche Dokumentation extrem aufwendig und umfassend sein muss. Tatsächlich genügen jedoch oft einfache Checklisten oder kurze Anleitungen. Ein häufig begangener Fehler ist auch, Dokumentationen ohne Berücksichtigung der ausführenden Mitarbeiterrolle zu erstellen. Schreibt man beispielsweise eine Anleitung für die IT-Rolle und ist diese so definiert, dass der ausführende Mitarbeiter mehrere Jahre IT-Erfahrung hat, dann muss selbstverständlich die Dokumentation entsprechendes Wissen voraussetzen. In einer solchen Dokumentation noch einmal die Grundlagen der Computerbenutzung zu erläutern, würde viel Aufwand bedeuten und vermutlich dazu führen, dass der Mitarbeiter die Dokumentation als trivial betrachtet und zur Seite legt. Handelt es sich jedoch um eine brauchbare Checkliste, die dafür sorgt, dass bei komplexen Tätigkeiten nichts vergessen wird, dann verfügt der Mitarbeiter über eine sinnvolle Hilfe.

Das System zur Messung von Erfolgen

Damit sich Ihr Unternehmen optimal weiterentwickeln kann, müssen Sie alle wesentlichen Prozesse einer Bewertung unterziehen. Nur durch die permanente Bewertung bestimmter Indikatoren sind Sie überhaupt in der Lage festzustellen, ob die Richtung stimmt und die Entwicklung positiv verlaufen ist. Verzichten Sie auf Bewertungen und Schlüsselindikatoren

(Key Performance Indicators oder KPIs), so verlieren Sie zwangsläufig irgendwann die Übersicht und beginnen, entscheidende Punkte zu vernachlässigen. Aus diesem Grund ist es zwingend, dass Sie Schlüsselindikatoren definieren, die Sie am besten quartalsweise auswerten. Damit diese Aufgabe nicht zu viel Ihrer Zeit konsumiert, empfiehlt es sich, die Ermittlung der Kennzahlen zunächst als Quartalsziel einer Assistenzkraft zu übertragen. Dabei hat diese die dafür notwendigen Aufgaben zu beschreiben (zum Beispiel: Wie ermittelt man, wie viele Verkaufsgespräche zu Abschlüssen geführt haben?), sodass eine dokumentierte Routinetätigkeit entsteht. Diese gehört ab dann zu den Aufgaben der entsprechenden Fachkraft und belastet Sie nicht weiter.

Es gibt zwei Arten von Schlüsselindikatoren, die Sie für die Bewertung Ihres Unternehmens nutzen können.

> Messbare Schlüsselindikatoren können jederzeit quantitativ durch einen Zahlenwert ausgedrückt werden. Dazu gehören beispielsweise der Umsatz, der Gewinn, Deckungsbeiträge oder Durchlaufzeiten für Prozesse. Sogenannte digitale Schlüsselindikatoren sind entweder erfüllt oder nicht erfüllt (ja oder nein, wahr oder falsch). Sie können also nur zwei klar definierte Zustände einnehmen. Zu diesen Indikatoren gehören beispielsweise Finanzierungszusagen, der Gewinn eines ausgewählten strategischen Kunden oder Zielvereinbarungen mit den Mitarbeitern.

> Nicht messbare Schlüsselindikatoren drücken qualitative Bewertungen aus, die häufig einer subjektiven Beurteilung unterliegen. Zum Beispiel sind die Sauberkeit in einem Büro, die Qualität der Dokumentation, die Zufriedenheit der Kunden und Mitarbeiter oder der Bekanntheitsgrad eines Unternehmens nicht messbar. Es gibt zwar hin und wieder die Möglichkeit, Institute zu beauftragen, die zunächst eine komplexe Messmethode entwickeln, um dann mittels Umfragen und Studien zum Beispiel die Kundenzufriedenheit oder den Bekanntheitsgrad zu ermitteln. Tatsächlich sind diese Vorgehensweisen jedoch für den typischen Unternehmer oft nicht praktikabel. Eine einfachere Methode besteht darin, diese Indikatoren abzuschätzen, indem man eine Bewertung auf einer Skala von -10 bis $+10$ durchführt. Beispielsweise könnte

die Mitarbeiterzufriedenheit erfragt werden, indem jeder Mitarbeiter seine persönliche Zufriedenheit auf einer Skala von −10 (extrem unzufrieden) bis +10 (absolut zufrieden) einschätzt. Nun liegt eine Bewertung vor.

Definieren Sie eine Übersicht aller wichtigen Indikatoren, die Sie zukünftig zur Bewertung Ihres unternehmerischen Fortschritts verwenden möchten. Anschließend können Sie gezielte Maßnahmen vornehmen, um jeden einzelnen Indikator auf den von Ihnen gewünschten Zielwert zu bringen.

Damit Ihnen die anfängliche Arbeit ein wenig erleichtert wird, finden Sie in der nachfolgenden Tabelle eine erste Übersicht über mögliche Indikatoren für die acht Hauptgeschäftsprozesse. Weiter unten werden später weitere Indikatoren aufgeführt, die Sie für die Führung Ihres Unternehmens nutzen können.

Prozess	messbare Indikatoren	nicht messbare Indikatoren
Management	Systematisierungsgrad aller Prozesse	Qualität der Dokumentation
Marketing	Vollständigkeit der Marketingunterlagen	Bekanntheitsgrad, Erscheinungsbild
Interessentengewinnung	Anzahl Leads, Kosten pro Lead	Qualität der Leads
Kundengewinnung	Gesamtumsatz, Anzahl der Verkäufe, Anzahl der Kunden, Umsatz pro Vertriebsmitarbeiter, Vertriebskosten pro Verkauf, Entscheidungsdauer des Kunden	Qualität der Werbeunterlagen zur Kundengewinnung, Qualität der Prozesse, Qualität der Unternehmenspräsentation
Leistungserbringung	Deckungsbeitrag pro Auftrag, Anzahl der Weiterempfehlungen, Anzahl der Referenzkunden	Kundenzufriedenheit

Führung	Zielerreichungsgrad der Mitarbeiter	Ordnung, Mitarbeiterzufriedenheit, interne Kommunikation
Support	Dauer der Systemausfälle pro Monat	
Finanzen	Gewinnspanne, Eigenkapitalquote, Fixkosten, Jahresgewinn, Gewinn nach Steuern	Qualität der Finanzberichte

Tabelle 11: Einfache Messindikatoren für alle acht Hauptgeschäftsprozesse

Die meisten Unternehmer bewerten ihr Unternehmen nicht. Sie lesen höchstens die monatlichen Finanzberichte, die der Steuerberater erstellt. Selbst wenn ihnen die Bedeutung der Überwachung von Schlüsselindikatoren bekannt ist, erscheint ihnen der Aufwand oft zu hoch. Beachten Sie aber, dass dieser Aufwand gerechtfertigt ist, denn erst die systematische Auswertung solcher Indikatoren ermöglicht es Ihnen, Ihre Firma wirklich zu steuern und zu entwickeln. Ansonsten verwandelt sich jegliche Aktivität in einen unternehmerischen Blindflug, der Sie Zeit, Energie und Geld verschwenden lässt und letztendlich das Unternehmen zum Scheitern verurteilt.

Zusätzlich zur eigenen Bewertung ist es empfehlenswert, mindestens einmal im Jahr eine externe Bewertung Ihres Unternehmens durchführen zu lassen, um Betriebsblindheit zu verhindern und die objektive Sichtweise eines Außenstehenden zu nutzen. Hierfür ist der Business-Scan besonders geeignet.

Der Dokumentationsprozess

Der Dokumentationsprozess stellt sicher, dass alle Routineaufgaben in Ihrem Unternehmen einheitlich beschrieben werden. Dadurch erhalten Ihre Mitarbeiter hochwertige Anleitungen, die genau erklären, wie die Dinge zu tun sind. In der Systemstrategie wurde bereits beschrieben, wie die Dokumentationen zu erstellen sind. Der Dokumentationsprozess dient daher der Verwaltung der Dokumente. Unter http://www.

business-scan.info finden Sie eine einfache Word-Vorlage, die Erklärungen beinhaltet, wie Sie Dokumente erstellen, Versionsnummern festlegen und die Dateinamen vergeben.

Wenn Sie sich an die hier vorgestellte Systematik halten, ist die Benennung der Dokumente ausgesprochen einfach. Damit die Dateinamen in der Systemdokumentation einheitlich sind, wird folgende Namensregel empfohlen:

> Kürzel des Hauptprozesses: MGN für Management, MKT für Marketing, LEB für Leistungserbringung, KDG für Kundengewinnung, FHG für Führung, SUP für Support, FIN für Finanzen

> Nummer der Strukturebene, zum Beispiel 2 für Tools und Vorlagen (hier wird die Hauptebene gewählt, die für das Dokument am bedeutendsten ist)

> Bindestrich

> Kürzel für die Art des Dokuments: PL für Plan, P für Prozessbeschreibung, D für Dokumentation, V für Vorlage, CL für Checkliste, B für Prospekte und Broschüren, GL für Gesprächsleitfäden, H für Handbuch

> Bindestrich

> eigentlicher Dokumentname

> Beispiele für Dokumentnamen sind dann:

> MGM3-Pl-Businessplan 2010.doc

> LEB2-CL-Kundenbesuch im Büro.doc

Die Dokumente legen Sie anschließend entweder in einem Dokumentenmanagementsystem ab, oder Sie erstellen eine Ordnerstruktur auf Ihrem Server, die aus acht Hauptordnern mit den Namen der acht Hauptgeschäftsprozesse besteht. Jeder der acht Hauptordner hat dann entsprechend der sieben Ebenen des Würfels Unterordner mit den Namen 0-Definitionen, 1-Strukturelemente, 2-Tools und Vorlagen et cetera.

Sofern Sie die entsprechende Dokumentationsvorlage, die dort vorgeschlagene Versionierung der Dokumente, die Namensregel und die Dateiablagestruktur verwenden, verfügen Sie über ein sehr einfaches Dokumentenmanagementsystem, mit dem Sie Ihre Dokumentationen optimal verwalten können. Ein positiver Nebeneffekt ist, dass ein solches System auch im Rahmen einer ISO-Zertifizierung sinnvoll ist (Stichwort: Lenkung der Dokumente) und die Dokumente den formalen Anforderungen genügen.

Ein Wort zur Sorgfalt

Es ist sehr auffällig, dass in fast allen Unternehmen Briefe an Kunden nur abgeschickt werden, wenn sie auf ordentlichem Firmenbriefpapier gedruckt und vorher intensiv auf Fehler und Formulierung überprüft wurden. Betrachtet man hingegen die interne Dokumentation, so fällt häufig auf, dass hier keine entsprechende Sorgfalt vorliegt. Dokumente werden ohne Firmenlogo ausgedruckt und sind voller Schreibfehler. Die Unternehmer geben zur Entschuldigung häufig an, dass es sich ja »nur« um interne Dokumente handelt, die für die Mitarbeiter gelten.

Es ist jedoch kein guter Stil, wenn man den Mitarbeitern gegenüber weniger sorgfältig vorgeht. Auch die Betriebsdokumentation ist ein Mittel der Kommunikation und sollte möglichst professionell erfolgen. Nur so lernen die Mitarbeiter, wie wichtig die Dokumentation ist und dass sie mit demselben Aufwand zu erstellen ist wie Dokumente für Kunden. Damit steigt auch die Bereitschaft, die Dokumentation zu nutzen und weiter zu pflegen. Beginnen Sie daher mit einfachen Entwürfen und gestalten Sie sie von Anfang an optisch ansprechend. Darauf zu hoffen, dass Sie später noch die Zeit zu einer Umgestaltung finden, ist trügerisch.

Der Automatisierungsprozess

Der Automatisierungsprozess stellt sicher, dass komplizierte Abläufe möglichst automatisiert in der EDV abgebildet werden. Für die Umsetzung ist die IT-Rolle verantwortlich. Wenn ein Unternehmen wesentliche Betriebsabläufe oder Teile davon über Softwareprogramme automatisiert, so kann dies die Arbeitsqualität und die Geschwindigkeit erhöhen, während die

Fehleranfälligkeit und die Kosten sinken. Hierdurch können unter Umständen extreme Wettbewerbsvorteile entstehen. Der Vertriebsleiter eines Telekommunikationsunternehmens berichtete mir, dass er durch den Einsatz von Softwareautomatismen den Umsatz seines Unternehmens verdoppeln konnte, während er die Belegschaft von 180 auf 11 Personen reduziert hatte. Der noch einmal deutlich höhere Gewinn kam ausschließlich dem Unternehmer und den verbliebenen Mitarbeitern zugute.

Was Sie selbst tun können

➤ Die Planung von Wachstum und Unternehmenserfolg ist die wichtigste Voraussetzung für eine nachvollziehbare und gesteuerte Geschäftsentwicklung. Anstatt die geschäftliche Entwicklung dem Zufall zu überlassen, definieren Sie Ihre Ziele und entwickeln Sie Maßnahmen, um diese in die Realität umzusetzen. Beginnen Sie noch heute mit Ihrer Businessplanung.

➤ Erstellen Sie eine Maßnahmenplanung für die nächsten zwölf Monate. Beschreiben Sie darin (unbedingt auch für Dritte verständlich), was Sie an Aktivitäten planen, um in jedem der einzelnen Hauptgeschäftsprozesse substanzielle Verbesserungen für Ihr Unternehmen zu erzielen. Beachten Sie unbedingt, dass die Maßnahmen auch mit dem zur Verfügung stehenden Zeitraum von wöchentlich zwei bis vier Stunden realistisch durchführbar sein müssen. Wenn Sie zu viel erwarten, ist das Risiko hoch, dass Sie enttäuscht werden und die geplante Entwicklung nicht weiterführen. Ein Beispiel finden Sie unter http://www.business-scan.info.

➤ Wer darauf vertraut, dass seine Mitarbeiter Routinetätigkeiten immer auf die gleiche richtige Weise durchführen, kann dauerhaft keine Qualität garantieren. Nur wenn die wesentlichen Abläufe und Qualitätskriterien dokumentiert sind und die Ausführung überprüft wird, wird Kontinuität bei der Leistung erzielt. Erfolgreiche Unternehmer sorgen daher dafür, dass die wesentlichen Prozesse dokumentiert sind, und schaffen die Voraussetzungen, dass sich die Mitarbeiter daran halten.

➤ Wir haben bisher über Prozesse gesprochen, ohne deren Eigenschaften und Prinzipien genauer zu definieren. Der Grund dafür ist, dass

Prozesse im Rahmen der Unternehmensentwicklung eine wichtige, jedoch nicht die zentrale Rolle spielen. Bitte informieren Sie sich daher selbst über dieses Thema. Suchen Sie im Internet nach der Definition von Geschäftsprozessen (zum Beispiel bei Wikipedia) und werden Sie sich darüber klar, dass Prozesse Routineaktivitäten beschreiben, niemals zufällig gestartet werden und immer definierte Ressourcen verbrauchen und ein vorher definiertes Ergebnis erzielen. Gute Prozesse sind außerdem so strukturiert, dass sie möglichst wenige Aktivitäten beinhalten, die sich nicht unendlich wiederholen können.

➤ Sofern Sie bereits einen Business-Scan durchgeführt haben, entwickeln Sie eine Planung zur Verbesserung der Prozessreife und zur Erlangung einer besseren Punktzahl. Sollte dies nicht der Fall sein oder Sie den Scan nicht durchführen wollen, so entwickeln und beschreiben Sie selbst ein Instrument, um Ihre organisatorische Reife zu messen und zukünftig zu entwickeln (Viel Spaß dabei!) Ansonsten führen Sie einen Business-Scan schnellstmöglichst durch!

➤ Stellen Sie einen Mitarbeiter für die Pflege Ihrer Dokumentation bereit. Dieser Mitarbeiter kann durch die Lektüre dieses Kapitels eingearbeitet werden.

Kontrollfragen

➤ Welche Gründe hatten Sie bisher, auf einen Businessplan zu verzichten?

➤ Welche Gründe hindern Sie nach der Lektüre dieses Kapitels, jetzt damit zu beginnen?

➤ Stellen Sie sich vor, dass alle wesentlichen Routineaufgaben leicht verständlich, kurz und prägnant dokumentiert sind. Welchen Nutzen hätte dies für Sie als Unternehmer: in der Mitarbeiterführung und Einarbeitung, bei Kündigungen oder Ausfall eines Mitarbeiters, beim Verkauf des Unternehmens, wenn Sie vorhandene Abläufe überprüfen oder optimieren wollen?

➤ Wovon hängt der notwendige Grad der Detaillierung einer Beschreibung von Tätigkeiten ab?

Die Marketingsystematik

Das Marketing ist die strategische Komponente der Interessentengewinnung. Marketing bedeutet, die Kundenbedürfnisse zu ermitteln (Marktforschung und gelegentliche Studien) und anschließend die zentralen Marketingbotschaften zu definieren. Anschließend werden ein Marketingplan und ein Marketingbudget definiert, sodass die Interessentengewinnung ausgeführt werden kann. Die wichtigste Mitarbeiterrolle für diesen Prozess trägt den Namen Marketingrolle. Da das Marketing entscheidend für den wirtschaftlichen Erfolg eines Unternehmens ist, werden wir in diesem Kapitel einige Beispiele für Marketingsystematiken erläutern.

Die größten Fehler im Marketing

1. Der Slogan sagt nichts aus. Ein guter Slogan assoziiert Kundennutzen subtil mit dem Unternehmen. Alle anderen Slogans sind nahezu wertlos.

2. Eine Kernkompetenz wurde nicht formuliert. Fehlt die Kernkompetenz, so ist unklar, ob sich das Unternehmen fachlich in die richtige Richtung weiterentwickelt. Außerdem kann die Kernkompetenz nicht an Interessenten kommuniziert werden.

3. USP und Positionierungsaussage werden falsch verstanden. Diese wichtigen Marketingbotschaften müssen klar überlegt sein. Meist enthalten sie nur Marketingsprache, aber keinen erkennbaren Kundennutzen. Es ist ärgerlich, wenn der Unternehmer dafür Geld an Agenturen bezahlen musste.

4. Bei der Erstellung des Firmenlogos hat die Agentur die Wünsche des Geschäftsführers berücksichtigt (dies ist zum Beispiel oft bei künstlerisch gestalteten Logos mit den Initialen des Inhabers der Fall). Tatsächlich sollten Farben und Formen des Logos subtil die Anforderungen der Zielkunden widerspiegeln und nicht die Wünsche des Unternehmers.

5. **Marketingbudgets und Marketingplanung fehlen.** Ohne Budgets ist das Marketing schwach, oder es wird beliebig entschieden, welche Aktivitäten durchgeführt werden. Fehlt die Planung, so liegt die Interessentengewinnung brach.

6. **Marktforschung und Studien werden nicht betrieben.** Statt sie als zu aufwendig und teuer anzusehen, sollten Unternehmer sich vor Augen führen, dass kreative Studien günstig sind und neue Kunden bringen.

7. **Die Entwicklung des Internets wird nicht ausreichend beachtet.** Während Google & Co. die Welt und die Kundenkommunikation verändern, vergessen die Unternehmer, sich nach außen zu orientieren, oder bauen Websites, die ausschließlich Informationen vermitteln, aber weder Kontaktadressen enthalten noch Umsatz erzielen.

8. **PR wird vernachlässigt.** Wer eine große Firma möchte, muss sich von Anfang an so verhalten wie eine große Firma. Auch kleine Unternehmen brauchen PR.

9. **CI und Standards werden nicht befolgt oder fehlen ganz.** Standards zeigen, wie sorgfältig ein Unternehmen arbeitet. Wenn alles dem Zufall überlassen wird, erweckt dies den Eindruck der Nachlässigkeit.

Grundprinzipien

Damit Marketing und PR-Arbeit erfolgreich sind, müssen einige Grundregeln beachtet werden. Die wichtigsten Prinzipien im Zusammenhang mit der hier vorgestellten Systematik sind:

➤ **Der »lange Atem« ist entscheidend.** Marketing und vor allem PR zahlen sich häufig erst langfristig aus. Einzelne schnelle Erfolge sind willkommen, aber nicht unbedingt zu erwarten. Daher müssen entsprechende Prozesse und Systeme immer dauerhaft angelegt werden. Eine Faustregel besagt, dass ein Interessent im Durchschnitt nur jede dritte bis fünfte Anzeige oder PR-Meldung wahrnimmt. Um Vertrauen zu einem Unternehmen aufzubauen, muss er jedoch mindestens neun Mal eine Anzeige sehen. Dadurch ergibt sich für eine ausgewählte Zielgruppe eine

Menge von 27 bis 45 Anzeigen/PR-Meldungen, bevor der durchschnittliche Interessent so viel Vertrauen aufgebaut hat, dass er das Unternehmen für sich in Betracht zieht. Beachtet man schließlich noch, dass nicht jeder Interessent zur gleichen Zeit Interesse an der angebotenen Dienstleistung hat, so ist außerdem sicherzustellen, dass die Anzeigen/PR-Meldungen kontinuierlich genug erfolgen, um im Moment des Bedarfs auch eine entsprechende Botschaft des Unternehmens zu kommunizieren.

> **Wer auf Messungen verzichtet, verschenkt Geld.** Langfristiges Marketing muss gemessen werden. Messungen müssen leicht durchführbar sein und dazu führen, dass man schnellstmöglich die Aktivitäten ermittelt, die wirklich erfolgreich sind. Alle anderen Aktivitäten können dann vernachlässigt werden.

> **Quantität geht vor Intensität.** Werbung wirkt vor allem durch Häufigkeit. Nicht die Dauer eines Einzelkontaktes ist entscheidend, sondern die Anzahl der Kontakte zum potenziellen Interessenten (siehe oben). Anzeigen und PR-Meldungen können daher kurz sein.

> **Die Kernbotschaft ist entscheidend.** Die zentrale Marketingbotschaft muss so gewählt werden, dass der »Dümmste in der Zielgruppe« sie noch verstehen kann. Da die Anzahl der Kontakte von entscheidender Bedeutung ist, darf die Werbebotschaft möglichst nicht verändert werden. Wer also Slogans und Werbeaussagen regelmäßig ändert, wird nicht etwa als kreativ, sondern möglicherweise überhaupt nicht wahrgenommen!

> **Bestimmte Zusammenhänge und Entwicklungen sind unberechenbar.** Besonders in Internet-Communitys kann es zu unberechenbaren Entwicklungen kommen. Durch die stetig steigende Vernetzungsdichte kann ein einzelner Kontakt eine Meldung möglicherweise einer großen Gruppe bedeutender Multiplikatoren bekannt machen. In günstigen Fällen kann daher eine Meldung einen Lawineneffekt auslösen, der zu einem großen Ansturm an potenziellen Kunden führen kann. Im ungünstigen Fall kann sich ein schlechter Ruf (schlechte Nachrichten sind häufig interessanter) schnell verbreiten und eine dauerhafte Schädigung des Unternehmens bewirken. Dies musste kürzlich eine Immobilienmaklerin erfahren, die sich dadurch unbeliebt gemacht hatte, dass sie Kollegen

mit Abmahnungen gedroht hat. Innerhalb kürzester Zeit führte dieses Verhalten zu negativen Reaktionen im Internet und hatte Auswirkungen auf ihre sozialen Verbindungen und ihr Geschäft.

> **Marketing schlägt Mensch.** Wenn Ihr Marketing funktioniert, dann haben Sie ein System etabliert, das permanent gute Ergebnisse produziert. Systeme sind langfristig immer den Individuen überlegen, sodass ein erfolgreiches Marketing Ihnen langfristig mehr bringt als individuelle Aktivitäten Ihrer Mitarbeiter.

Schaubild Marketingprozess

Das Schaubild für den Marketingprozess ist einfach. Es geht letztendlich darum, mittels Marktforschung und gelegentlicher Befragungen (Studien) möglichst genaue Profile der Zielkunden zu erstellen und anschließend die zentralen Marketingaussagen (Positionierungsaussage, USP und Elevator Pitch) zu erstellen, die schließlich in der Interessentengewinnung konsequent genutzt werden. Außerdem sollte das Erscheinungsbild des Unternehmens die Zielgruppe ansprechen und daher entsprechend definiert sein.

Ein weiterer Teil des Prozesses befasst sich damit, eine Marketingplanung (mit Budgets) zu entwickeln, sodass später die Ergebnisse in der Interessentengewinnung gemessen werden können.

Marktforschung

Die Marktforschung stellt sicher, dass vor allem zu Beginn der Marketingplanung, aber auch später in regelmäßigen Abständen geprüft wird, wer die eigentliche Zielgruppe für die angebotenen Leistungen ist. Ist diese identifiziert, wird durch die Auswertung diverser Quellen (zum Beispiel Ergebnisse der bisher erbrachten Leistungen, statistische Daten) und mittels eigener kleiner Marktstudien ein Profil der Motive und Anforderungen der Kunden erstellt. Vielen Unternehmern ist die Macht von gezielt durchgeführten Studien nicht bewusst. Neben den gewünschten Informationen können durch Studien häufig sehr enge Beziehungen zu neuen Kunden aufgebaut werden, sodass die Studie ein indirektes Instrument der Kaltakquise

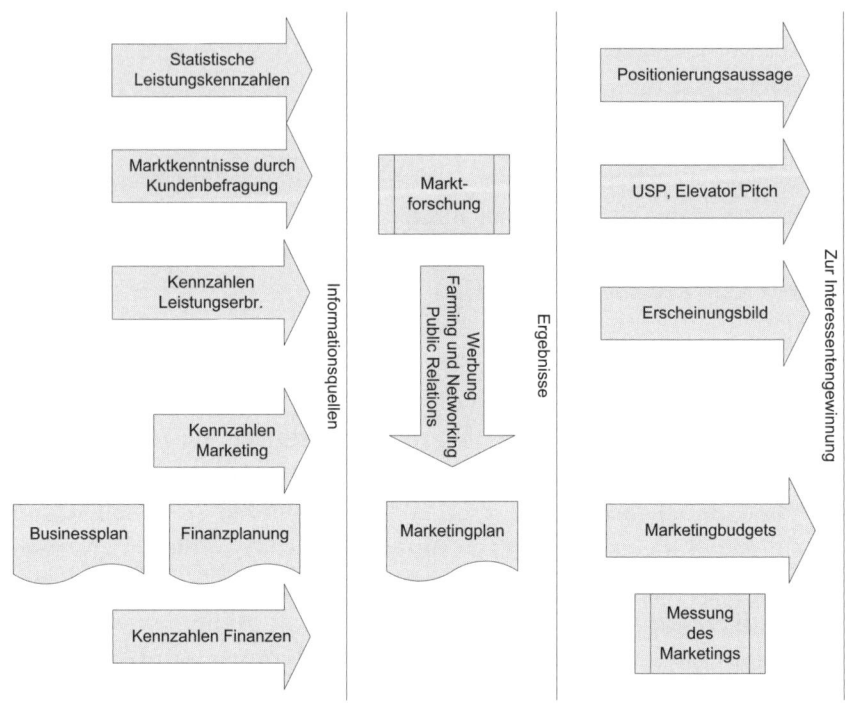

Abbildung 6: Übersichtsschaubild Marketingsystematik

sein kann. Sind die Motive der Zielkunden bekannt, werden die zentralen Marketingbotschaften entwickelt.

Ein Unternehmer aus der Region Köln-Bonn konnte während der Durchführung einer Studie an Verbrauchern Aufträge in Höhe von fast 4 Millionen Euro gewinnen. Viele der angerufenen Verbraucher waren von der Idee begeistert, dass sich ein Unternehmen für ihre Motive interessiert, und wünschten aus eigenem Antrieb heraus weitere Informationen und Gespräche. Obwohl der daraus erzielte Erfolg extrem positiv für das Unternehmen war, wurde eine solche Studie bisher nicht von anderen Unternehmen der gleichen Branche nachgeahmt. Offensichtlich ist die Hemmschwelle, selbst aktiv Marktforschung zu betreiben, bei vielen Unternehmern zu hoch.

Die zentralen Marketingbotschaften

Bereits in den Grundprinzipien zum Marketing wurde die Bedeutung von zentralen Marketingbotschaften hervorgehoben, die kontinuierlich wiederholt werden müssen. Gleichzeitig müssen diese Botschaften derart formuliert werden, dass der Kundennutzen leicht erkennbar ist und auch der »Dümmste in der Zielgruppe« sie verstehen kann.

Selbstverständlich bedeutet »dumm« in diesem Zusammenhang nicht, dass Sie stumpfsinnige und sprachlich minderwertige Botschaften formulieren müssen. Es ist jedoch wichtig, dass ein Interessent für Ihre Produkte und Dienstleistungen seinen persönlichen Nutzen ohne komplexe Schlussfolgerungen erkennen kann. Ein Beispiel soll dies verdeutlichen:

Ein Unternehmen hat als Alleinstellungsmerkmal die folgende USP formuliert: »Seit 20 Jahren die Nummer 1 in Frankfurt!« Abgesehen davon, dass diese Formulierung vermutlich viele Wettbewerber dazu anregen wird, ihre Anwälte prüfen zu lassen, ob eine Abmahnung Erfolg verspricht, fehlt hier der Kundennutzen. Die für diese USP verantwortliche Werbeagentur formulierte auf Rückfrage im Business-Scan den Nutzen folgendermaßen: »Dass wir seit 20 Jahren erfolgreich sind, bedeutet, dass das Unternehmen gute Gewinne eingefahren hat. Dies ist ja nur möglich, wenn die Kunden zufrieden waren. Zufriedene Kunden bedeuten gute Leistungen, und damit hat der neue Interessent die Gewährleistung, dass auch er gute Leistungen bekommt!«

Die Schlussfolgerung mag zwar richtig sein, doch ist es unwahrscheinlich, dass ein potenzieller Interessent genauso denkt. Möglicherweise wird er ganz andere Schlüsse ziehen. Wahrscheinlicher ist aber, dass er überhaupt keine Überlegungen anstellt und die USP einfach so akzeptiert. Die Frage nach seinem Vorteil wird dabei unbeantwortet bleiben, und damit fehlt ihm das Motiv, sich für das Unternehmen zu entscheiden. Hätte das Unternehmen seine USP beispielsweise in der Form »Das erste Unternehmen in Frankfurt mit Leistungsversprechen!« formuliert, wäre der Kundennutzen »versprochene Leistung« eindeutig kommuniziert worden. In diesem Fall könnte man sich anschließend Gedanken darüber machen, wie man das Leistungsversprechen zu Papier bringt, um es im Verkaufsgespräch zu transportieren.

Nachfolgend werden die wichtigsten zentralen Marketingbotschaften definiert und jeweils mit Beispielen illustriert. Wählen Sie für Ihr Unternehmen
die passendsten Formulierungen aus und entwickeln Sie daraus entsprechende Formulierungen. Prüfen Sie anschließend, ob die Formulierungen
möglicherweise ein Risiko darstellen, weil Sie damit Rechte anderer verletzen (zum Beispiel indem Sie eine Aussage wortwörtlich von einem anderen Unternehmen übernommen haben oder ein Copyright verletzen) oder
weil sie abmahnungsfähige Behauptungen beinhalten (zum Beispiel »die
Nummer 1 der Softwarehersteller«).

Das Alleinstellungsmerkmal (USP)

Das Alleinstellungsmerkmal ist die Antwort auf die unausgesprochenen
Fragen: »Warum soll ich ausgerechnet bei Ihnen Kunde werden? Was un-
terscheidet Sie von allen anderen Unternehmen, sodass sich daraus ein
Vorteil für mich ergibt?«

Das Alleinstellungsmerkmal wird in Form einer sogenannten USP (Unique
Selling Proposition) formuliert, die üblicherweise aus einem einzigen Satz
besteht. Da die USP immer auch einen erkennbaren (!) Kundennutzen beinhalten muss, genügt es also nicht, wenn Sie einfach nur ein Unterschei-
dungsmerkmal angeben. Folgende USPs wurden bei einer Recherche gefunden und sind unter diesem Aspekt als ungeeignet anzusehen:

➤ »Vielseitigkeit«

➤ »Kenntnisse der Branche und der wirtschaftlichen Zusammenhänge«

➤ »Wir bieten einen Komplettservice an und konzentrieren uns dabei
   auf die Branche«

➤ »Unsere Technologie ist führend«

➤ »Unser individuelles, bedarfsorientiertes Vorgehen«

Wie man deutlich erkennt, sind die Formulierungen austauschbar und un-
konkret. Außerdem wird in den letzten drei Beispielen immer wieder von

»wir« und »uns« gesprochen. Der Interessent wird hier also auch sprachlich gar nicht einbezogen.

Gute USPs heben den Kundennutzen hervor. Aufgrund der notwendigen Kürze sind sie nicht zwingend präzise. Es ist jedoch wichtig, dass Sie in der Lage sind, später genaue Angaben zu den Aussagen der USP zu geben.

Folgende USPs transportieren Alleinstellungsmerkmale und einen Nutzen für den potenziellen Kunden:

➤ *»Mit einzigartigem Leistungsversprechen!«* (In diesem Fall sichert ein Dienstleister seinen Kunden schriftlich die Erbringung vertraglich definierter Leistungspakete zu. Dabei wurde vorher geprüft, dass kein Mitbewerber ähnliche Leistungen anbietet.)

➤ *»Physikalisch radiästhetische Analyse durch den führenden Experten in Europa.«* (Dieser Unternehmer bietet Wohnraumanalysen in Zusammenarbeit mit einem anerkannten Experten an.)

➤ *»Mit über 800 erfolgreichen Projekten in den letzten fünf Jahren sind wir Ihr Partner, wenn es um die schnelle Realisierung Ihres Vorhabens geht!«* (Eine statistische USP: Dieser Anbieter nutzt eine statistische Analyse als Alleinstellungsmerkmal.)

➤ *»Der erste Makler mit Verkaufsgarantie in Frankfurt.«* (Eine sogenannte Service-USP: Dieser Immobilienmakler zahlt seinen Kunden 1.000 Euro, wenn es ihm nicht gelingt, eine Immobilie innerhalb von drei Monaten zu verkaufen. Die Formulierung »der erste« wurde zunächst überprüft und ist daher nicht anfechtbar. Andere können das Vorgehen kopieren, sie sind aber niemals »der erste« Anbieter.)

➤ *»Durchschnittliche Zufriedenheitsnote unserer Kunden: 1,2!«* (Dieser Anbieter hat eine Zufriedenheitsbefragung seiner Kunden durchgeführt und nutzt diese statistische Aussage als Alleinstellungsmerkmal.)

➤ *»Nach maximal fünf Besichtigungen habe ich Ihr Haus verkauft – garantiert!«* (Dieser Makler verbindet Service mit statistischen Aussagen. Durch die wenigen Besichtigungen erspart er seinen Kunden Aufwand – und falls er es einmal nicht schaffen sollte, besteht die Garantie darin, dass er den Kunden eine kostenlose Grundreinigung des Hauses anbietet.)

Bitte beachten Sie, dass Ihre USP belastbar sein muss. Im Zweifelsfall müssen Sie die getroffene Aussage belegen und ein gegebenes Versprechen auch tatsächlich einhalten können. Entwickeln Sie nun eine USP für Ihr Unternehmen und kommunizieren Sie sie konsequent in allen dafür geeigneten Medien (zum Beispiel Internetseite, Firmenbroschüre, Briefpapier, Visitenkarten).

Der Slogan

Der Slogan ist eine leicht zu merkende positive Aussage (ein Satz oder ein Teilsatz), die mit Ihrem Unternehmen assoziiert werden soll. Idealerweise ist ein Slogan so formuliert, dass er ebenfalls einen Grund enthält, sich für Ihr Unternehmen zu entscheiden. Im Vergleich zur USP ist der Slogan kürzer und muss nicht unbedingt ein einzigartiges Element beinhalten. Sein Ziel ist es, eine einfach zu merkende Aussage zu treffen, mit welcher der Interessent/Kunde etwas Positives für sich verbindet. Ein sehr einfacher Slogan, der diese Voraussetzung erfüllt, ist »Lidl lohnt sich«. Jeder kann sich diesen Slogan sofort merken, während ganz klar ist, dass hier etwas Lohnenswertes angeboten wird.

Als psychologisch günstig haben sich Slogans erwiesen, die in Form einer Tatsache formuliert werden. So ist zum Beispiel die Aussage »Weil Leistung zählt!« besser als die Aussage »Wenn Leistung zählt!«. Auf die zweite Aussage könnte man erwidern: »Und wenn nicht?«, was bei der ersten Aussage nicht möglich ist. Ein bekanntes Beispiel ist »Burger King – weil's besser schmeckt«.

Gute Anfänge für Slogans sind demnach: weil …, damit …, um …, für …

Ein Slogan sollte Grundmotive ansprechen, die für Kunden wichtig sind. Besonders häufig genannte Kaufmotive für nahezu alle Branchen sind Leistung, Vertrauen, Innovation und Preis. Daher ist beispielsweise die Aussage »Maximale Innovation für Sie!« besser als »Wir setzen in unserer Branche Zeichen«. Im ersten Fall wird die Innovation für den Kunden angesprochen, im zweiten Fall die Leistung des Unternehmens für die Branche.

Manche Slogans überzeugen anstelle der Aussage durch ihre Knappheit und die Tonalität. Dies kann in der Radiowerbung beobachtet werden, wenn Slogans durch Sprecher auf unverwechselbare Weise ausgedrückt werden. Zum Beispiel wird der Slogan »Geiz ist geil!« nicht gesprochen, sondern geschrien. Das erhöht deutlich die unmittelbare Wirkung (Alarmbereitschaft beim Zuhörer).

Hier einige Beispiele für wirksame Slogans:

➤ <Firmenname> – weil Leistung zählt!

➤ <Firmenname> – weil Vertrauen entscheidet!

➤ <Firmenname> – nur Ihre Interessen zählen!

➤ <Firmenname> – damit Sie schnell und sicher die bestmögliche Leistung erhalten!

➤ <Firmenname> – mehr Service – mehr Vertrauen – mehr Mensch!

Die Positionierungsaussage

Die Positionierungsaussage macht klar, was Ihr Unternehmen überhaupt tut.

Vielen Unternehmern und deren Mitarbeitern fällt es schwer, die Frage »Was macht Ihr Unternehmen eigentlich?« zu beantworten. In den meisten Fällen erhält man unklare Aussagen, die nach Möglichkeit so formuliert werden, dass sie dem Fragenden zusagen.

Die Positionierungsaussage beschreibt möglichst einfach und klar, was das Unternehmen anbietet. Daher gehört sie zwingend auf die Homepage eines Unternehmens, damit dem Betrachter sofort klar wird, ob er hier richtig ist.

Sie hilft auch dabei, echte Interessenten von unentschlossenen Zeitdieben zu trennen, die sich zunächst lange informieren, bevor sie schließlich feststellen, dass sie gar nicht beim richtigen Anbieter gelandet sind.

Betrachten Sie einmal die Websites Ihrer Mitbewerber. Vermutlich werden Sie in den meisten Fällen feststellen, dass eine Positionierungsaussage fehlt. Dem Betrachter der Site ist es dann aber nicht möglich, auf einen Blick zu entscheiden, was das Unternehmen anbietet. Er muss sich mittels Unterseiten (zum Beispiel Produkte) informieren, und in vielen Fällen erhält er keine klare Aussage über das Leistungsangebot (schauen Sie sich diesbezüglich auch einmal die Websites verschiedener Werbeagenturen an).

Eine Positionierungsaussage kann nach einem sehr einfachen Muster zusammengestellt werden:

> <Firmenname> ist auf <Leistungsangebot> in <Ort oder Region> spezialisiert. Dabei konzentrieren wir uns auf <Kundenzielgruppe> und bieten einzigartige Serviceleistungen <USP> an.

Beispiele für gute Positionierungsaussagen sind:

> ➤ Müller-Immobilien ist auf die Vermietung und Vermarktung von Bestandsimmobilien in Frankfurt spezialisiert. Dabei konzentrieren wir uns auf Häuser und Eigentumswohnungen im Stadtzentrum und bieten neben unserer einzigartigen Verkaufsgarantie alle mit der erfolgreichen Vermarktung zusammenhängenden Dienstleistungen an.

> ➤ Werner Heizungsbau ist auf den Einbau und den Service moderner Heizungsanlagen für Wohnhäuser in Gelnhausen und Region spezialisiert. Dabei konzentrieren wir uns auf die Marken Viessmann und Brötje und bieten alle damit zusammenhängenden Dienstleistungen an.

> ➤ Bieger Haarmoden ist auf die Gestaltung modisch ansprechender Frisuren, Haarverlängerungen und den Verkauf von Haarpflegeprodukten spezialisiert. Mit unseren Filialen in Roth, Linsengericht und Meerholz bieten wir unseren Kunden umfassende Dienstleistungen rund um das Thema Haare an.

Sie sehen, die Positionierungsaussage ist leicht zu definieren und sollte anschließend auf der Website, in Unternehmensbroschüren und in Firmenprofilen verwendet werden.

Der Elevator Pitch

Der Elevator Pitch hat seinen Namen von der Vorstellung, dass jemand Sie im Fahrstuhl (engl. elevator) anspricht und Sie bittet, Ihnen bis zum nächsten Halt zu erklären, warum er sich ausgerechnet für Ihr Unternehmen entscheiden soll. Sie haben also maximal 30 Sekunden Zeit, um Ihr Gegenüber von Ihrem Leistungsangebot zu überzeugen.

Einige Verbände und Unternehmernetzwerke haben es sich zur Angewohnheit gemacht, ihren Mitgliedern bei der Vorstellungsrunde maximal 30 bis 60 Sekunden Zeit für die Vorstellung zu lassen. So üben die Unternehmer immer wieder, einen passenden Elevator Pitch zu formulieren und diesen gegebenenfalls ein wenig zu variieren, damit es nicht langweilig wird. Im Marketing können Sie jedoch immer die gleiche Formulierung verwenden.

Eine einfache Formel für den Elevator Pitch besteht aus einer Kombination von Positionierungsaussage, USP und einem passenden Abschlusssatz. Die Formel lautet:

> Danke, dass Sie mir die Gelegenheit geben, mich kurz vorzustellen! <Firmenname> ist auf <Leistungsangebot> in <Ort oder Region> spezialisiert. Dabei konzentrieren wir uns auf <Kundenzielgruppe> und bieten einzigartige Serviceleistungen an. Unser Alleinstellungsmerkmal ist <USP>. Dadurch unterscheiden wir uns positiv von anderen Anbietern. Wer sich also für <Leistungsangebot> interessiert und sich für <Firmenname> entscheidet, der wählt <weiterer Kundennutzen> und das sichere Gefühl, den richtigen Anbieter ausgesucht zu haben.

Übertragen wir diese Formel auf die oben genannten Positionierungsaussagen, so ergeben sich die folgenden Elevator Pitches:

➤ Danke, dass Sie mir die Gelegenheit geben, mich kurz vorzustellen! Müller-Immobilien ist auf die Vermietung und Vermarktung von Bestandsimmobilien und alle damit zusammenhängenden Dienstleistungen in Frankfurt spezialisiert. Dabei konzentrieren wir uns auf Häuser und Eigentumswohnungen im Stadtzentrum. Unser Alleinstellungsmerkmal ist unsere einzigartige Verkaufsgarantie. Wer also seine Immobilie mit größtmöglicher Sicherheit zu einem optimalen Preis verkaufen möchte und sich für Müller-Immobilien entscheidet, der wählt die Sicherheit des garantierten Verkaufs und das sichere Gefühl, den richtigen Anbieter ausgesucht zu haben.

➤ Danke, dass Sie mir die Gelegenheit geben, mich kurz vorzustellen! Werner Heizungsbau ist auf den Einbau und den Service moderner Heizungsanlagen für Wohnhäuser in Gelnhausen und Region spezialisiert. Dabei konzentrieren wir uns auf die Marken Viessmann und Brötje und bieten alle damit zusammenhängenden Dienstleistungen an. Unser Alleinstellungsmerkmal ist unsere überdurchschnittliche Kundenzufriedenheit mit der Note 1,2 für unseren Service. Wer sich also für eine moderne Heizungsanlage oder hervorragende Serviceleistungen interessiert und sich für Werner Heizungsbau entscheidet, der wählt modernste Technik zu günstigen Preisen und das sichere Gefühl, den richtigen Anbieter ausgesucht zu haben.

➤ Danke, dass Sie mir die Gelegenheit geben, mich kurz vorzustellen! Bieger Haarmoden ist auf die Gestaltung modisch ansprechender Frisuren, Haarverlängerungen und den Verkauf von Haarpflegeprodukten spezialisiert. In unseren Filialen in Roth, Linsengericht und Meerholz bieten wir unseren Kunden umfassende Dienstleistungen rund um das Thema Haare an. Unser Alleinstellungsmerkmal sind unsere hochqualifizierten Haarspezialisten, die Ihnen die neuesten Trends und schonendsten Verfahren anbieten. Wer sich also für eine modische Frisur – die optimal zu ihm passt – und damit für Bieger Haarmoden entscheidet, der wählt das sichere Gefühl, den richtigen Anbieter ausgesucht zu haben.

Selbstverständlich können Sie die vorgestellten Formulierungen ein wenig verändern und bei persönlichen Vorstellungen ein wenig variieren. In Broschüren, Anschreiben, Firmenporträts et cetera verwenden Sie immer wieder den gleichen Text, damit er sich bei Ihren Interessenten einprägt.

Das Erscheinungsbild

Die visuelle Wahrnehmung bestimmt auf besondere Weise den ersten Eindruck, den andere Menschen von Ihrem Unternehmen haben. Daher sollte man sie nicht dem Zufall überlassen. Definieren Sie nach Möglichkeit, wie das Erscheinungsbild nach außen sein soll. Die folgenden Elemente gehören zu einem standardisierten Erscheinungsbild:

➤ *Einheitliche Kleidungsstandards.* Legen Sie genau fest, wie sich Ihre Mitarbeiter zu kleiden haben. Wenn Sie sehr konsequent sind, schreiben Sie vor, dass nur bestimmte Farben getragen werden dürfen, oder Sie beschaffen sogar einheitliche Kleidung (zum Beispiel mit dem Firmenlogo bedruckte Poloshirts) für die Mitarbeiter. Auch Anstecker mit dem Firmenlogo führen zu einem einheitlichen Erscheinungsbild. Der Vorteil von Kleidungsstandards liegt in der wahrgenommenen Gruppenzugehörigkeit und damit in einem besseren Wir-Gefühl. Außenstehende erkennen mehr Disziplin und können beispielsweise auf Messen die Mitarbeiter schneller identifizieren.

➤ *Einheitliche Ausstattung und Computerdesktops.* Statten Sie Ihre Mitarbeiter mit einheitlichen Arbeitsmitteln aus und legen Sie einen einheitlichen Computerdesktop fest. Bei Kundenpräsentationen kommen persönliche Hintergrundbilder meist nicht gut an und wirken oft disziplinlos.

Über den Sinn und Unsinn von Kleidungsstandards wird gerne diskutiert. Prüfen Sie daher einmal, wie sie auf Sie persönlich wirken. Manche Lebensmitteldiscounter setzen auf einheitliche Bekleidung, andere nicht. Beobachten Sie die Wirkung und entscheiden Sie für Ihr Unternehmen, was Ihnen besser zusagt. Selbstverständlich sind Kleidungsregeln für alle Mitarbeiter verbindlich, also auch für den Geschäftsführer.

Marketingmethoden

Wir unterscheiden im Folgenden drei verschiedene Ansätze für das Marketing, die aus unternehmerischer Sicht unterschiedlich zu handhaben sind. Jede Methode hat andere Schwerpunkte. Die Methoden sind im Schaubild nicht vermerkt, da sie indirekt den Marketingplan und dessen Inhalte betreffen.

1. *Werbung:* Werbung besteht üblicherweise aus der Gestaltung von Werbeunterlagen und der Verbreitung dieser Unterlagen über geeignete Medien. Zur Werbung zählen Anzeigen, Flyer, Autobeschriftungen, bedruckte T-Shirts, Werbegeschenke, TV-Spots, Radiowerbung, bezahlte Artikel, Firmenbroschüren oder Firmenporträts in Zeitungen und Internetportalen. Das Angebot an zu bezahlender Werbung ist ausgesprochen umfangreich, und es existieren zahllose Anbieter dafür. Problematisch für den Unternehmer ist, dass hierbei häufig hohe Kosten entstehen, während ein großes Risiko besteht, dass die Werbung keinen Erfolg bringt. Dann hat nur der Anbieter gewonnen, denn der Unternehmer muss die Kosten in jedem Fall übernehmen.

2. *Farming und Networking:* Farming bedeutet, in einem kleinen, regional begrenzten Umfeld intensive Kontakte aufzubauen. Beim Networking geschieht dasselbe, allerdings innerhalb einer bestimmten Zielgruppe (meist überregional). Während sich Farming auf eine Region beschränkt, findet also Networking beispielsweise innerhalb von Verbänden oder Internet-Communitys statt. Beide Methoden sind weniger kostenintensiv als Werbung. Sie müssen kontinuierlich und konsequent betrieben werden, damit sich dauerhafter Erfolg einstellt. Die große Gefahr hierbei sind weniger die Kosten als das Risiko, sehr viel Zeit mit irrelevanten Kontakten zu verbringen oder gar Gemeinschaften mit erfolglosen *Networkern* einzugehen, die sich später nachteilig auswirken. Daher ist bei diesen Methoden ein klares Ziel zu formulieren, welche Kontakte man benötigt und wie man diesen am besten begegnet.

3. *Public Relations:* Bei der PR zieht man die Aufmerksamkeit auf sich, indem man sich oder sein Unternehmen für eine bestimmte Sache als Experte positioniert und dann kontinuierliche Pressemitteilungen und Veröffentlichungen zu diesem Thema platziert.

Zu allen drei Methoden sind ausführliche Anleitungen und Beschreibungen verfügbar. Da die Kontinuität hinsichtlich der Wirksamkeit aber wichtiger ist als spezielles Fachwissen, werden wir uns im Folgenden mit einfach zu implementierenden Abläufen beschäftigen, die Sie relativ kostengünstig sofort umsetzen können. Die Anleitungen sind so formuliert, dass Sie einen großen Teil der Systematiken sofort an Mitarbeiter delegieren können. Wesentliche Voraussetzung für die Durchführung der Aktivitäten ist ein vergleichbar gutes Beherrschen der deutschen Sprache und gegebenenfalls die Fähigkeit, mit einfachen Internetanwendungen (zum Beispiel Presseportale, XING und Facebook) umgehen zu können.

Werbung

Da das Angebot an Werbung so groß ist, ist es zunächst notwendig, die wichtigsten Grundlagen zu klären und bestimmte Vorbereitungen zu treffen. Hierzu zählen:

Zielgruppe	Definieren Sie die Zielgruppe Ihrer Leistung möglichst genau. Je genauer Sie die Zielgruppe kennen, desto präziser können Sie Ihre USP, Ihren Slogan, die Positionierungsaussage und den Elevator Pitch formulieren.
	Außerdem hilft Ihnen die Kenntnis Ihrer Zielgruppe dabei zu entscheiden, welche Werbemittel von ihr überhaupt akzeptiert werden und wo sich beispielsweise Anzeigen für Sie lohnen.
USP, Slogan, Positionierungsaussage und Elevator Pitch	Formulieren Sie diese Aussagen gemäß der in diesem Kapitel vorgestellten Anleitungen. Je besser diese Aussagen sind, umso schneller werden Sie von Ihrer Zielgruppe als geeigneter Anbieter wahrgenommen. Formulieren Sie gegebenenfalls Kurzversionen dieser Aussagen, damit Sie Kosten sparen können (zum Beispiel wenn Anzeigentexte sehr teuer sind).

Suchbegriffe

Bei Werbung im Internet sind Suchbegriffe (Keywords) extrem wichtig. Sobald Sie beispielsweise Firmenprofile oder Anzeigen im Internet platzieren, ist es wichtig, dass diese auch über Suchmaschinen gefunden werden können. Nutzen Sie gegebenenfalls auch Werkzeuge wie das Google-Adwords-Tool, um zu ermitteln, nach welchen Suchbegriffen besonders häufig gesucht wird.

Wichtige Suchbegriffe, die in den Texten verwendet werden sollten, sind unter anderem:

➤ Ihr Firmenname

➤ Ihre Produktnamen und Dienstleistungen

➤ der Ort und die Region, in der Sie anbieten

➤ Ihre E-Mail-Adresse

➤ die URL Ihrer Firmenhomepage

Der Marketingplan

Erstellen Sie mindestens halbjährlich einen Marketingplan. Der Plan beinhaltet die Aktivitäten, eine genaue Beschreibung der Inhalte und das geplante Datum für die Durchführung. Unterscheiden Sie im Marketingplan zwischen den folgenden Punkten:

Systematisches Marketing: Dieses findet regelmäßig statt und wird einfach mehrere Wochen vorher geplant.

Ereignisbezogenes Marketing: Diese Sonderform wird immer dann angewendet, wenn ein besonderes Ereignis eintritt. Immobilienmakler können zum Beispiel diese Form des Marketings durchführen, wenn sie eine Immobilie für einen Kunden vermarkten müssen. In diesem Fall bewerben Sie selbstverständlich die eigene Leistung einfach mit, da in den Anzeigen auch Elemente des eigenen Angebots platziert werden. Das gleiche Prinzip gilt für Werbeagenturen, die Produkte ihrer Kunden vermarkten, oder wenn Sie zum Beispiel als Partnerschaftsagentur besonders attraktive Bewerber vermitteln.

Social Proof	Sammeln Sie Kundenreferenzen und positive Aussagen über Ihr Leistungsangebot. Durch persönliche Referenzen untermauern Sie Ihre Glaubwürdigkeit und erzeugen Vertrauen. Besonders wirksam sind dabei Referenzen, die namentlich und mit Bild angegeben werden.

Tabelle 12: Grundlagen der Werbung

Sofern Sie ein besonderes neues Produkt bewerben wollen, ist es empfehlenswert, zunächst eine sogenannte Prelaunch-Phase vorzuschalten. Dabei wird zunächst vage auf das Produkt hingewiesen, und man bietet den Interessenten an, sich in eine VIP-Liste eintragen zu lassen. Anschließend versorgen Sie die Interessenten zum Beispiel durch E-Mails mit exklusiven Informationen. Dadurch erhöhen Sie das Interesse und steigern Ihren Umsatz, sobald das Produkt erhältlich ist. Es ist dann in den ersten Tagen für alle Mitglieder der VIP-Liste zu einem leicht reduzierten Preis verfügbar. Da sich viele diesen einmaligen Preisvorteil nicht entgehen lassen wollen, wird die Zahl der möglichen Verkäufe in den ersten Tagen ausgesprochen hoch sein.

Für die Systematisierung der Werbung ist der Marketingplan von zentraler Bedeutung, sodass wir diesen etwas genauer betrachten wollen.

Systematiken für Farming und Networking

Farming und Networking zählen zu den wirksamsten Aktivitäten, um dauerhaft eine Grundlage für den Erfolg Ihres Unternehmens zu schaffen. In beiden Fällen geht es darum, Beziehungen zu potenziellen Interessenten aufzubauen. Während sich Farming auf ein lokales Gebiet fokussiert, ist Networking stärker auf eine bestimmte Zielgruppe konzentriert. Selbstverständlich sind die Übergänge zwischen den beiden Methoden fließend, und es kann nicht immer eine Grenze gezogen werden.

Zunächst sollten Sie entscheiden, welches der beiden Prinzipien besser zu Ihrer Situation passt:

Farming	Farming eignet sich für alle Unternehmen, die lokal konzentrierte Dienstleistungen anbieten. Meist handelt es sich dabei um Dinge, die man bevorzugt in einem bestimmten Umkreis um seinen Firmenstandort anbietet und für die es relativ viele Abnehmer gibt. Typische Unternehmen, für die der Farmingansatz geeignet ist: Bäckereien, Einzelhändler, Friseure, Steuerberater, Handwerker, Anwälte für allgemeine Themen, Immobilienmakler, Ärzte, Vereine.
Networking	Networking ist für Firmen geeignet, die überregional Leistungen für besondere Zielgruppen anbieten. Hierzu gehören unter anderem: Berater, Trainer, Fachanwälte für spezielle Themen, plastische Chirurgen, Versandunternehmen. Networking eignet sich außerdem auch für alle Berufsgruppen, die Farming einsetzen können. In diesem Fall muss das Networking auch die lokale Komponente unterstützen. Aus diesem Grunde werden beide Ansätze für die Berufsgruppe der Makler erläutert.

Tabelle 13: Auswahlkriterien Farming oder Networking

Nachfolgend werden die beiden Ansätze beispielhaft erläutert:

Beispiel gezieltes Farming

Ein Immobilienmakler hat sich auf ein bestimmtes Wohngebiet spezialisiert. Dabei hat er sich an den nachfolgenden Kriterien orientiert.

Auswahl	Die Farm muss neben einer ausreichenden Anzahl an Haushalten (der Einfachheit halber teilt man die Anzahl der Einwohner durch 2) auch genügend Möglichkeiten der Multiplikation enthalten. Multiplikatoren sind Vereine und andere Gewerbetreibende, mit denen man in Kooperation Werbung und Empfehlungsmarketing (kostenlos) betreiben kann. Würde die Farm ausschließlich Haushalte und kein Gewerbe beinhalten, wäre sie nicht einfach zu bewerben.

	Außerdem ist es wichtig, dass die Farm klein genug ist, um sie an einem Tag zu Fuß durchqueren zu können. Dadurch ist gewährleistet, dass man dort auch »Gesicht zeigen« kann und persönliche Begegnungen ermöglicht werden.
Größe	Damit es innerhalb einer gewissen Zeit (zum Beispiel drei Monate) möglich ist, eine hohe persönliche Bekanntheit zu erzielen, wird die Farm auf 600 Haushalte beschränkt.
Ziel	Ziel ist es, innerhalb von sechs Monaten zum Marktführer innerhalb der Farm zu werden. Dazu ist es notwendig, dass mindestens 50 Prozent der Einwohner (600 Personen) persönliche Bekanntschaft mit dem Makler geschlossen haben. Nur so werden auch überzeugte Privatverkäufer von Immobilien den Makler engagieren, da es ihnen ansonsten »peinlich« sein könnte, wenn sie ihr Objekt privat anbieten. Durch den Verzicht auf die professionelle Leistung zeigt der Verkäufer damit, dass er den Makler oder dessen Angebot nicht schätzt oder dieses nicht als seriös betrachtet. Je besser die persönliche Beziehung, umso geringer ist die Wahrscheinlichkeit, dass das Angebot nicht genutzt wird.
Direktmarketing	Um die eigene Bekanntheit zu erhöhen, hat sich der Makler entschlossen, zunächst alle Werbesendungen selbst zu verteilen. Begegnet er dabei Anwohnern, stellt er sich kurz vor, überreicht seine Unterlagen und bittet um weitere Empfehlungen.
Huckepackmarketing	Der Makler geht Werbepartnerschaften mit den in der Farm aktiven Unternehmern ein. Das grundsätzliche Vorgehen sieht vor, dass er für die Unternehmen kostenfrei Werbung verteilt und diese im Gegenzug all ihren Kunden einen Prospekt des Maklers persönlich überreichen (zum Beispiel in der Einkaufstüte). So erhöht sich seine Bekanntheit dramatisch.

Einsatzplan	Der Makler erarbeitet einen Einsatzplan, der vorsieht, dass er mindestens zweimal pro Woche an Veranstaltungen innerhalb der Farm teilnimmt. Er besucht zum Beispiel alle Vereine, stellt sich dort als »der Makler« vor und bittet um Unterstützung und Empfehlung. Dabei nutzt er die Bereitschaft der Einwohner, ihn zu unterstützen, da diese sich über das Interesse an ihren Vereinen und Veranstaltungen (und die Unterstützung) freuen.

Tabelle 14: Elemente des Farming

Beispiel gezieltes Networking

Ein Immobilienmakler hat sich auf die Region Hanau und Umgebung spezialisiert. Er möchte in dieser Region möglichst viele Kontakte bekommen und durch gezieltes Internet-Networking auf sich aufmerksam machen.

Es gibt derzeit im Internet zwei führende Plattformen für Networking, nämlich Xing und Facebook:

Die Analyse verschiedener Profile in XING zeigt, dass die meisten Nutzer die Plattform nicht optimal nutzen. So besteht bei den meisten Unternehmern das Kontaktnetzwerk nicht aus Kunden, sondern aus Kollegen. Ein kollegiales Netzwerk mag zwar dem fachlichen Austausch dienen, ist aber aus Marketingsicht weniger nützlich.

Betrachtet man das Kommunikationsverhalten vieler Unternehmer in XING, so drängt sich die Vermutung auf, dass sie das Netzwerk eher zur eigenen Unterhaltung nutzen. Tägliche »Guten-Morgen«-Meldungen oder Hinweise, wie gerade das Wetter außerhalb des Büros ist, tragen zwar dazu bei, dass man den Unternehmer als freundlichen und mitteilsamen Mitmenschen wahrnimmt, die notwendige Ernsthaftigkeit bei der Ausübung seines Geschäfts vermittelt er dadurch allerdings nicht.

Die nachfolgende Systematik dient der Gewinnung möglichst vieler geeigneter Kontakte in XING und Facebook. Selbstverständlich kann sie auf andere Portale übertragen werden, da die vorgestellten Prinzipien die gleichen sind.

www.xing.de	XING ist das führende Portal für das Knüpfen beruflicher Kontakte. Es eignet sich hervorragend, um den beruflichen Werdegang der eigenen Kontakte zu verfolgen, und wird eher eingeschränkt zum persönlichen Austausch genutzt. Die Mitglieder können sich in Interessengruppen organisieren, in denen vergleichsweise professionell kommuniziert wird. Aufgrund der beruflichen Ausrichtung und der detaillierten Profile eignet sich XING relativ gut, um die eigenen Leistungen zu kommunizieren, und wird gegebenenfalls auch von Headhuntern benutzt, um Personal zu rekrutieren. In XING gibt es nur persönliche Profile, sodass sich dieses Portal vor allem für die persönlichen Aktivitäten von Unternehmern oder angestellten Verkäufern und Marketingspezialisten eignet.
www.face-book.de	Facebook ist das führende soziale Netzwerk mit stärker privatem Bezug. In Facebook können sehr leicht Kontakte geknüpft werden, mit denen man dann über Statusmeldungen und diverse Kommunikationsanwendungen und -spiele in Kontakt treten kann. Neben persönlichen Profilen gibt es die Möglichkeit, einen Fanclub zu gründen, sodass man als gewerblicher Anbieter hierüber einfacher Informationen über Angebote veröffentlichen kann.

Tabelle 15: Führende Internetplattformen für Networking

Zunächst ist es wichtig, dass man sich ein passendes Profil verschafft. Die folgende Tabelle zeigt die wesentlichen Elemente für den oben beschriebenen Makler:

Foto	Ein passendes Profilfoto ist zwingend erforderlich, um in XING erfolgreich Kontakte knüpfen zu können.
URL	Das Profil muss zwingend eine URL zur Firmenhomepage enthalten, damit man hierüber genügend Interessenten auf die erweiterte Angebotsdarstellung leiten kann.

Ich suche	Die »Ich-suche«-Rubrik wird häufig unangemessen ausgefüllt. Da der Makler regional aktiv und an Werbepartnerschaften interessiert ist, formuliert er folgenden Text:
	Immobilieneigentümer und Privatverkäufer, die sich für die professionelle Vermarktung ihrer Immobilie interessieren. Kontakt zu Gewerbetreibenden in Hanau, die an gemeinsamen Werbeaktivitäten und Veranstaltungen interessiert sind.
	Damit hat er klar seine geschäftlichen Interessen dargestellt, und somit ist sofort erkennbar, was er bezweckt.
Ich biete	Anstatt hier eine endlose Aufzählung aller möglichen Dienstleistungen aufzulisten, fügt er hier seinen Elevator Pitch ein:
	Müller-Immobilien ist auf den Verkauf und die Vermietung von Wohnimmobilien spezialisiert. Seit 1988 bieten wir unsere Dienstleistungen an und sind das erste Maklerunternehmen mit Leistungsversprechen für Verkäufer und Vermieter in Hanau. Unsere Serviceleistungen umfassen die vollständige Abwicklung aller Tätigkeiten, die mit der Vermarktung einer Immobilie verbunden sind, sowie die notwendigen Verhandlungen und die Klärung wesentlicher Fragestellungen. Wer sich für Müller-Immobilien entscheidet, wählt einen professionellen Rundum-Service, kombiniert mit außergewöhnlicher Leistungsbereitschaft und freundlichen Mitarbeitern.
Interessen	Da dem Makler klar ist, dass seine privaten Interessen bei XING niemanden dazu veranlassen würden, zum Beispiel mit ihm Jazzkonzerte zu besuchen, schreibt er seine beruflichen Interessen für den Kunden in das Profil:
	Wenn Sie Ihre Immobilie zu Ihrer vollen Zufriedenheit vermarktet haben oder als Käufer ein für Sie geeignetes Objekt gefunden haben, dann bin ich zufrieden.

Tabelle 16: Beispiele für Elemente eines XING-Profils

Der Nutzen sozialer Netzwerke steigt mit der Anzahl von passenden Kontakten, mit denen man verbunden ist. Daher ist ein Netzwerk mit weniger als 500 Kontakten selten effektiv. Der Unternehmer setzt sich das Ziel, durch kontinuierliche Arbeit innerhalb von sechs Monaten mehr als 1.000 Kontakte zu knüpfen.

Um dieses Ziel zu erreichen, bewirbt er sich für Mitgliedschaften in XING-Gruppen, die sich auf seine Region beziehen. Er nutzt dabei Gruppen für Hanau und den Main-Kinzig-Kreis. Schließlich schreibt er alle Mitglieder dieser Gruppen an und bittet um Kontaktbestätigung. Da jeder ein potenzieller Immobilieninteressent sein könnte, stellt er sich mit folgendem Text vor:

> Sehr geehrte/r Herr/Frau <Name>,
>
> mein Name ist Bernhard Müller. Ich bin Immobilienmakler in Hanau und habe mich auf den Verkauf und die Vermietung von Bestandsimmobilien spezialisiert. In meiner Immobiliensprechstunde (telefonisch oder persönlich, Donnerstag 16 bis 18 Uhr) biete ich außerdem eine kostenlose Beratung für Privatverkäufer an und stehe bei Fragen zur Vermarktung Ihrer Immobilie gerne zur Verfügung. Ich bin immer wieder an interessanten Kontakten interessiert und würde mich sehr über Ihre Kontaktbestätigung freuen, sodass wir auch in Zukunft miteinander verbunden bleiben.
>
> Viele Grüße

Durch die Angabe seiner URL und die Informationen in seinem XING-Profil wird er so einer stetig steigenden Anzahl von Personen bekannt und hat die Möglichkeit, sich dort als Makler aus Hanau zu positionieren. Später, wenn er über ausreichend Kontakte verfügt, kann er eigene Veranstaltungen, Messen oder einen Tag der offenen Tür bewerben. Hierbei geht er sehr behutsam vor, damit er seine Kontakte nicht durch zu häufige Nachrichten verärgert.

Sofern er kurze Informationen an seine Kontakte weitergeben möchte, nutzt er die Funktion der Statusmeldung, die er zweimal wöchentlich aktualisiert. Hier gibt er zum Beispiel Links zu aktuellen Pressemitteilungen oder neuen Vermarktungsobjekten an. Die Statusmeldung wird allen Kontakten in seinem Netzwerk unaufdringlich angezeigt und führt (im Sinne der für das erfolgreiche Marketing notwendigen häufigen kurzen Kontakte) dazu, dass sein Profilfoto regelmäßig in der Rubrik »Neues aus meinem Netzwerk« angezeigt wird.

Da er in Facebook Kontakte nicht gezielt nach Regionen durchsuchen kann, nimmt er hier einfach alle Kontakte auf, die für ihn erhältlich sind. Auch in Facebook gibt es die Möglichkeit einer Statusmeldung (hier: »Was machst du gerade?«), die er parallel zu XING mit den gleichen Inhalten befüllt. Damit die Wahrscheinlichkeit erhöht wird, dass seine Meldungen durch seine Kontakte wahrgenommen werden, gleicht er seine XING-Kontakte regelmäßig mit den Facebook-Benutzern ab.

Hierzu gibt es eine relativ einfache Methode. Zunächst lädt er sich unter XING das Outlook-Plugin herunter und synchronisiert alle XING-Kontakte mit seinem lokalen Outlook. Anschließend exportiert er diese Kontakte in eine durch Komma getrennte Textdatei (CSV-Datei) und liest diese in Facebook ein. Anschließend kann er alle Kontakte anschreiben, die auch bei Facebook aufgelistet sind.

Bei konsequenter Handhabung kann man also durch die Nutzung dieser Portale eine große Anzahl von potenziellen Interessenten kontaktieren und regelmäßig und unaufdringlich mit Informationen versorgen. Die Gefahr, als Spammer wahrgenommen zu werden, ist ausgesprochen gering, da zuvor die Kontaktanfrage bestätigt wurde und gegebenenfalls auch zurückgenommen werden kann. Gleichzeitig führt ein sorgfältiger Umgang mit diesen Medien zu einer positiven Wahrnehmung, und das Netzwerk kann ein wesentlicher Faktor Ihres Marketings werden.

Public-Relations-Systematik

Die Systematik zur Nutzung von Public Relations besteht in erster Linie darin, regelmäßig (zum Beispiel alle vier Wochen) einfache Pressemitteilungen zu verfassen. Wichtige Hinweise zur erfolgreichen PR-Arbeit finden Sie in den nachfolgenden Kapiteln. Anlässe für eine Pressemitteilung können sein:

➤ eine Geschäftseröffnung,

➤ ein Tag der offenen Tür,

> eine Informationsveranstaltung,

> eine öffentliche Interessentensprechstunde, bei der Fachfragen beantwortet werden,

> ein Unterscheidungsmerkmal (USP),

> ein besonderes Ereignis,

> Sonderangebote,

> Ankündigungen neuer Serviceleistungen,

> neue Produkte,

> Marktberichte und neue Trends.

Da man keine Garantie dafür hat, dass eine Pressemitteilung veröffentlicht wird, ist es sinnvoll, sie zunächst per Fax oder E-Mail an regionale Zeitungen oder passende Fachzeitschriften zu versenden. Lehnen diese eine Veröffentlichung ab, gibt es entweder die Möglichkeit, den Artikel als (kostenpflichtige) Anzeige zu platzieren oder ihn über geeignete Internetpresseportale zu platzieren. Besonders einfach geht dies über Verteilerdienste wie *http://www.pr-gateway.de*, wo man die Meldung nur einmal einstellt und sie an zahlreiche kostenfreie Presseportale weitergeleitet wird.

Die Pressemitteilung wird dort in der Regel zunächst geprüft und dann entweder abgelehnt oder freigeschaltet. Mit der Zeit bekommen Sie genügend Erfahrung, sodass Ihre Chancen steigen, gute Pressemeldungen zu verfassen. Alternativ können Sie eine PR-Agentur einschalten, die Sie professionell betreut und Ihnen weitere Leistungen im Zusammenhang mit Presse, Radio und TV anbieten kann.

Beachten Sie bei der Formulierung von Pressemitteilungen, dass Sie die weiter oben definierten Suchbegriffe benutzen. Presseportale werden von Suchmaschinen analysiert, und je häufiger Ihr Name, Ihre URL und Ihre Unternehmensbezeichnung in Zusammenhang mit den entsprechenden Suchbegriffen auftauchen, desto höher steigen Sie in den Platzierungen der Suchmaschinen. Wenden Sie diese Methode konsequent an, so ist es durchaus möglich, dass ihr Unternehmen gleich auf vielen vorderen Positionen bei Google und anderen Suchmaschinen gelistet wird. Dieser angenehme Nebeneffekt ersetzt möglicherweise teure Suchmaschinenoptimierungen und bezahlte Google-Adwords-Anzeigen.

Nachdem Sie Ihre Pressemitteilung in mindestens einem Portal erfolgreich platziert haben, geben Sie den Link an Ihre Netzwerke weiter, indem Sie die Statusmeldungen bei XING, Facebook und anderen Netzwerken aktualisieren. Selbstverständlich ist es sinnvoll, die Pressemeldungen auch auf Ihrer eigenen Website zu verlinken, damit die darin enthaltenen Inhalte auch dort aufgefunden werden können.

Der Marketingplan

Die zentrale Grundlage für einen Marketingplan ist das Budget. Als Faustregel sollten Sie 10 Prozent des Vorjahresumsatzes für systematisches Marketing und PR festlegen. Das Budget mag Ihnen etwas hoch erscheinen, doch zeigt sich in Untersuchungen immer wieder, dass geringere Budgets kaum Wirkung erzielen und eine gute Werbung meist dazu führt, dass Sie Ihre Leistungen teurer anbieten können.

Durch die gleichzeitige Begrenzung des Budgets scheiden selbstverständlich bestimmte Marketingmaßnahmen aus, die darüber hinausgehen würden. Dies kann durchaus als positiv angesehen werden, weil so verhindert wird, dass Sie hohe Kosten auf sich nehmen, bevor die Organisation dafür reif genug ist. Zwei Beispiele sollen dies erläutern:

> Ein Unternehmen, das im Vorjahr einen Umsatz von 100.000 Euro erzielt hat, verfügt damit über ein Marketingbudget von 10.000 Euro. Der Unternehmer überlegt, ob er teure Büroflächen in der Innenstadt anmieten soll. Die Mehrkosten gegenüber seinem bisherigen Büro betragen 6.000 Euro/Jahr (plus ein hoher zeitlicher Aufwand). Damit würde das restliche Marketingbudget nur noch 1.000 Euro betragen, womit er nicht einmal mehr die Einweihungsparty bewerben könnte. Er unterlässt die Ausgabe und wartet, bis er mindestens 200.000 Euro Jahresumsatz erzielt, bevor er diese Kosten übernimmt.

Ein IT-Unternehmer hat ein Marketingbudget von 12.000 Euro. Er erhält ein Sonderangebot, sein Unternehmen auf der CeBit zu präsentieren. Die Standkosten betragen 4.000 Euro (Gemeinschaftsstand). Außerdem kann er das Unternehmen im Messekatalog und dem Internetportal für weitere 4.000 Euro präsentieren. Da das Risiko hoch ist, auf der Messe nicht ausreichend wahrgenommen zu werden, und mit zusätzlichen Kosten (Übernachtungen, Werbegeschenken et cetera) zu rechnen ist, entscheidet er sich stattdessen für eine umfassende Direktmarketingmaßnahme (2.500 Euro). Auch wenn der Imagegewinn durch den Messeauftritt möglicherweise hoch ist, sind hier die wirtschaftlichen Überlegungen entscheidend, zumal der Unternehmer über keine Methode verfügt, um den Imagegewinn nachträglich zu ermitteln.

Aktivität	Kategorie	Beschreibung	Datum	Budget in Euro
Direkt-marke-ting	DM	Briefvorlage Nr. 1 an 500 Empfänger versenden	21.01.2011	800
Website-gestal-tung	Internet	Überarbeitung der Website: grafische Gestaltung, Texte ändern	01.02.2011	500
Messe	Messe	Messestand auf regionaler Messe <Name>. Vorheriges Direktmarketing an 1.000 Kunden und Interessenten mit Einladung und Preisausschreiben	15.03.2011	3.500
Anzeigen	Anzeigen	Anzeigen in regionaler Tageszeitung. Inhalte: Sonderangebot mit klarem Grund, sich bei uns zu melden	monatlich	600
Direkt-marke-ting	DM	Briefvorlage No. 2 an 500 Empfänger versenden	15.04.2011	800

Flyerak-tion	DM	10.000 Flyer an 10.000 Haushalte verteilen. Tag der offenen Tür mit Preisausschreiben und Veranstaltung	30.04.2011	2.000
Informa-tions-abend	Veranstal-tung	Durchführung einer Informationsveranstal-tung: E-Mail-Verteiler, Direktmarketing für 1.000 Kunden und In-teressenten	20.05.2011	1.800
Firmen-broschüre	intern	Druck einer neuen Fir-menbroschüre: Gestal-tung und Druck	15.06.2011	700

Tabelle 17: Muster Marketingplan

Der Marketingplan ist die Grundlage zur Systematisierung Ihrer Werbung. Überarbeiten Sie ihn mindestens halbjährlich und lassen Sie die dort aufgeführten Aktivitäten durch Ihre Mitarbeiter durchführen.

Damit jeder neue Marketingplan den vorherigen übertrifft, müssen die Marketingaktivitäten gemessen werden.

Messung der Marketingaktivitäten

Nur durch eine kontinuierliche Messung der Ergebnisse können Sie entscheiden, ob eine Marketingaktivität durchgeführt werden kann oder nicht. Da die Marketingaktivitäten in der Interessentengewinnung durchgeführt werden, findet hier auch ihre konkrete Messung statt. Wir besprechen das Thema bereits an dieser Stelle, weil es ebenfalls von strategischer Bedeutung ist.

Das entscheidende Kriterium für die Wirksamkeit Ihrer Marketingaktivitäten sind die Kosten pro Interessent. Es ist also nicht entscheidend, ob der Interessent später etwas bei Ihnen kauft. Das ist nämlich das Kriterium für die Wirksamkeit Ihrer Verkaufsaktivitäten und die Qualität Ihrer Produkte.

Sie ermitteln daher die Wirkung Ihrer Marketingaktivitäten, indem Sie die tatsächlichen Kosten durch die Anzahl der durch die Aktivitäten gewonnenen ernsthaften Interessenten teilen. Bei den meisten Dienstleistungen kann man hierfür einfach die Anzahl der Gesprächstermine zählen, die im Zeitraum von zwei bis sechs Wochen nach einer Aktivität stattgefunden haben.

Sicherlich gibt es bei dieser Form der Messung Ungenauigkeiten: Einerseits kann sich ein Interessent auch erst mehrere Wochen nach einer Aktivität bei Ihnen melden, andererseits gibt es Überlappungseffekte. So meldet sich ein Interessent möglicherweise aufgrund einer bestimmten Aktivität, tatsächlich hat er aber vorher bereits mehrere andere Ihrer Werbeaktivitäten wahrgenommen, und die Tatsache, dass er sich auf die letzte Aktivität meldet, ist gar nicht auf deren Wirkung zurückzuführen. Das liegt vor allem daran, dass eben meist mehrere Kontakte notwendig sind, bevor ein Interessent Vertrauen fasst. Daher ist es für Sie einfacher, wenn Sie diese Effekte zunächst unberücksichtigt lassen und einfach ermitteln, wie viele Interessenten die einzelnen Aktivitäten gebracht haben.

Manche Unternehmen schalten zahlreiche Anzeigen und haben eine sehr umfassende Werbung. In diesem Fall verwenden Sie besser Kategorien für bestimmte Aktivitäten, als jede Aktivität einzeln zu bewerten. In dem obigen Marketingplan wurden bereits solche Kategorien definiert. Nachfolgend ein Vorschlag, welche Kategorien Sie verwenden können:

Kategorien	Beschreibung
DM	Direktmarketing. In der Regel per Brief versendete Werbeschreiben, die einen Grund beinhalten, um sich bei Ihrem Unternehmen zu melden.
Internet	Alle Aktivitäten, die sich mit Websitegestaltung, Suchmaschinenoptimierung und Onlinewerbung beschäftigen.
Messe	Alle Aktivitäten, bei denen Messestände oder Beteiligungen an solchen durchgeführt werden.
Sponsoring	Werbeaktivitäten, bei denen Werbebotschaften durch Sponsoring (zum Beispiel Unterstützung von Veranstaltungen oder Vereinen) platziert werden.

Anzeigen	Hierunter fallen alle Anzeigen in Printmedien, aber auch Plakate.
Intern	Alle Werbekosten, die interne Werbung betreffen. Hierunter fallen der Druck von Firmenbroschüren, Autobeschriftungen, T-Shirts et cetera.
Empfehlung	Empfehlungsmarketing beinhaltet Tippgebersysteme und Provisionen, die für die Vermittlung von Interessenten gezahlt werden.
Kaltakquise	Bei der Kaltakquise wird versucht, Interessenten zu Terminen oder Verkaufsgesprächen zu motivieren. Sie kann telefonisch, an der Haustür oder mittels aufeinander aufbauender Werbeschreiben erfolgen. Telefonische Kaltakquise ist seit einiger Zeit gesetzlich verboten, sodass man hier besonders sensibel agieren sollte.

Tabelle 18: Mögliche Marketingkategorien

Je nach Branche sollten die Kosten zur Gewinnung eines Interessenten zwischen 20 und maximal 150 Euro liegen. Werden sehr aufwendige Dienstleistungen verkauft (zum Beispiel IT-Projekte), so kann das unter Umständen deutlich teurer sein. Beachten Sie dabei, dass die anschließenden Kosten für die Verkaufsaktivitäten (Termine, Fahrtkosten, Erstellung individueller Angebote und Präsentationen) nicht mehr unter die Interessentengewinnung fallen.

Was Sie selbst tun können

> Hören Sie nicht auf Marketingspezialisten, die Ihnen ein neues Layout und Texte für Ihre Website verkaufen wollen. Gehen Sie außerdem nicht auf Werbeangebote ein, die nicht in Ihrer langfristigen Planung vorgesehen sind – sie verursachen nur ungeplante Kosten. Eine Website ist wesentlich mehr als nur Layout und Text. Die Mindestanforderung sollte sein, dass die Seite einen Anlass enthält (zum Beispiel kostenlose Informationen nach Eingabe der E-Mail-Adresse), um seine Kontaktdaten zu hinterlassen.

> Ermitteln Sie, wer Ihre Zielgruppe ist und welche Motive diese hat. Anschließend definieren Sie Ihre zentralen Marketingbotschaften. Entscheiden Sie dann, welche Form des Marketings (Werbung, Farming, Networking, PR) für Sie langfristig den größten Erfolg verspricht. Erstellen Sie einen Marketingplan.

> Systematisieren Sie PR und Networking, sofern Sie dieses einsetzen. Die hier vorgestellten Systematiken sind einfach in der Durchführung und können enorme zusätzliche Umsätze erzeugen. Beginnen Sie damit, Marketing durchgängig zu messen. Auch wenn es anfangs schwerfällt, hilft es auf Dauer, Kosten zu sparen und den Erfolg des Unternehmens zu steigern.

> Nehmen Sie Kontakt zu mir in XING oder Facebook auf. Sie erhalten keine Spams, aber dafür regelmäßig interessante Informationen zu den Inhalten dieses Buchs. Wenn Sie Spaß daran haben, bauen Sie sich selbst mindestens 1.000 Kontakte auf, die Sie mit gezielten Informationen versorgen.

Kontrollfragen

> Strategisches Marketing ist ein wesentlicher Erfolgsfaktor, um stetig neue Kunden zu gewinnen. Überlegen Sie, aus welchem Grund es von so großer Bedeutung ist, Marketingergebnisse zu messen!

> Gutes Marketing ist ohne Internet kaum denkbar. Wie sieht Ihre Strategie zur Nutzung des Internets aus, und wie kommen Sie dadurch kontinuierlich an neue Interessenten?

> In diesem Kapitel wird empfohlen, pauschal 10 Prozent des Vorjahresumsatzes für Marketing zu verplanen. Wie hoch muss Ihrer Meinung nach das Marketingbudget für das erste Jahr nach der Unternehmensgründung sein, wenn also noch kein Vorjahresumsatz existiert?

> Marketingagenturen sind häufig ungeeignet, das Marketing in einem Unternehmen zu systematisieren. Meist neigen sie dazu zu schreiben, was dem Auftraggeber gefällt, und wissen zu wenig über Kunden. Erfolge werden oft nicht gemessen, und selten werden Aufträge nach Erfolg gezahlt. Was können Sie also tun, um die richtige Marketingagentur für Ihr Unternehmen zu finden?

Die Führungssystematik

Die Führungssystematik ist eine strukturierte Vorgehensweise, um das richtige Personal für Ihr Unternehmen zu rekrutieren, einzuarbeiten, weiterzuentwickeln und schließlich wieder zu entlassen oder an Ihrem Unternehmen zu beteiligen. Die Führungssystematik begleitet also den gesamten Lebenszyklus eines Mitarbeiters in Ihrem Unternehmen. Im Business-Scan zeigt sich deutlich, dass der Bereich der Führung neben dem des Managements bei den meisten Unternehmen dramatisch unterentwickelt ist. Prüfen Sie selbst, inwieweit in Ihrem Unternehmen bereits eine Führungssystematik vorliegt.

Die größten Fehler in der Führung

1. Führung wird als Aufgabe angesehen, deren Erfolg ausschließlich durch Persönlichkeitsmerkmale der Leitung beeinflusst wird. Der Wert einer ausgereiften Führungssystematik ist unbekannt, und folglich existieren keine Führungsprozesse.

2. Zuerst werden Mitarbeiter eingestellt, und anschließend wird von ihnen erwartet, dass sie die Voraussetzungen mitbringen, die gewünschte Arbeit durchzuführen. Stattdessen sollte das Unternehmen zunächst die Voraussetzungen schaffen, sodass die Mitarbeiter automatisch erfolgreich arbeiten.

3. Ein Organigramm existiert nicht, oder es basiert auf Personen oder Stellen. Dabei definieren jedoch Rollen notwendige Verantwortungen im Betrieb. Die Verantwortung einer Rolle entscheidet über die Hierarchiestufe. Stellen werden durch Personen besetzt, sie gehören nicht in das Organigramm.

4. Rollendefinitionen fehlen oder sind unpassend. Ein Rollendefinition umfasst die Hauptverantwortung, die fachlichen Anforderungen, die Art der Einarbeitung, den Schulungsplan, die Ausstattung und die bedeutenden Strukturelemente.

5. Führungsgrundsätze und Werte wurden nicht dokumentiert. Grundsätze, Leitbilder und Werte bestimmen das tägliche Zusammenleben und regeln grundsätzliche Fragen. Ohne klare Regeln muss alles persönlich geklärt werden (Überlastung der Leitung) oder bleibt ungeklärt.

6. Ziele werden zur Leistungssteigerung benutzt. Ziele dienen der Entwicklung von Mitarbeitern und Unternehmen und nicht der Steigerung der Routineergebnisse.

7. Die Rekrutierung wird dem Zufall überlassen. Ein guter Rekrutierungsprozess besteht aus drei Teilen und prüft die menschliche und fachliche Eignung eines Bewerbers sowie dessen Bereitschaft, bestehende Regeln zu akzeptieren.

Was dieses Kapitel nicht behandelt (und warum)

Spricht man mit Unternehmern über Führung, wird häufig die Frage gestellt: »Wie finde ich Top-Verkäufer, wie bezahle und wie motiviere ich sie?« Viele Unternehmer haben in der Vergangenheit die unterschiedlichsten Formen der Zusammenarbeit (Festangestellter, Freiberufler, Beteiligungsmodelle) und Bezahlungssysteme (Fixgehalt, Provisionen, Rückvergütungssysteme, Punktmodelle) entwickelt und sind meist von den Ergebnissen enttäuscht. Aus Sicht der Unternehmensentwicklung geht man bereits von falschen Voraussetzungen aus, wenn man die oben genannte Frage stellt. Die folgenden Annahmen werden üblicherweise von Unternehmern getroffen:

➤ Die Art und Weise der Zusammenarbeit bestimmt maßgeblich den Erfolg. Aus diesem Grunde wird intensiv überlegt, ob man die Festanstellung gegenüber anderen Formen der Zusammenarbeit bevorzugen soll. Tatsächlich gibt es jedoch für alle Formen der Zusammenarbeit Erfolgsmodelle.

➤ Menschen können durch externe Maßnahmen des Unternehmers dauerhaft zu Leistungen motiviert werden.

> Die Motivation des Mitarbeiters ist der entscheidende Einflussfaktor für den Erfolg.

> Die Bezahlung ist ein maßgeblicher Faktor für ausreichende Mitarbeitermotivation.

Alle genannten Annahmen können leicht widerlegt werden. Am deutlichsten spricht jedoch die persönliche Erfahrung vieler Unternehmer dagegen, die trotz großer Anstrengungen mit verschiedenen, auf diesen Annahmen basierenden Methoden keinen dauerhaften Erfolg erzielen.

Als die Menschen den Vogelflug studierten, dachte man zunächst das Offensichtliche, nämlich dass der Flügelschlag für den Flug verantwortlich sei. Den tatsächlichen Grund für die Flugfähigkeit kannte man nicht. Daher baute man Maschinen, die den Flügelschlag des Vogels nachahmten, ohne damit den gewünschten Erfolg zu erzielen. Erst viel später entdeckte man, dass die Flugfähigkeit der Vögel durch die aerodynamisch richtige Form der Flügel und des Körpers erreicht wurde. Der Flügelschlag war nur für den Antrieb verantwortlich, und den konnte man dann leichter durch Propeller erzeugen.

Ähnlich verhält es sich bei erfolgreichen Mitarbeitern. Sie sind oft motiviert und erhalten aufgrund ihrer Leistungen gute Bezahlung (dies ist das Offensichtliche). In wenigen Fällen ist die Persönlichkeit des Mitarbeiters oder auch des Unternehmers so auffällig extrovertiert, dass man dies für den Erfolgsfaktor hält (und versucht zu kopieren). Diese Faktoren sind offensichtlich und haben zu einem florierenden Geschäft von Motivationsveranstaltern, Incentive-Reisen und Persönlichkeitstrainings geführt. Wirken diese später nicht, wird der Grund in der unzulänglichen Persönlichkeitsstruktur des Mitarbeiters gesucht. Der tatsächliche Grund für Erfolg ist jedoch, dass die Mitarbeiter in einer Struktur leben und arbeiten, in der es einfacher ist, erfolgreich zu sein, als erfolglos zu bleiben.

Wenn Sie eine Struktur schaffen, in der Menschen erfolgreich arbeiten müssen (der Weg des geringsten Widerstands ist dann gleichzeitig der Weg des Erfolgs), dann wird Ihr Unternehmen erfolgreich. Für Mitarbeiter im Verkauf könnte eine solche Struktur beispielsweise die folgenden Eigenschaften aufweisen:

➤ Verkaufsgespräche laufen immer nach einem erprobten und wirksamen Leitfaden ab, der höchstwahrscheinlich zum Erfolg führt.

➤ Der Verkäufer wird durch das System dazu gebracht, ständig Verkaufsgespräche mit Interessenten zu führen, zum Beispiel indem er Termine automatisch durch die Interessentengewinnung erhält.

➤ Der Verkäufer muss zwingend Tätigkeiten durchführen, die für seinen Erfolg verantwortlich sind. Hierzu existiert ein Arbeitsplan, der durch ein System (zum Beispiel Software) und durch den Vorgesetzten regelmäßig überprüft wird.

➤ Der Verkäufer sorgt selbst für seine persönliche Weiterbildung, indem mittels Zielsetzungen Vereinbarungen getroffen werden, die er und sein Vorgesetzter kontrollieren.

Die einleitende Frage ist also folgendermaßen zu beantworten: Sie benötigen keine Top-Verkäufer oder Top-Mitarbeiter, und Sie können diese auch nicht dauerhaft motivieren. Bevor Sie irgendjemanden einstellen, schaffen Sie daher zunächst die Strukturen, damit der Mitarbeiter überhaupt erfolgreich sein kann. Wenn Sie dazu nicht in der Lage sind – vergessen Sie es! Sie können einen Menschen nur dazu bringen, das zu tun, was Sie wollen, wenn es für ihn selbst der beste Weg ist. Da er natürlicherweise den Weg des geringsten Widerstandes gehen wird, bestimmt die Struktur mehr als alles andere seinen Erfolg!

Ein Kapitel in diesem Buch erläutert, wie man Strukturen schafft, die Erfolg als Weg des geringsten Widerstands beinhalten. Aus diesem Grund behandeln wir die oben erwähnte Fragestellung zu den Top-Verkäufern und den Top-Mitarbeitern in diesem Programm nicht. Aus Sicht einer ganzheitlichen Unternehmensentwicklung führt eine solche Fragestellung den Unternehmer auf den falschen Weg.

Definitionen

Bisher wurde der Begriff der Rollen verwendet, ohne genauer definiert zu werden. Um eine funktionierende Führungssystematik aufzubauen, ist es jedoch zwingend notwendig, den Begriff der Rolle zu verstehen und von dem der Stelle zu unterscheiden:

Begriff	Erklärung
Rolle	Eine Rolle ist durch die Hauptverantwortung definiert. Mit Übernahme der Rolle erklärt man sich einverstanden, die damit verbundene Hauptverantwortung zu übernehmen und alle notwendigen Handlungen auszuführen, um diese im speziellen Fall (beziehungsweise der aktuellen unternehmerischen Situation) zu erfüllen. Damit ist auch die Durchführung von Assistenz-/Hilfsaufgaben verbunden, wenn niemand anderer dazu in der Lage ist.
	Die Aufgabenbeschreibungen bei einer Rolle sind daher immer unvollständig, weil alle Aufgaben zu übernehmen sind, die für die Erfüllung der Verantwortung notwendig sind. Diese können sich mit der Zeit verändern (zum Beispiel aufgrund neuer gesetzlicher oder technischer Anforderungen).
	Es ist sinnvoll, dass eine Person immer nur möglichst wenige Rollen übernimmt, dafür aber die mit den eingenommenen Rollen übernommene Verantwortung voll erfüllt. Auf keinen Fall dürfen Rollen übernommen werden, deren Verantwortungen Konflikte für den Rolleninhaber bedeuten könnten. Dies ist in der Regel bei Rollen der Fall, die entweder Kundenzufriedenheit/Qualität oder Kostenkontrolle/Reduktion zum Inhalt haben.
Stelle	Eine Stelle besteht aus einer oder mehreren Rollen und wird immer durch einen einzigen Mitarbeiter besetzt. Nach Möglichkeit sollten nicht mehr als zwei Rollen in einer Stelle kombiniert werden. Die Anzahl der Stellen im Unternehmen ist vom operativen Aufwand abhängig, die Anzahl der Rollen vom betriebenen Geschäft selbst. Wenn also das Unternehmen expandiert, erhöht sich zwangsläufig die Zahl der Stellen. Die Zahl der Rollen ändert sich nur dann, wenn zusätzliche Verantwortungen übernommen werden müssen.

Tabelle 19: Begriffsdefinitionen Rollen und Stellen

Wenn konkret eine Stelle im Unternehmen zu besetzen ist, dient die Rollenbeschreibung der Stellenbeschreibung und anschließenden Bewerberauswahl. Ist der Bewerber ausgewählt, wird die individuelle Einarbeitung anhand der dann vorliegenden Informationen zusammengestellt. Insbesondere fehlende Voraussetzungen sind durch entsprechende Schulungen und Einweisungen zu kompensieren.

Rollenkonflikte

Die folgenden Rollen sollten aufgrund möglicher Interessenkonflikte nicht in einer Stelle kombiniert werden:

> Geschäftsführung und operative Rollen: Vernachlässigung der geschäftlichen Entwicklung durch das Tagesgeschäft.

> Backoffice und Marketing: Vernachlässigung der administrativen Aufgaben im Falle akuter Marketingaufgaben, Vernachlässigung des strategischen Marketings aufgrund operativer Aufgaben im Backoffice.

> Vertriebsleitung und Verkäufer: Der persönliche Umsatz steht im Konflikt mit dem Umsatz des Teams, der Vertriebsleiter konkurriert mit seinen Verkaufsmitarbeitern.

> Produktentwicklung und Tests: Niemand sollte ein Produkt testen, das er selbst entwickelt hat.

> Controlling/Buchhaltung und Marketing: Der Controller sollte Kosten kontrollieren und reduzieren, das Marketing verursacht Kosten.

Je nach Unternehmensaufbau gibt es weitere Rollen, deren Hauptverantwortungen im Konflikt miteinander stehen können. In diesem Fall dürfen diese Rollen auf keinen Fall in einer Stelle kombiniert werden. Im schlimmsten Fall wird die Aufgabe für den Mitarbeiter undurchführbar, und er muss entlassen werden, obwohl er für das Problem überhaupt nicht verantwortlich ist.

Grundprinzipien

Im Rahmen der hier vorgestellten Systematik haben die folgenden zwei Prinzipien eine besonders wichtige Bedeutung hinsichtlich des Führens von Mitarbeitern:

1. *Das Prinzip des geringsten Widerstandes:* Menschen folgen Naturgesetzen. Das Gesetz des geringsten Widerstandes besagt, dass ein Element in einem System immer den Weg wählen wird, der am wenigsten Energie beziehungsweise Aufwand erfordert. Der Weg selbst ist immer von der Struktur der Umgebung abhängig. Schaffen Sie also die richtigen Strukturen, dann werden Mitarbeiter erfolgreicher in Ihrem Sinne arbeiten (weil alles andere für sie unbequemer ist), und Sie selbst werden ebenfalls erfolgreicher und benötigen weniger Energie. Wenn Ihr Unternehmen eine Struktur bietet, die Sie bequem zu Ihren Zielen führt, dann ist die Chance sehr hoch, dass Sie Ihre Wünsche erfüllen können. Die Führungssystematik ist der Gesamtrahmen für Ihre Struktur und bestimmt daher maßgeblich den Weg des geringsten Widerstandes.

2. *Das Prinzip des Führens:* Die unternehmerische Vision muss zum zentralen Bestandteil der Führung werden und bei den Mitarbeitern Begeisterung und Engagement erwecken. Aus diesem Grunde dürfen Sie nur eine unternehmerische Vision akzeptieren, die bei Ihnen und den Mitarbeitern einen echten positiven emotionalen Bezug hervorruft.

Schaubild Führungssystematik

Eine komplette branchenunabhängige Führungssystematik ist in nachfolgendem Schaubild dargestellt.

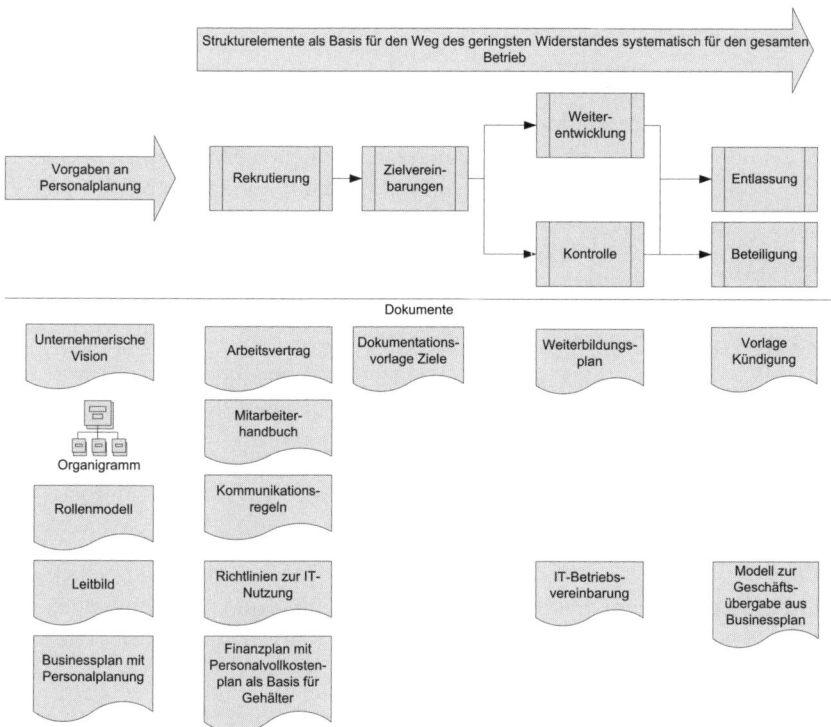

Abbildung 7: Schaubild einer vollständigen Führungssystematik

Die Führungssystematik besteht aus Prozessen und einer Reihe von Dokumenten.

Prozesse der Führungssystematik

Rekrutierung	Der Rekrutierungsprozess sorgt dafür, dass neue Mitarbeiter auf Basis einer klaren Anforderung (Rollenbeschreibung) rekrutiert werden. Idealerweise besteht ein Rekrutierungsprozess aus drei unabhängigen Gesprächen, bei denen zuerst die persönliche Eignung des Bewerbers überprüft wird. Nur wenn diese gegeben ist, erfolgt die Prüfung der fachlichen Eignung. Anschließend werden dem Bewerber die Arbeitsregeln und Systeme des Unternehmens erklärt. Nur wenn er einverstanden ist, sich an die Regeln zu halten, erfolgen die Vertragsverhandlung und die Gehaltsbestimmung.
Zielvereinbarungen	Mitarbeiterziele dienen der Entwicklung der Mitarbeiter und des Unternehmens. Sie werden regelmäßig dokumentiert und geprüft.
Weiterentwicklung	Ein Mitarbeiter ist nur zufrieden, wenn er eine positive Perspektive für die Zukunft vor Augen hat. Der Weiterentwicklungsprozess sorgt für die fachliche und hierarchische Weiterentwicklung der Mitarbeiter.
Kontrolle	Kontrolle ist ein wesentliches Element der Führung. Sie muss systematisiert erfolgen.
Entlassung	Ein Routineprozess für Entlassungen regelt alle wesentlichen rechtlichen Aspekte wie Kündigungsfristen, Resturlaub, Datenschutz und die Rückgabe von Eigentum. Im Falle von Kundenbetreuern muss außerdem automatisch eine Benachrichtigung der betroffenen Kunden erfolgen, damit das Risiko sinkt, dass diese das Unternehmen verlassen.
Beteiligung	Gegebenenfalls können Mitarbeiter am Unternehmen beteiligt werden. Das richtige Vorgehen regelt der Beteiligungsprozess.

Tabelle 20: Beschreibung der Prozesse der Führungssystematik

Dokumente der Führungssystematik

Unternehmerische Vision	Die unternehmerische Vision formt das gesamte Team und grenzt alle Personen aus, die nicht zum Unternehmen passen. Sie wurde im Kapitel über Lebensqualität diskutiert.
Organigramm	Das Organigramm beschreibt den hierarchischen Aufbau des Unternehmens. Idealerweise ist es übersichtlich und beinhaltet nur die Rollen.
Rollenmodell	Das Rollenmodell beschreibt jede Rolle einzeln, die Anforderungen, die Einarbeitung und weitere wichtige Elemente der Rolle.
Leitbild	Ein Leitbild beschreibt Grundsätze der Führung und Zusammenarbeit.
Businessplan mit Personalplanung	Der Businessplan wird durch den Managementprozess erstellt. Er enthält die Wachstumsvorgaben und die Personalplanung.
Arbeitsvertrag	Der Arbeitsvertrag muss fair und rechtlich einwandfrei sein. Es ist empfehlenswert, bei bestimmten Grundfragen (Urlaub, Probezeit, Nebengeschäfte, Datenschutz) alle Mitarbeiter gleich zu behandeln.
Mitarbeiterhandbuch	Das Mitarbeiterhandbuch beschreibt die wichtigsten Regeln der Zusammenarbeit und wird vor der Einstellung erläutert und vom Mitarbeiter unterschrieben.
Kommunikationsregeln	Die Kommunikationsregeln ergänzen das Mitarbeiterhandbuch um wichtige Regeln der Kommunikation (zum Beispiel Umgang mit Verpflichtungen, Konfliktlösung).
Richtlinien zur IT-Nutzung	Dieses Dokument regelt, was hinsichtlich der IT-Nutzung zu beachten ist. Es ist sehr empfehlenswert, die private Nutzung der IT- und TK-Anlage zu untersagen.
Finanzplan mit Personalvollkosten	Der Finanzplan zeigt, welche Gehälter das Unternehmen zahlen kann und welche tatsächlichen Kosten für einen Mitarbeiter entstehen.

Dokumentationsvorlage Ziele	Diese Vorlage dient der Dokumentation von Zielvereinbarungen, damit diese später überprüft werden können und keine Missverständnisse entstehen.
Weiterbildungsplan	Der Weiterbildungsplan zeigt auf, welche Schulungen und Unterweisungen ein Mitarbeiter für die fortlaufende Qualifikation benötigt.
IT-Betriebsvereinbarung	Die IT-Betriebsvereinbarung wird vor der Einstellung vom Mitarbeiter unterschrieben. Sie regelt die Privatnutzung der IT-Anlagen und verbietet, dass der Mitarbeiter eigenständig (unlizenzierte) Software installiert oder Software des Unternehmens missbraucht. Diese Vereinbarung schützt daher vor allem den Geschäftsführer, der im Zweifelsfalle haftbar gemacht werden kann.
Vorlage Kündigung	Die rechtlich einwandfreie Kündigungsvorlage schützt das Unternehmen vor arbeitsrechtlichen Problemen im Falle einer Kündigung.
Modell zur Geschäftsübergabe	Das Modell zur Geschäftsübergabe regelt, wie Mitarbeiterbeteiligungen gehandhabt werden, und wird im Businessplan beschrieben.

Tabelle 21: Beschreibung der Dokumente der Führungssystematik

Im Folgenden werden einige wesentliche Aspekte erwähnt, die im Zusammenhang mit der Nutzung der Systematik oft falsch verstanden werden.

➤ Ziele dienen in erster Linie dazu, Mitarbeiter zu entwickeln. Wer diese persönliche Entwicklung mit unternehmerischen Zielen kombiniert, kann damit große Vorteile für das Unternehmen erzielen. Zum Beispiel können Mitarbeiterziele darin bestehen, Abläufe aus dem eigenen Verantwortungsbereich zu optimieren und Prozesse oder die Qualität zu verbessern. Wer Ziele jedoch dazu benutzt, um die Leistung zu steigern, missbraucht sie in gewisser Weise. Schließlich werden Mitarbeiter für Leistung bezahlt und wurden auch dafür eingestellt. Setzt man beispielsweise einem Vertriebsmitarbeiter das Ziel, 20 Prozent mehr Umsatz zu bringen, so bedeutet dies auch, dass man keine andere Möglichkeit sieht, ihn zu größerer Leistung zu führen. Daher werden oft Leistungsziele gesetzt, wenn der Unternehmer selbst keine Lösung für das Problem kennt. Durch die mit dem Ziel verknüpfte Belohnung hofft der Unternehmer, dass der Mitarbeiter sich jetzt mehr einsetzt und motivierter ist. Tatsächlich zeigt die Vorgehensweise jedoch, dass der Unternehmer die schlechten Vertriebsergebnisse als Resultat der geringen Motivation betrachtet und diese durch Geld fördern will. Eine solche Art zu denken schafft eine Abhängigkeit von den Launen des Mitarbeiters, was der gegebenenfalls nutzt, um mehr Geld herauszuhandeln (so gesehen wird die geringe Leistung sogar noch belohnt). Besser wäre eine systemische Lösung, mit der die Mitarbeiter durch das System zu mehr Leistung gebracht werden. Die persönlichen Ziele würden dann der eigenen Entwicklung dienen und hätten positive Effekte auf das Unternehmen und die bestehende Systematik.

➤ Das Mitarbeiterhandbuch enthält neben den Arbeitsregeln den Besetzungsplan. Er ist das einzige Dokument, in dem die tatsächlichen Namen der Mitarbeiter und deren zugewiesene Rolle sowie die Vertreter stehen. Da die Namen nur in diesem Dokument auftauchen, reduziert sich der Aufwand für die Pflege Ihrer Gesamtdokumentation erheblich. Ansonsten müssten bei jeder Personalveränderung alle wesentlichen Dokumente geändert werden.

➤ Leitbilder haben häufig einen schlechten Ruf. In der unternehmerischen Realität sind sie dann von Nutzen, wenn sie positive Grundsätze der Zusammenarbeit beschreiben, die tatsächlich Berücksichtigung finden. Im Business-Scan wurden gelegentlich Unternehmen identifiziert, die positive Leitbilder erst in einer sehr späten Phase der Entwicklung formuliert haben. In diesen Fällen entspricht das Leitbild häufig nicht dem gelebten Verhalten und führt zur Verstimmung der Belegschaft, weil die Führung den Eindruck erweckt, selbst nicht zu den von ihr formulierten Grundsätzen und Werten zu stehen.

➤ Mitarbeiterbeteiligungen können dazu genutzt werden, das Unternehmen langfristig an neue Eigentümer zu übertragen und dem Unternehmer dadurch große finanzielle Vorteile zu verschaffen. Sofern ein Unternehmen in einer Branche aktiv ist, in der es schwierig ist, an außenstehende Interessenten zu verkaufen, kann der Unternehmer es an seine Angestellten verkaufen. Hierzu kann man Mitarbeiter nach der Einstellung langfristig gezielt zu Führungspositionen entwickeln. Gleichzeitig kann man einen Teil des Gehalts nach entsprechender Vereinbarung einbehalten und auf eine Art Sparkonto einzahlen. Dieses Kapital steht dem Mitarbeiter später zur Verfügung, um davon Geschäftsanteile zu kaufen. Verlässt er das Unternehmen frühzeitig, so kann man vereinbaren, dass das Geld teilweise oder ganz als Ausbildungsvergütung einbehalten wird. Auf diese Weise sorgt der Unternehmer dafür, dass die Mitarbeiter einen Teil seiner Rente übernehmen. Selbstverständlich sind solche Konstrukte sorgfältig rechtlich zu prüfen.

Der Aufbau einer Führungssystematik

Die Systematisierung der Führung innerhalb von Unternehmen lässt sich in folgenden Anweisungen zusammenfassen:

➤ Erstellen Sie ein Organigramm, das alle wichtigen Rollen im Unternehmen beinhaltet.

➤ Weisen Sie jeder Rolle eine Hauptverantwortung zu.

➤ Beschreiben Sie für die Rollen außerdem die notwendigen Anforderungen und Fähigkeiten, messbare Ziele, Einarbeitungspläne und gegebenenfalls die Vergütungsrichtlinien.

➤ Kombinieren Sie niemals mehr als zwei Rollen, um eine Stelle zu besetzen. Mit anderen Worten: Eine Rolle wird durch ihre Verantwortung definiert. Eine Stelle wird durch einen Mitarbeiter besetzt. Dieser hat maximal zwei Verantwortungen im Unternehmen zu erfüllen. Mehr ist erfahrungsgemäß auch für High-Performer nicht zu schaffen, wenn die Verantwortung wirklich erfüllt werden soll![2]

➤ Nehmen Sie eine strukturierte Personalauswahl vor, bei der die Bewerberpersönlichkeit, die fachliche Eignung und die Akzeptanz Ihrer Unternehmensregeln überprüft werden.

---

[2] Dies gilt übrigens auch für die meisten Unternehmer und Geschäftsführer. Sie halten sich zwar für ausgesprochen leistungsfähig und nehmen oft gleich fünf oder mehr Verantwortungen im Betrieb wahr. Schaut man einmal auf die Details, so stellt sich jedoch heraus, dass mehr als 95 Prozent der Geschäftsführer nicht einmal einen Businessplan haben oder über eine klare Führungssystematik verfügen! Ein klares Zeichen, dass hier eine wesentliche Verantwortung nicht wahrgenommen wurde.

➤ Erstellen Sie alle notwendigen schriftlichen Vorlagen für das Personal. Hierzu gehören die oben beschriebenen Dokumente.

➤ Sorgen Sie von Beginn an für eine ordentliche Einarbeitung und klare Zielvorgaben. Prüfen Sie schließlich, ob der Mitarbeiter seiner Verantwortung nachkommt.

➤ Trennen Sie sich von Mitarbeitern, die nachweislich ihre Verantwortung nicht erfüllen!

Viele Unternehmer leiden darunter, dass sie ihren Mitarbeitern nicht vertrauen können, wenn es um die Erledigung von Aufgaben geht. Häufig findet man in Unternehmen die folgende Situation:

Der Unternehmer hat einen umfassenden Überblick über alle Aufgaben, die im Betrieb zu erfüllen sind. Er führt sie in einer schriftlichen Liste und weist sie dann entsprechenden Mitarbeitern zu. Durch diese Art von Delegation wird der Unternehmer zunächst selbst leistungsfähiger, weil er eine Reihe von Mitarbeitern dazu nutzt, um Aufgaben schneller zu erledigen. Mit der Zeit nimmt er immer mehr Aufgaben hinzu, sodass er leicht die Übersicht verliert: »Wer hat welche Aufgabe und mit welcher Priorität wird gearbeitet?«

Delegation von Aufgaben

Aufgaben zu übertragen führt immer dazu, dass man kontrollieren muss. Häufig ist nicht einmal klar, ob die Aufgaben überhaupt verstanden wurden, und die Mitarbeiter kommen mit der Erfüllung nicht hinterher. Je mehr Mitarbeiter man beschäftigt, desto größer wird die Problematik. Es sind mehr Dinge zu kontrollieren, und wenn eine Aufgabe nicht rechtzeitig erfüllt wird, steigt wiederum die Arbeitsbelastung für den Unternehmer. Dieser muss die Aufgabe dann gegebenenfalls selbst erledigen, weil sie zwischenzeitlich sehr dringend geworden ist.

Das Problem dieser Situation liegt darin, dass zwar die Aufgaben delegiert wurden, die Verantwortung aber weiterhin beim Unternehmer liegt. Ein Beispiel: Ein Unternehmer verspricht einem Geschäftsfreund, dass er bis Mittwoch mit allen wichtigen Prospekten des Unternehmens versorgt wird. Er überträgt die Aufgabe an seine Mitarbeiterin. Mittwochabend fragt er nach, ob sein Freund die Unterlagen erhalten hat. Er fühlt sich selbst in der Pflicht, da er ja dem Freund das Versprechen gegeben hat. Die Mitarbeiterin hat die Aufgabe jedoch noch nicht erfüllt, da sie andere Prioritäten gesetzt hat und die Aufgabe nicht als wichtig wahrgenommen hat. Dem Unternehmer ist die Sache peinlich, weil er nicht den Eindruck erwecken möchte, dass er seine Leute nicht im Griff hat, und die Unterlagen aus seiner Sicht sehr wichtig sind. Also macht er es kurzerhand wieder selbst. Das Ergebnis ist für ihn ärgerlich, denn letztendlich hat er nun mehr Aufwand, als wenn er es gleich selbst erledigt hätte.

Delegiert man Aufgaben, so muss man die Ausführung immer wieder kontrollieren. Listet man Aufgaben in Tätigkeitsbeschreibungen auf und weist diese dann Personen zu, so führt das nur dazu, dass jeder Mitarbeiter eine umfassende Liste von Tätigkeiten erhält und trotzdem nicht in die Lage versetzt wird, diese auszuführen. Mit jeder kleinen Änderung im Betrieb müssen dann auch immer die Aufgabenlisten ergänzt werden, was zu unnötigem Aufwand führt.

Wenn die Kontrollsituation für den Geschäftsführer unerträglich wird, so lautet der erste Hilfeschrei oft: »Ich benötige jemanden, der die Mitarbeiter für mich führt und die Kontrollen übernimmt!« Zum Glück ist es meist sehr schwierig, eine solche Person zu finden, sodass der oben beschriebene »galoppierende Wahnsinn« nicht auch noch durch weitere Kontrollpersonen zementiert wird.

Der Verzicht auf Delegation

Verzichtet man als Unternehmer eines kleinen Betriebs oder als Einzelunternehmer auf die Delegation von Aufgaben und führt alle Aufgaben selbst durch, um Kosten zu sparen, dann ist folgende Betrachtung interessant.

Zunächst legt man einen fiktiven Wert für den Stundensatz des Unternehmers fest. Dabei orientiert man sich an einem Stundensatz, der im Idealfall verdient werden kann. Zum Beispiel kann ein durchschnittlicher bis guter Berater, Seminarleiter oder auch eine gute IT-Fachkraft in acht Stunden 1.000 Euro oder mehr berechnen. Geht man davon aus, dass hierfür gegebenenfalls weitere zwei Stunden unbezahlter Zeit für Vorbereitungen oder Fahrt zum Kunden anfallen, so sind 100 Euro eine gute Basis für den fiktiven Stundensatz.

Anschließend betrachtet man seine typische Arbeitswoche, listet die Aufgaben und dafür benötigten Zeiten auf und gibt an, welche Kosten eine entsprechend ausgebildete Hilfskraft dafür berechnen könnte. Die nachfolgende Tabelle zeigt ein typisches Arbeitsprofil eines Einzelunternehmers.

Tätigkeit	Zeitaufwand	Stundenlohn
Telefonische Akquise von Neukunden	4 Stunden	15 Euro
Besuchstermine bei Neukunden	5 Stunden	25 Euro
Gespräche mit Mitarbeitern	4 Stunden	Nicht delegierbar
Gestaltung von Anzeigen, Websites, Werbetexten	2 Stunden	25 Euro
IT-Tätigkeiten, Einstellungen am Server	5 Stunden	20 Euro
Besprechung mit Steuerberater	1 Stunde	Nicht delegierbar
E-Mails und Post beantworten	6 Stunden	20 Euro
Kontakte im Internet aufbauen und pflegen	2 Stunden	15 Euro
Aufräumen des Büros, Sortieren von Unterlagen	2 Stunden	10 Euro
Diverse Erledigungen und Fahrten sowie Einkäufe	1 Stunde	10 Euro
Formulieren von Briefen	1 Stunde	15 Euro
Facharbeit	24 Stunden	50 Euro
Unproduktive Zeit (herumhängen, Kaffee trinken, im Internet surfen et cetera)	4 Stunden	0 Euro

Tabelle 22: Arbeitsprofil mit Zeitaufwand und Kosten für die Delegation

Das Beispiel zeigt, dass der Unternehmer zwar 60 Stunden gearbeitet hat, jedoch nur drei Tage Facharbeit fakturiert wurden. Selbst wenn er hierfür 100 Euro Stundenlohn berechnen kann, ist es in der Regel immer möglich, einen Mitarbeiter entsprechend einzuarbeiten, der dann eben nur die Hälfte kostet. Insgesamt werden 60 Stunden gearbeitet, wobei dieser Unternehmer circa vier Stunden unproduktive Zeit aufgelistet hat und die vollständige Delegation bei den angegeben Stundensätzen 1.730 Euro gekostet hätte. Durch die Delegation der Facharbeit wären immerhin 1.200 Euro eingespielt worden. Der tatsächliche Arbeitsaufwand betrüge nur noch fünf Stunden für die nicht delegierbaren Tätigkeiten. Den Rest der Zeit könnte der Unternehmer für Unternehmensentwicklung einsetzen oder eben die besagten 100 Euro Stundenlohn abrechnen. Im Idealfall würde er also 5.500 Euro einnehmen und müsste dafür nur circa 500 Euro für die Delegation investieren.

Selbstverständlich ist diese Art der Betrachtung zunächst rein fiktiv, da Unternehmer gerade am Beginn ihrer Tätigkeit froh über jede Art der Beschäftigung sind und nicht wissen, was sie ansonsten mit ihrer Zeit anfangen sollen. Trotzdem sollten Sie sich angewöhnen, Ihre eigenen Tätigkeiten immer auch unter der Perspektive der wirtschaftlichen Delegation zu betrachten. Steigt später die Arbeitsbelastung, ist es oft zu spät für intensive Einarbeitung und Delegation, und letztendlich wird die persönliche Lebenszeit als Joker für die nicht getätigte Investition eingesetzt. Auch ist es nicht unbedingt das Ziel des Unternehmers, durch eigene Facharbeit 100 Euro pro Stunde zu berechnen (dafür würde man auch nicht unbedingt ein Unternehmen benötigen). Tatsächlich geht es ja darum, dass man Leute beschäftigt, die möglichst eigenständig Arbeiten erledigen, und das System aufzubauen, das optimale Gewinne ermöglicht. Dies ist durch die Zuweisung einer klar definierten Hauptverantwortung einfacher als durch Aufgabenzuweisung.

Die Hauptverantwortung

Grundsätzlich wird angestrebt, dass jeder Rolle nur eine Hauptverantwortung zugewiesen wird. Wenn alle wesentlichen Verantwortungen im Unternehmen abgedeckt sind, so erleichtert dies später die Kontrolle. Letztendlich wird nur kontrolliert, ob die Verantwortung erfüllt wurde. Dem Mitarbeiter bleibt selbst überlassen, wie er dabei vorgeht.

Nachfolgende Tabelle zeigt exemplarisch, wie die Hauptverantwortungen zugewiesen werden können:

Rolle	Hauptverantwortung
Unternehmer	Unternehmerische Idee weiterentwickeln
Geschäftsführer	Entwicklung und Umsetzung von Strategien, die das langfristige Überleben des Unternehmens sichern
Assistenz	Vollständige Entlastung des Geschäftsführers von allen administrativen Aufgaben
Marketingleiter	Bekanntheit bei der Kundenzielgruppe erhöhen; strategische Interessentengewinnung
Marketing	Operative Umsetzung von Aktivitäten der Interessentengewinnung
Buchhaltung	Buchführung entsprechend den gesetzlichen Vorgaben und Bereitstellung aktueller Berichte für die Geschäftsführung
IT-Rolle	Optimale Unterstützung der Geschäftsabläufe durch IT
Verkaufsleiter	Erreichung der jährlichen Umsatzziele durch das Verkaufsteam und Umsetzung der Verkaufsstrategie
Verkäufer	Erreichung der vorgegebenen Umsatzziele durch Befolgen der Verkaufsstrategie
Einkauf	Erreichung der vorgegebenen Anzahl von qualifizierten Einkaufsterminen und Einkaufskonditionen im Rahmen der strategischen Vorgabe
Auszubildender	Erfüllung der Ausbildungsziele und positives Bestehen der Abschlussprüfung

Tabelle 23: Beispiele für Rollendefinitionen

Anhand der Formulierungen erkennt man leicht Zusammenhänge: Der Geschäftsführer ist für die Erarbeitung von Strategien und deren Umsetzung zuständig. Dazu gehört zum Beispiel eine langfristige Businessplanung mit entsprechenden Maßnahmen. Dies wird vom Unternehmer geprüft und bewertet. Die Assistenz ist dafür zuständig, den Geschäftsführer von allen administrativen Aufgaben zu entlasten, sodass sehr schnell klar ist, welche Aufgaben hierunter zu verstehen sind (zum Beispiel Terminplanung, Formularwesen, Beschaffung).

Der Verkaufsleiter erreicht Ziele durch das Team. Das bedeutet, dass er selbst keine Umsätze erzielt und für die Führung der Verkäufer zuständig ist. Diesen gibt er eine Verkaufsstrategie beziehungsweise eine strategische Vorgabe an die Hand, welche sie beachten müssen.

Verkäufer bekommen Umsatzziele vorgegeben und müssen sich bei der Erfüllung an bestimmte Vorgaben halten. Hierdurch ist sichergestellt, dass sie auf die richtige Weise arbeiten. Der persönliche Einsatz bestimmt später den Erfolg.

Auszubildende schließlich sind selbst für ihre Prüfungsergebnisse verantwortlich. Der zugewiesene Ausbilder unterstützt sie zwar im Rahmen der Ausbildung, das Ergebnis verantworten die Auszubildenden jedoch immer selbst.

Rollendefinitionen

Schriftliche Rollendefinitionen erleichtern die Rekrutierung neuer Mitarbeiter, die Einarbeitung und die Entwicklung des Personals. Als Beispiel sei hier die Rolle eines Geschäftsführers dargestellt. Da es das langfristige Ziel eines jeden Unternehmens sein sollte, auch ohne den Gründer überlebensfähig zu sein, muss auch darüber nachgedacht werden, wie die Rolle des Geschäftsführers zu besetzen ist. Die Rollenbeschreibung kann entsprechend für alle anderen Rollen im Unternehmen definiert werden.

Hauptver-antwortung	Entwicklung und Umsetzung von Strategien, die das langfristige Überleben des Unternehmens sichern
Haupt-geschäfts-prozesse	Management, Führung
Voraussetzungen	Erfahrung in der Führung von Unternehmen (mindestens drei bis fünf Jahre); Fähigkeit, auch unter Druck gute Leistung durch ein Team zu erzielen; gutes strategisches Denken und entsprechende Vorgehensweise; klarer Ausdruck und verständliche Kommunikation unternehmerischer Fakten an den Unternehmer; gute persönliche und belastbare Beziehung zum Unternehmer
	Mindestens drei intensive Bewerbungsgespräche und ein Workshop mit dem Unternehmer bezüglich strategischer Ziele
	Alter: ideal 40 bis 45 Jahre
	Verhandlungsgeschick, Fairness und Fähigkeit, Konflikte im Unternehmen zu schlichten
	Bereitschaft, einen Anteil des Gehalts auf Basis von Gewinnbeteiligung zu erhalten
Ausstattung	Standard-PC-Arbeitsplatz mit Telefon und CRM-Software
Einarbeitung	1. Tag: Einweisung in die geschäftliche Planung und die strategischen Ziele
	2. Tag: Berichterstattung an die Geschäftsführung; Erarbeitung von Zielen und Anforderungen; Führung der Teammeetings: Inhalte, Ziele, Kommunikation
	3. Tag: Einweisung in die EDV inklusive CRM-Software
	4. Tag: Vorstellung bei strategischen Partnern und Kunden
	5. und 6. Tag: Vorstellung bei der Vertriebsleitung; Besprechung der Vertriebsziele und Änderungen an die Vertriebsleitung

	7. und 8. Tag: Vorstellung im Team und Einstiegsworkshop mit allen Mitarbeitern
	9. und 10. Tag: Ausarbeitung einer detaillierten Ziel- und Strategieplanung (Businessplan) für das kommende Geschäftsjahr)
	11. Tag: Vorstellung der Businessplanung und Abstimmung mit dem Unternehmer
Aufgaben-bereiche	Die Geschäftsführung ist in zwei Verantwortungsbereiche aufgeteilt, welche die folgenden Aufgaben beinhalten:
	Business Development (BD): Ausarbeitung strategisches Geschäftsmodell, IT-Strategie, Unternehmens- und Mitarbeiterziele, Aufbau von strategischen Partnerschaften, Geschäftsprozessmodell, Verhandlungen mit Externen und Partnern
	Chief Operating Officer (COO): Kontrolle der Zielerreichung und Kennzahlen, interne Geschäftsprozesse (Buchhaltung, Leistungserbringung), operativer Businessplan, Finanzen, allgemeines Management, Mitarbeitergespräche und erster Ansprechpartner für Angestellte

Tabelle 24: Beispiel für die Rollenbeschreibung eines Geschäftsführers

Wie man aus der Rollenbeschreibung ersieht, kommt der Einarbeitung eine hohe Bedeutung zu. Laut dem amerikanischen Managementberater Brian Tracy entscheiden die ersten zehn Wochen der Einarbeitung über die Leistungsfähigkeit der kommenden zehn Jahre. Die Richtigkeit dieser Aussage wird auch im Business-Scan bestätigt: Unternehmen, die großen Wert auf eine qualifizierte Einarbeitung legen, verfügen über leistungsfähigeres Personal.

Von besonderer Bedeutung in dem oben gezeigten Beispiel ist außerdem, dass sich der Geschäftsführer erst dann dem Team vorstellt, wenn er bereits genügend Wissen über das Unternehmen und die Strategie hat. In vielen Unternehmen wird der grundlegende Fehler begangen, dass Führungskräfte als erste Amtshandlung eine Ansprache halten müssen. Weiß die Führungskraft jedoch noch nichts über das Unternehmen, dann kann diese Ansprache nur dazu genutzt werden, um sich als Person zu profilieren. Jedoch ist auch dieses Vorhaben gefährdet, wenn konkrete Fragen mit allgemeinen Floskeln beantwortet werden.

Übertragen von Verantwortung

Verantwortung kann man nicht delegieren. Man kann sie nur übertragen. Hierzu ist notwendig, dass der Mitarbeiter die übertragene Verantwortung richtig versteht. Verantwortung bedeutet, selbst Initiative zu zeigen und immer den Blick auf das Wesentliche zu richten. Wird die Verantwortung wirklich erfüllt, so wird dadurch immer ein Gewinn für das Unternehmen oder andere Mitarbeiter erzielt. Dieser Gewinn wird geprüft, sodass ersichtlich wird, ob der Verantwortung entsprochen wurde. Versteht ein Mitarbeiter seine Verantwortung und bejaht diese, dann ist es nicht mehr notwendig, die einzelnen Aufgaben ständig zu kontrollieren.

Es gibt drei Hindernisse, die dem Übernehmen von Verantwortung im Wege stehen:

1. *Können:* Eine Verantwortung darf nur übernommen werden, wenn die entsprechenden Fähigkeiten vorhanden sind oder im Rahmen der Aufgabe rechtzeitig erlernt werden können. Ist dies nicht der Fall, muss die Verantwortung abgelehnt werden oder darf nicht übertragen werden.

2. *Wollen:* Der Mitarbeiter muss es wollen. Dazu muss er zunächst verstehen, welche Bedeutung seine Rolle im Unternehmen hat. Bei Aufgabenübertragung ist das Wollen häufig ein Problem, weil der Sinn der Aktivität nicht verstanden wird. Motivation entsteht nur, wenn ein Sinn für den Mitarbeiter erkennbar ist.

3. *Dürfen:* Häufig erlauben Vorgesetzte ihren Mitarbeitern nicht, die Verantwortung zu übernehmen. Die Ursache sind meist unbewusste Konflikte innerhalb der Persönlichkeitsstruktur. Das kann sich darin äußern, dass der Vorgesetzte zu schnell zu viel erwartet und dann Aufgaben aus dem Verantwortungsbereich selbst übernimmt oder sich in die Tätigkeiten einmischt. Dadurch entsteht beim Mitarbeiter das Gefühl

der Unzulänglichkeit. Er wechselt in einen Modus der Hilflosigkeit und überlässt dem Vorgesetzten wieder die Führung.

Alle drei Aspekte sind gründlich zu prüfen. Nur wenn diese Hindernisse überwunden sind, erzielen Sie optimale Ergebnisse.

Das Rollenorganigramm

Jedes Unternehmen sollte eine klare Hierarchie aufweisen. Jede effektive Form der menschlichen Zusammenarbeit ist hierarchisch organisiert, und aus diesem Grund muss auch ein Unternehmen hierarchisch organisiert sein. Zur grafischen Darstellung der Hierarchie bieten sich Organigramme an. Wenn Sie zuvor die Rollen in Ihrem Unternehmer klar definiert haben, sollten Sie ein Rollenorganigramm erstellen. Es enthält nur die Namen der Rollen und nicht die der Mitarbeiter. Dafür gibt es zwei Gründe:

1. Die Besetzung von Rollen ändert sich ständig. Mitarbeiter kommen und gehen, und gelegentlich übernehmen sie neue Verantwortung im Unternehmen, sodass sie die Rollen wechseln. Das Organigramm soll in diesen Fällen nicht ständig geändert werden.

2. Das Rollenorganigramm ändert sich nur, wenn sich die Verantwortungen im Unternehmen ändern. Das ist letztendlich nur dann der Fall, wenn sich der Geschäftszweck ändert oder neue Leistungsbereiche aufgenommen werden. Wenn die Mitarbeiter namentlich im Organigramm stünden, gäbe es ständige Veränderungen. Das Organigramm müsste laufend neu gestaltet werden.

Ein Rollenorganigramm zeigt die Verantwortungen in Ihrem Unternehmen und die klare Hierarchie. Es ändert sich nicht, wenn die Firma wächst, denn Rollen können gegebenenfalls mit mehreren hundert Mitarbeitern besetzt werden. Das Rollenorganigramm zeigt daher die klare Struktur Ihrer Hierarchie. Die Namen der Mitarbeiter halten Sie stattdessen in einem Besetzungsplan fest, der jederzeit einfach geändert werden kann.

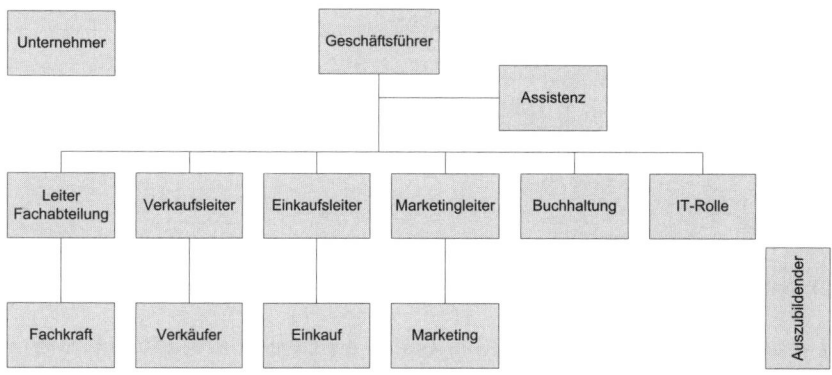

Abbildung 8: Beispiel eines Rollenorganigramms

Das gezeigte Beispiel eines Rollenorganigramms zeigt die Beziehungen der Rollen zueinander. Aus Gründen der Übersichtlichkeit wurde auf weitere Assistenzrollen verzichtet, die beispielsweise den vier Leitungsrollen untergeordnet werden könnten. Auffällig sind die Positionen des Unternehmers und des Auszubildenden. Der Unternehmer steht zwar über dem Geschäftsführer, hat aber keinen direkten Bezug. Dies soll andeuten, dass der Unternehmer prinzipiell vom operativen Betrieb getrennt ist und das Unternehmen auch ohne ihn funktionsfähig ist. Der Auszubildende steht außerhalb der Fachrollen, weil er diese gegebenenfalls begleitet und von ihnen ausgebildet wird.

Rolle	Person	Vertreter
Unternehmer	Frank Schneider	
Geschäftsführer	Bernd Müller	Frank Schneider
Assistenz	Sabine Simianer	Keine
Marketingleiter	Marc Merkmeister	Florette Feller
Marketing	Florette Feller	
Buchhaltung	Bernd Kraus	
IT-Rolle	Dirk Oestreich	

Verkaufsleiter	Heiko Manser	Egbert Eick
Verkäufer	Bernd Brot, Suzanne Müller, Egbert Eick	
Einkauf	Florette Feller	Sabine Simianer
Auszubildender	Arnd Meister, Annett Jonas	

Tabelle 25: Ein einfacher Besetzungsplan

Der Besetzungsplan zeigt die Mitarbeiter, die zugeordneten Rollen und die jeweiligen Vertreter. Dabei ist wichtig zu wissen, dass ein Leiter automatisch die Verantwortung für seine untergeordneten Mitarbeiter trägt, wenn diese ausfallen. Wenn in dem Beispiel Florette Feller ausfällt, dann muss Marc Merkmeister ihre Aufgaben übernehmen oder für einen neuen Vertreter sorgen. In keinem Fall kann er zulassen, dass das Marketing in der Zeit des Ausfalls nicht betrieben wird. Seine Hauptverantwortung (Erhöhung der Bekanntheit bei den Zielkunden) lässt nicht zu, dass die Aufgaben der Marketingrolle (operative Umsetzung der Interessentengewinnung) entfallen, denn dann könnte er auch seine Verantwortung nicht mehr erfüllen. Das Gleiche gilt für den Geschäftsführer. Wenn die Assistenz ausfällt, muss er entweder für Ersatz sorgen oder die Dinge selbst erledigen. Die dauerhafte Nichterledigung der administrativen Aufgaben gefährdet nämlich letztendlich das langfristige Überleben des Unternehmens, was in die Hauptverantwortung des Geschäftsführers fällt.

Der Rekrutierungsprozess

Für fast jedes Unternehmen ist es von zentraler Bedeutung, die richtigen Mitarbeiter einzustellen. Um Rekrutierung und Entlassung nicht dem Zufall zu überlassen, müssen potenzielle Mitarbeiter einer zuverlässigen Prüfung unterzogen werden, die sicherstellt, dass mit sehr hoher Wahrscheinlichkeit die richtigen Personen eingestellt werden.

Der nachfolgende beispielhafte Prozess hat sich in der Praxis besonders bewährt. Er besteht aus fünf Schritten:

1. Stellenbeschreibung: Anhand der Rollenbeschreibungen wird eine Stellenbeschreibung für die zu besetzende Stelle zusammengestellt. Eine Stelle kann als Kombination von verschiedenen Rollen verstanden werden, daher ist die Erstellung der Stellenbeschreibung recht einfach, wenn die Rollen bekannt sind.

2. Bewerber finden: Hierbei ist das Ziel, eine gute Auswahl von möglichen Bewerbern anzusprechen, um mit ihnen ein Bewerbungsgespräch zu führen. Es sollten mindestens drei Personen für jede Stelle gefunden und zu einem Bewerbungsgespräch eingeladen werden (idealerweise sogar bis zu sieben Bewerber). Die Vorauswahl kann durch Anzeigen, Abfragen beim Arbeitsamt, Zeitarbeitsfirmen, Umfragen im Bekanntenkreis und über das Internet erfolgen.

3. Erstes Vorstellungsgespräch: Das erste Vorstellungsgespräch wird von den Mitgliedern der Geschäftsführung geführt. Ziel ist die Beantwortung der Frage: »Passt die interviewte Person menschlich und charakterlich in das Team?« Aus diesem Grunde werden im ersten Vorstellungsgespräch auch nur wenige gezielte Fragen zu Fähigkeiten gestellt. Der Ablauf des Gesprächs ist in der nachfolgenden Abbildung dargestellt:

Im Verlauf des ersten Gesprächs stellt die Geschäftsleitung zunächst das Unternehmen vor und erläutert die strategische Vision des Unternehmens für die nächsten drei bis fünf Jahre. Weitere Gesprächsinhalte sind:

➤ die Grundwerte des Unternehmens,

➤ Regeln im Umgang miteinander und Qualitätsvorstellungen des Unternehmens,

➤ mögliche Rollen und Aufgaben des Mitarbeiters und dessen mögliche Stellung im Unternehmen.

Anschließend wird dem Bewerber ermöglicht, sich selbst vorzustellen. Das gesamte Gespräch soll möglichst frei gestaltet werden, um zu vermeiden, dass der Bewerber »Wunschantworten« gibt. Es ist besser, seine Wertvorstellungen durch gezielte Fragen und anhand von Rückschlüssen (Wie hat

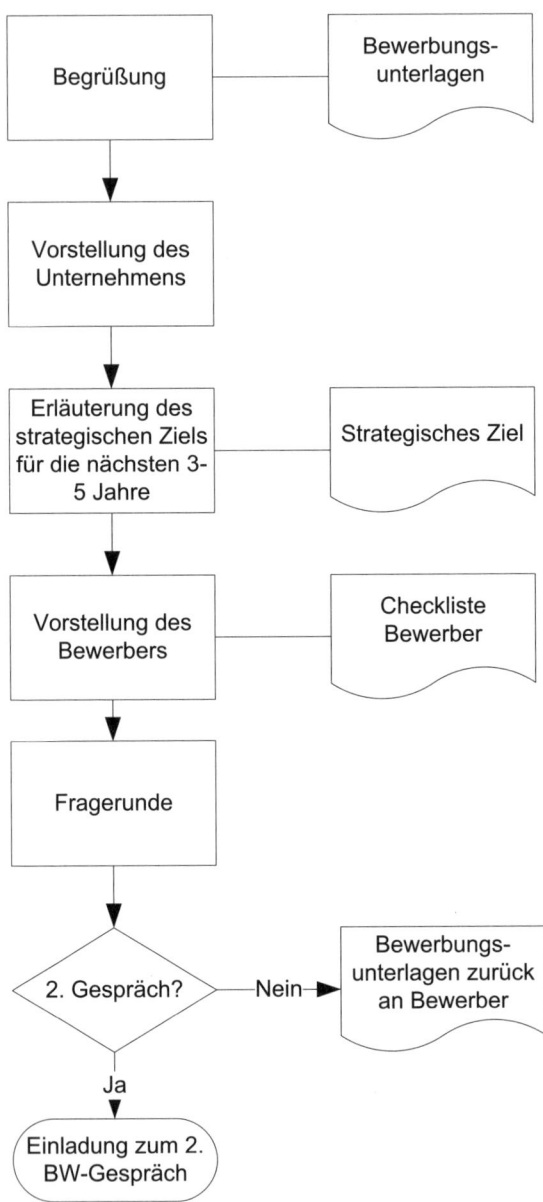

Abbildung 9: Ablauf des ersten Vorstellungsgesprächs

sich der Bewerber früher verhalten?) zu ermitteln. Das Besondere an dem ersten Gespräch ist, dass sich ein Bewerber nicht gut darauf vorbereiten kann und daher ehrlichere Antworten geben wird. Es ist sinnvoll, eine Checkliste für das Gespräch zu erstellen, die auch im Verlauf des Gesprächs zu stellende Fragen beinhaltet.

Am Ende des Gesprächs wird der Bewerber kurz nach draußen gebeten, und die Geschäftsleitung bespricht die weitere Vorgehensweise. Wird der Bewerber nicht zu einem zweiten Gespräch eingeladen, so wird er direkt informiert und erhält seine Unterlagen zurück. Aufgrund rechtlicher Gefahren (Antidiskriminierungsgesetz) wird die Entscheidung keinesfalls spezifisch begründet (zum Beispiel fehlendes Fachwissen, Alter, Geschlecht, Verhalten), sondern nur die Erklärung abgegeben, dass der Bewerber nicht zur Firma passt (»Wir sind der Meinung, dass dieser Job in unserem Unternehmen nicht der richtige für Sie ist!«).

Ansonsten erfolgt eine Einladung zum zweiten Vorstellungsgespräch.

4. Zweites Vorstellungsgespräch: Das zweite Gespräch wird von einem Mitglied der Geschäftsführung und dem fachlichen Vorgesetzten geführt. Ziel ist die Beantwortung der Frage: »Ist der Bewerber fachlich in der Lage, die geforderten Aufgaben mit der gewünschten Qualität zu erfüllen?« Das Gespräch besteht aus einer kurzen Vorstellung der Beteiligten und der Darstellung der fachlichen Aufgaben durch den fachlichen Vorgesetzten. Der Ablauf ist nachfolgend skizziert.

Das Gespräch prüft die fachliche Eignung des Bewerbers und seine Herangehensweise an Probleme. Daher können in diesem Gespräch Fach- und Problemfragen gestellt werden. Unter anderem sollen nach dem Gespräch die in der »Checkliste Vorstellungsgespräch« enthaltenen Fragen (Teil 2) zur Zufriedenheit beantwortet werden.

Bei Unsicherheiten sollen Referenzpersonen (zum Beispiel Aussteller von Zeugnissen) zu folgenden Punkten telefonisch befragt werden:

5. Was waren besonders gute Eigenschaften des Bewerbers?

6. Würden Sie ihn für die fragliche Position empfehlen?

7. Gibt es sonst noch etwas, das ich wissen muss?

Erst nach zufriedenstellender Beantwortung aller Fragen wird der Bewerber zum dritten Gespräch eingeladen.

8. Drittes Vorstellungsgespräch: Das dritte Gespräch dient der Beantwortung der Frage: »Wie erledigen wir die Arbeit in dieser Firma?« Der Bewerber erhält eine ausführliche Beschreibung, wie die Dinge zu erledigen sind. Die Erläuterung erfolgt durch den fachlichen Vorgesetzten. Insbesondere wird auf die folgenden Themen eingegangen:

9. Beurteilung von Leistungen durch Ziele,

10. Messinstrumente, Zielreports, Mitarbeitergespräche,

11. Prozesse, Checklisten und die Wichtigkeit der Befolgung,

12. Umgang mit Konflikten und Problemen,

13. Kommunikationsregeln.

Das Gespräch ist (falls der Bewerber eingestellt wird) eine wichtige Voraussetzung für den nachfolgenden Einarbeitungsprozess.

Die Vertrags- und Gehaltsverhandlungen werden in diesem dritten Gespräch zum Abschluss geführt. Anschließend wird, sofern von beiden Seiten gewünscht, der Arbeitsvertrag ausgefüllt. Der Mitarbeiter wird zu seiner neuen Stelle beglückwünscht und – falls das nicht bereits erfolgt ist – den anderen Teammitgliedern vorgestellt.

14. Einarbeitung: Die Einarbeitung des neuen Mitarbeiters ist in jedem Fall zu planen, und in den ersten Tagen nach Arbeitsbeginn ist hierfür ausreichend Zeit zur Verfügung zu stellen. Sie muss systematisch erfolgen und den Mitarbeiter mit allem für die Erledigung der Routineaufgaben notwendigen Wissen ausstatten. Die Einarbeitung ist schriftlich zu planen (Einarbeitungsplan). Für Routineaufgaben, die bereits in Form von Checklisten/Handbüchern/Prozessen beschrieben sind, erfolgt die Einarbeitung durch folgende Schritte:

15. Übergabe der Dokumentation und erste Besprechung,

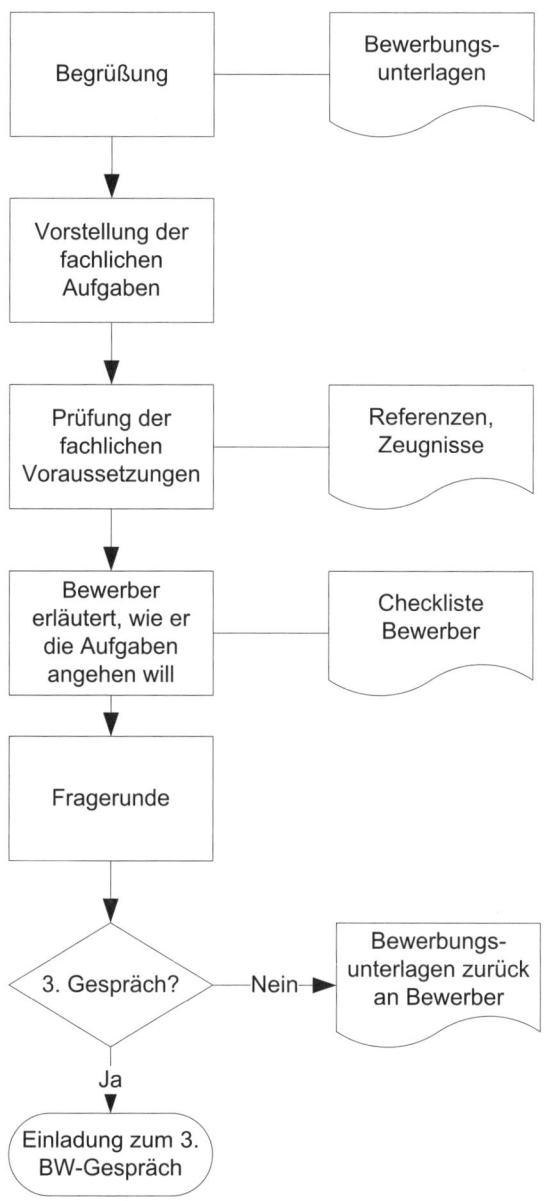

Abbildung 10: Ablauf des zweiten Vorstellungsgesprächs

16. eigenständige Einarbeitung durch den Mitarbeiter,

17. gegebenenfalls Durchführung der Arbeiten nach Checkliste,

18. Besprechung der Erfahrungen mit dem fachlichen Vorgesetzten,

19. regelmäßige Kontrolle durch den fachlichen Vorgesetzten.

Der beschriebene Ablauf hat in der Praxis viele Vorteile. Man erspart sich administrativen Aufwand, wenn man direkt nach den Gesprächen eine Entscheidung trifft und anschließend die Bewerbungsunterlagen zurückgibt oder einen weiteren Termin vereinbart. Erfahrungsgemäß wissen erfahrene Interviewer sehr schnell, ob ein

Bewerber menschlich zum Team passt. Ist diese Voraussetzung nicht gegeben, sind alle weiteren Gespräche sinnlos, denn die menschliche Eignung ist die zentrale Voraussetzung für gemeinsamen Erfolg.

In der Praxis hat sich immer wieder gezeigt, dass Bewerber ihr Verhalten teilweise drastisch ändern, wenn man drei Gespräche mit ihnen führt. Einerseits steigt die Wahrscheinlichkeit, mehr über das Verhalten der Person herauszufinden, andererseits verhalten sich die Bewerber häufig seltsam, wenn sie mehrfach eingeladen werden. Manche Personen neigen dabei zu sehr großer Offenheit, weil sie beginnen, sich sicher zu fühlen. Auf diese Weise erfährt man möglicherweise Dinge, die der Bewerber sonst nicht erwähnt hätte. Andere beginnen plötzlich, unangemessene Forderungen zu stellen, weil sie der Meinung sind, durch die zweite oder dritte Einladung die Stelle bereits gewiss zu haben.

Entlassungen

Die Fähigkeit, gute Mitarbeiter einzustellen, ist genauso wichtig wie die Fähigkeit, den falschen Mitarbeitern zu kündigen. Kündigungen müssen daher ebenso ernst genommen werden wie Einstellungen. Hier eine Empfehlung, wie ein Entlassungsprozess beschrieben werden kann:

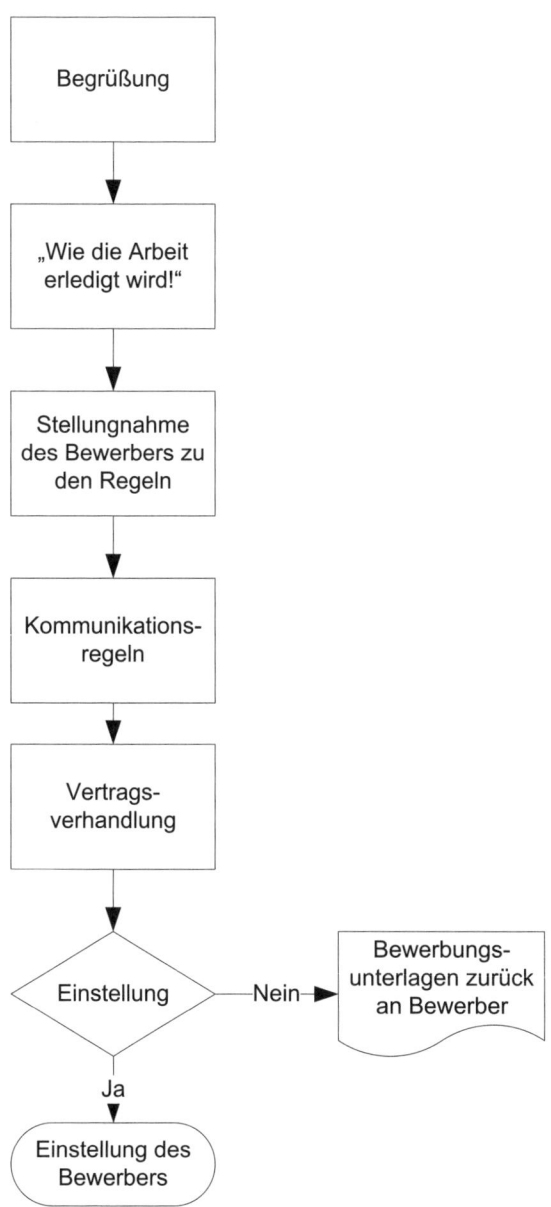

Abbildung 11: Ablauf des dritten Vorstellungsgesprächs

Wenn möglich, wird der Mitarbeiter auch nach der Kündigung durch Beratung und Weiterempfehlungen unterstützt. Eine Kündigung ist immer die letzte Möglichkeit, wenn ein Mitarbeiter die Leistungsziele nicht erfüllt, nicht ins Team passt oder auf andere Weise klar wird, dass die Aufgabe für ihn nicht das Richtige ist. Gegebenenfalls kann eine Versetzung oder Qualifizierungsmaßnahme eine Kündigung verhindern. Eine Kündigung ist für Mitarbeiter meist in zweierlei Hinsicht nachteilig: Erstens entsteht ihnen ein finanzieller Einbruch, und zweitens fehlt ihnen nun der soziale Kontakt zur bisherigen Bezugsgruppe. Viele Mitarbeiter empfinden den zweiten Punkt als kritischer, weil er Freundschaften und Beziehungen betrifft.

Im Falle der Kündigung sind die folgenden Punkte zu beachten:

➤ Grundsätzlich werden Kündigungen nicht am Donnerstag oder Freitag vorgenommen. Auf diese Weise ermöglicht man dem Mitarbeiter, sofort zu handeln und neue Möglichkeiten zu erkunden. Eine Kündigung vor dem Wochenende verursacht meist familiäre Schwierigkeiten, wobei die Handlungsfähigkeit eingeschränkt ist. Wenn möglich, wird der Mitarbeiter auch nach der Kündigung durch Beratung und Weiterempfehlungen unterstützt.

➤ Einige Tage vor dem eigentlichen Kündigungsgespräch sollte die Möglichkeit in Betracht gezogen werden, mit dem Mitarbeiter ein »ernstes Gespräch« zu führen. Dadurch ist er im Falle der späteren Kündigung besser vorbereitet und nimmt die Nachricht besser auf.

➤ Das Kündigungsgespräch findet in einem neutralen Raum statt, den man anschließend verlassen kann. Die eigentliche Kündigung erfolgt immer schriftlich (hierzu existiert eine Vorlage). Die zusätzliche mündliche Mitteilung ist jedoch aus Achtung vor der Person der reinen schriftlichen Kündigung vorzuziehen.

➤ Fristgerechte Kündigungen müssen nicht begründet werden. Fristlose Kündigungen sind in jedem Fall schriftlich zu begründen.

➤ Nach der Mitteilung der Kündigung ist das Gespräch zunächst zu beenden, weitere Erklärungen helfen dem Mitarbeiter nicht und erschweren die Beziehung. Je nach Temperament reagieren Mitarbeiter gelegentlich mit Tränen, Drohungen, Beleidigungen oder Beschimpfungen. In diesen Fällen ist der neutrale Raum von großem Vorteil, da man das Gespräch besser unterbrechen kann. Nach Möglichkeit ist zu verhindern, dass der Mitarbeiter direkt nach dem Gespräch auf Kollegen trifft. Häufig führen solche Begegnungen im Moment nach der Mitteilung zu negativen Bemerkungen oder Tränen, was die Firma oder den Vorgesetzten in ein schlechtes Licht rücken kann.

> Es sollte eine Vereinbarung getroffen werden, wie die Kündigung Außenstehenden kommuniziert wird. Auch der Grund für die Kündigung sollte abgesprochen werden, damit Außenstehende nicht durch unterschiedliche Aussagen verunsichert oder in Konflikte hineingezogen werden.

> Am Tage der Kündigung oder spätestens beim Verlassen des Arbeitsplatzes sind alle wesentlichen Unterlagen, Schlüssel und Geräte zurückzugeben. Der Mitarbeiter wird aufgefordert, alle persönlichen Gegenstände mitzunehmen und nichts in der Firma zu hinterlassen.

> Der Mitarbeiter ist noch einmal auf den Datenschutz hinzuweisen (Arbeitsvertrag). Insbesondere ist ihm klarzumachen, dass die Weiterverwendung und Weitergabe von Kundendaten, Konzepten und Prozessdokumentationen strafbar ist und geahndet werden wird.

> Alle Systemzugänge sind zu sperren, E-Mail-Weiterleitungen beziehungsweise Autoresponder für die bisherige Adresse des Mitarbeiters sind unverzüglich einzurichten.

> Sofern Kunden von dem Mitarbeiter betreut werden, sind diese möglichst persönlich durch den neuen Betreuer zu kontaktieren. Auf diese Weise wird Unsicherheit beim Kunden vermieden und der Situation vorgebeugt, dass der ehemalige Mitarbeiter später versucht, die Kunden abzuwerben.

> Im Falle kritischer Kündigungen sind vorsorglich Zeugen zu dem Kündigungsgespräch hinzuzuziehen, und es müssen vorher Strategien entwickelt werden, wie man mit Angriffen umgeht. Insbesondere wenn die betroffene Person enge persönliche Beziehungen zu anderen Mitarbeitern hatte, besteht die Gefahr, dass sie auch nach der Kündigung

versucht, auf diese Einfluss zu nehmen (zum Beispiel durch Abwerbeversuche). In solchen Fällen sind das Kündigungsgespräch und die möglichen Optionen sehr genau zu planen.

Was Sie selbst tun können

➤ Das Kapitel über Führung wirkt möglicherweise beim ersten Lesen überwältigend auf Sie. Dies mag daran liegen, dass für viele Unternehmer die Idee noch unvertraut ist, Führung zu systematisieren. Die Praxis zeigt aber, dass in der hier vorgestellten Systematik ein enormes Potenzial verborgen ist. Lesen Sie daher dieses Kapitel bitte noch einmal durch und notieren Sie dabei, welche Vorteile Ihnen jedes einzelne Element bringen wird.

➤ Schauen Sie noch einmal in Ihre Maßnahmenplanung (siehe Managementprozess). Haben Sie dort bereits die Entwicklung einer Führungssystematik vermerkt?

➤ Entwickeln Sie Ihr zukünftiges Unternehmen, indem Sie Rollen definieren. Unternehmer machen häufig den Fehler, ihr Unternehmen aufgrund der aktuellen Mitarbeiter zu planen. Die jetzigen Mitarbeiter dürfen aber nicht die Grundlage für die zukünftige Entwicklung sein, wenn sie zuvor ohne klare Ziele eingestellt wurden. Ansonsten riskieren Sie, dass Ihr Unternehmen niemals Ihre persönlichen Ziele unterstützen wird. Beschreiben Sie für jede Rolle die Hauptverantwortung. Trennen Sie die Unternehmerrolle (Visionsgeber) von der Geschäftsführerrolle (Manager).

➤ Klären Sie zukünftig vor jeder Einstellung oder Neubesetzung einer Rolle die Grundregeln. Beschreiben Sie sie am besten schriftlich, und lassen Sie sich diese vom Mitarbeiter unterschreiben.

➤ Machen Sie sich klar, dass die beiden wichtigsten Eigenschaften einer Führungskraft das Rekrutieren der richtigen Mitarbeiter und das rechtzeitige Entlassen der falschen Mitarbeiter sind. Entwickeln Sie daher eine Vorgehensweise, um die falschen Mitarbeiter möglichst früh (Probezeit) zu identifizieren und freizusetzen, bevor sie Kosten und Nachteile für das Team verursachen.

➤ Erstellen Sie einen aktuellen Besetzungsplan, in dem Sie beschreiben, wer aktuell welche Rollen in Ihrem Unternehmen ausübt. Gestalten Sie alle Dokumente in Zukunft so, dass ausschließlich Rollenbezeichnungen und niemals die Namen der Mitarbeiter verwendet werden. Bei Änderungen im Personalbestand wird immer nur der Besetzungsplan angepasst.

Kontrollfragen

➤ Was versteht man unter einer Rolle?

➤ Welche Bedeutung hat das Prinzip des geringsten Widerstandes bei der Führung von Mitarbeitern?

➤ Was unterscheidet eine Rolle von einer Stelle?

➤ Warum ist ein Rollenorganigramm für die Entwicklung eines Unternehmens deutlich besser als eines, in dem die Namen der Mitarbeiter stehen?

➤ Welchen Nachteil haben Tätigkeitsbeschreibungen und Dokumentationen, in denen die Namen der Mitarbeiter vermerkt werden?

Die Interessentengewinnung

Die Interessentengewinnung ist der wichtigste Prozess für die Generierung von Aufträgen und Umsatz. Immer wieder bestätigt der Business-Scan, dass erfolgreiche Unternehmen den Hauptgeschäftsprozess der Interessentengewinnung weit genug systematisiert haben, um einen stetigen Zustrom neuer Interessenten zu gewährleisten. Der Prozess selbst hat zum Ziel, möglichst viele qualifizierte Interessenten durch gezielte Werbeaktivitäten für die Leistungen des Unternehmens zu gewinnen. Zuvor werden sie jedoch einer sogenannten Disqualifikation unterzogen. Dabei werden alle Interessenten aussortiert oder zurückgestellt, die bestimmte Kriterien nicht erfüllen und bei denen mit hoher Wahrscheinlichkeit ausgeschlossen werden kann, dass sie Kunden werden. Durch die Disqualifizierung steigen die Verkaufsquoten deutlich an, und es wird verhindert, dass der Verkauf sich mit Personen beschäftigt, für die die angebotenen Leistungen nicht oder noch nicht infrage kommen. Die Interessentengewinnung wird über den Marketingprozess gesteuert, der die zentralen Marketingbotschaften und die Planung der Aktivitäten beinhaltet.

Die größten Fehler bei der Interessentengewinnung

1. Interessentengewinnung wird nicht als eigenständiger Prozess angesehen: Werbung wird situativ und nicht systematisch betrieben, das heißt, sobald die Umsätze zurückgehen, wird spontan in Werbung investiert. Wenn die Umsätze dagegen stimmen, wird das Thema vernachlässigt.

2. Es gibt überhaupt keine Interessentengewinnung: Häufig wird die Interessentengewinnung einfach den Verkäufern überlassen. Sie müssen nicht nur die Verkaufsgespräche führen, sondern auch zusehen, wie sie an die Gesprächspartner herankommen. Da Verkäufer keine Werbefachleute sind, führt dieses Vorgehen meist zu großer Unzufriedenheit.

3. Werbeaktivitäten werden ohne Ziele durchgeführt und später nicht bewertet: Geld wird für unnötige und ineffiziente Aktivitäten dauerhaft verschwendet.

4. Es gibt keinen Marketingplan: Marketingaktivitäten werden ohne Planung durchgeführt. Für ungeplante Aktivitäten wird spontan Geld verschwendet. Oft wird nicht einmal die richtige Zielgruppe angesprochen.

5. Werbung und Marketing sind nicht aufeinander abgestimmt: Die Werbung transportiert ständig neue Botschaften, die nicht auf die Zielgruppe abgestimmt wurden. Stattdessen bemüht sich das Unternehmen, durch kreative und ständig neue Werbesprüche Aufmerksamkeit zu erzeugen.

6. Die Marketingkommunikation wird in der verbalen Kommunikation nicht beachtet: Mitarbeiter melden sich nicht einheitlich am Telefon und beantworten Fragen zum Unternehmen unterschiedlich. Außerdem sind die zentralen Marketingbotschaften den Mitarbeitern nicht bekannt.

7. Es ist nicht erkennbar, was das Unternehmen leistet: Viele Unternehmen beschreiben weder in Prospekten noch im Internet ihre konkreten Leistungen. Der Kunde weiß nicht, was er bekommt. Eine einfache Positionierungsaussage schafft hier Abhilfe.

8. Leads und Anfragen werden nicht bearbeitet: Fehlende Wiedervorlagen verhindern, dass Anfragen bearbeitet werden. Interessenten werden vergessen.

9. Interessenten werden nicht disqualifiziert: Weil jeder neue Kontakt als potenzieller Kunde angesehen wird, werden alle ungefiltert an den Verkauf weitergeleitet. Dort entstehen hohe Verluste, weil sich zu spät herausstellt, dass der Interessent überhaupt nicht als Kunde infrage kommt.

10. Unternehmer denken, dass man jeden Interessenten durch aufwendige Überzeugungsarbeit zum Kauf überreden muss: Dabei wird übersehen, dass man echte Interessenten gar nicht so einfach wieder loswird.

Schaubild der Interessentengewinnung

Das Schaubild der Interessentengewinnung beinhaltet die Vorgaben durch das Marketing, die Kommunikation der unternehmerischen Vision, einen Prozess zur Ermittlung der Kontaktadressen der Zielgruppe und die Aktivitäten der Interessentengewinnung. Aus diesen Aktivitäten entstehen schließlich zahlreiche Kontakte, die nach der Disqualifizierung als qualifizierte Leads bezeichnet werden und erst dann an die Kundengewinnung (Verkauf) weitergeleitet werden.

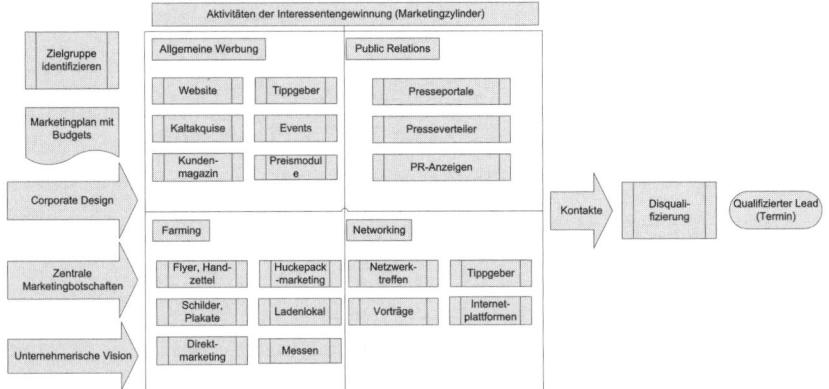

Abbildung 12: Übersichtsschaubild Interessentengewinnung

Das Ziel der Interessentengewinnung ist also immer ein qualifizierter Lead. Damit ist nichts anderes gemeint als ein Interessent, bei dem eine möglichst klar erklärte Kaufabsicht besteht und der Bedarf an dem Produkt hat. Mit anderen Worten: Der Interessent möchte Ihre Leistung, er braucht sie jetzt, und er kann sie bezahlen. Zur Qualifikation gehören auch die Dokumentation wichtiger Interessentendaten wie Name und Anschrift sowie die wesentlichen Entscheidungskriterien für Ihr Angebot, die der Interessent bereits genannt hat.

Die Interessentengewinnung besteht aus vielen einzelnen Aktivitäten, die potenzielle Interessenten ansprechen sollen. Im Gegensatz zur Kundengewinnung handelt es sich dabei immer um sogenannte 1:n-Aktivitäten. Man versucht also, mit einer Aktivität möglichst kostengünstig sehr viele Personen zu erreichen. In der Kundengewinnung geht es hingegen darum, im Einzelgespräch (Verkauf) den bereits qualifizierten Lead zum Kunden umzuwandeln. Die Wirksamkeit der Interessentengewinnung ist also von verschiedenen Faktoren abhängig: Einerseits geht es darum, möglichst geeignete Aktionen auf die richtige Weise zu organisieren und durchzuführen, andererseits müssen möglichst viele Personen gleichzeitig angesprochen werden, wobei diese bereits der zuvor ermittelten Zielgruppe entsprechen sollen. Wenn das Marketingbudget gering ist, wird man dabei versuchen, auf möglichst kostengünstige Aktivitäten zurückzugreifen. In diesem Fall scheiden aufwendige Printanzeigen, kostenintensive Messeauftritte oder gar ein Ladenlokal zunächst aus. Stattdessen wird man versuchen, über Empfehlungsnetzwerke (Tippgeber), gegebenenfalls selbst verteilte Handzettel oder Huckepackmarketing an Interessenten zu kommen. Im Folgenden werden wir die Elemente der Interessentengewinnung genauer betrachten. Jedes Unternehmen muss durch kontinuierliche Bewertung der Aktivitäten herausfinden, welche Aktivitäten am besten geeignet sind, um schließlich die bestmögliche Interessentengewinnung für die eigene Situation zu erhalten. Berücksichtigt man die Faustregel, dass man circa 10 Prozent des Vorjahresumsatzes für Werbung ausgeben sollte, so scheiden bei kleinen Unternehmen bestimmte Aktivitäten von vornherein aus. So sollte ein Unternehmen mit 50.000 Euro Jahresumsatz zunächst auf kostenintensive Anzeigen oder Messeauftritte verzichten und stattdessen mehrere Aktionen durchführen, die jeweils nur geringe Budgets beanspruchen.

Als wesentliche Schwierigkeit bei der Bewertung von Interessentengewinnungsaktivitäten hat sich folgender Sachverhalt erwiesen: Damit sich ein Interessent dazu entscheidet, sich näher mit einem Anbieter zu beschäftigen, sind in der Regel mehrere Kontakte über einen längeren Zeitraum notwendig. Idealerweise steigt die Frequenz der Kontakte an, wenn der Interessent in seinem Entscheidungsprozess bereits fortgeschritten ist. Je nach Produkt dauern Entscheidungsprozesse beim Konsumenten von wenigen Minuten bis zu mehreren Monaten. Dies muss bereits in der Marketingstrategie berücksichtigt werden. Versucht man schließlich herauszufinden, welche Aktivität den Interessenten am stärksten angesprochen hat, wird dieser vermutlich die letzte Aktivität (zum Beispiel einen Handzettel) nennen, obwohl er möglicherweise schon vorher immer wieder durch diverse andere Aktivitäten angeregt wurde. Es gibt leider keine praktikable Methode, um diesen Effekt angemessen zu berücksichtigen. Aus diesem Grunde wird man in der Praxis üblicherweise einfach die Angabe des Interessenten übernehmen oder seine direkte Reaktion auf eine gerade durchgeführte Aktivität zugrunde legen. Letztendlich muss der Unternehmer schließlich entscheiden, für welche Aktivitäten er weiterhin Geld auszugeben bereit ist.

Sie sehen also, dass die Interessentengewinnung sehr anspruchsvoll ist und als operative Umsetzung der Marketingstrategie hohe Anforderungen an die richtige Umsetzung erfordert.

Grundprinzipien

Die folgenden Grundprinzipien sind für die Interessentengewinnung von Bedeutung:

1. *Das System verrichtet die Arbeit, die Menschen betreiben das System:* Dieser Grundsatz ist bei der Interessentengewinnung von zentraler Bedeutung. Interessentengewinnung muss zur täglichen Routine des Unternehmens werden. Dabei ist weniger Kreativität gefragt als das Schaffen der richtigen Rahmenbedingungen: Stimmt die Zielgruppe? Wird die Interessentengewinnung systematisch mit den immer gleichen zentralen Marketingbotschaften durchgeführt?

2. *Kontinuierliche Verbesserung:* Die Aktivitäten der Interessentengewinnung müssen ständig bewertet werden, da man sonst sehr viel Geld vergeuden kann. Bequemlichkeit oder mangelndes Wissen, wie man die Aktivitäten bewertet, können teuer werden.

Der Systematic Cube definiert auf der untersten Ebene (Definitionen) Begriffe, die in der gemeinsamen Kommunikation von zentraler Bedeutung sind. Für die Interessenten- und Kundengewinnung sind die folgenden Begriffe streng zu unterscheiden.

Kontakt	Ein Kontakt bezeichnet eine Person beziehungsweise deren Adressdatensatz (zum Beispiel Name, E-Mail und Telefonnummer).
Interessent (Lead)	Ein Interessent ist ein Kontakt, der bereits ein prinzipielles Interesse an den Leistungen des Unternehmens oder einer Zusammenarbeit gezeigt hat.
Qualifizierter Interessent (Qualified Lead)	Qualifizierte Interessenten sind Interessenten, die den Prozess der Disqualifikation durchlaufen und die dort definierten Disqualifizierungskriterien nicht erfüllt haben.
Kunde	Ein Kunde ist ein (in der Regel qualifizierter) Interessent, mit dem eine vertragliche Vereinbarung über die Leistungserbringung geschlossen wurde. Wenn die Leistung erbracht wurde und keine weitere Leistung gewünscht wird, handelt es sich um einen inaktiven Kunden.

Tabelle 26: Zentrale Begriffsdefinitionen der Interessentengewinnung

Zielkontakte identifizieren

Damit Werbeaktivitäten erfolgreich sein können, muss die richtige Zielgruppe angesprochen werden. Häufig scheitern gut geplante Aktivitäten daran, dass die Adressen der Zielkontakte von geringer Qualität sind und somit die falschen Kontakte angesprochen werden. Aus diesem Grund wird zunächst überlegt, wie man an die Adressen der Zielkontakte herankommt. Je nach Marketingstrategie bieten sich verschiedene Vorgehensweisen an.

➤ Allgemeine Werbung wird üblicherweise an Zielkontakte gerichtet, die geografisch weit verteilt sind, dafür aber bestimmte Eigenschaften aufweisen (zum Beispiel weibliche Führungskräfte). Es gibt die Möglichkeit, Kontaktadressen von spezialisierten Anbietern zu kaufen, die jedoch oft von geringer Qualität sind. Deshalb sollte man zunächst nur eine kleine Menge kaufen und sie auf ihre Qualität testen. Alternativ kann man für einen begrenzten Zeitraum versuchen, die Kontakte anhand von Befragungen durch eigene Telefonkräfte zu ermitteln.

➤ Wer Public Relations betreibt, wird versuchen, Kontakte zu speziellen PR-Organen aufzubauen, die möglichst genau die gewünschte Zielgruppe ansprechen. Hat man sehr spezielle Zielgruppen, so bieten sich Fachzeitschriften an, zu denen dann langfristig intensive Kontakte aufgebaut werden.

➤ Sofern man sich für das Farming entschieden hat, wird man Werbeaktivitäten nutzen, die in einem bestimmten geografischen Gebiet verteilt werden. Es werden also keine Einzeladressen beschafft. Stattdessen erhält zum Beispiel jeder Haushalt einen Flyer, oder in einer lokalen Zeitschrift wird eine Anzeige geschaltet, die möglichst gezielt eine bestimmte Region bewirbt.

➤ Hat man sich für Networking entschieden, so wird man vor allem spezielle Veranstaltungen bewerben, die einem bestehenden Kreis von Kontakten (Network) mitgeteilt werden.

Allgemeine Werbung

Allgemeine Werbung richtet sich an eine zuvor definierte Zielgruppe und kann den anderen Kategorien der Interessentengewinnung nicht eindeutig zugeordnet werden. Auch hier gilt, dass die Kosten niedrig gehalten werden können, wenn die Zielgruppe möglichst genau eingegrenzt werden kann. Das Angebot muss natürlich möglichst den Bedürfnissen der Zielgruppe entsprechen. Das Schaubild zeigt exemplarisch einige der bedeutendsten Aktivitäten der allgemeinen Werbung. Wir wollen diese Aktivitäten nun im Hinblick auf die Interessentengewinnung betrachten und die dafür wichtigsten Merkmale erläutern.

Website

Websites werden häufig aufgrund ihres Designs beurteilt. Unternehmer sind daher geneigt, hohe Summen für die Gestaltung ihrer Websites zu investieren. Hinsichtlich der Interessentengewinnung ist das Design der

Website jedoch von geringer Bedeutung. Um Kontakte zu generieren, muss die Website unbedingt die Möglichkeit bieten, mit dem Unternehmen in Kontakt zu treten. Einfache Rückrufformulare reichen dazu erfahrungsgemäß nicht mehr aus. Interessenten sind aber gerne bereit, für gute Informationen ihre Kontaktadresse oder gar ihre Wünsche zu hinterlassen. Bieten Sie daher auf Ihrer Website Informationen an, die man nur erhält, wenn man zuvor mindestens seine E-Mail-Adresse hinterlassen hat. Als Informationsmedien bieten sich an:

➤ kostenlose E-Books, die eine echte Hilfe für den Interessenten sind,

➤ Presseartikel mit Informationen über Produkte oder Verfahren,

➤ Willkommenspakete, die man erst nach Hinterlassen der Adresse zugesendet bekommt,

➤ kleine Geschenke, die möglichst nur für echte Interessenten von Wert sind, um sogenannte Schnäppchenjäger fernzuhalten,

➤ Tests, die online ausgefüllt werden und deren Auswertung an die eingetragene E-Mail-Adresse gesendet wird, sowie

➤ Sondertarife für Ihre Produkte, die nur bei der ersten Bestellung gültig sind (siehe Preismodule).

Beachten Sie bei allen Aktivitäten und auch bei anschließenden Werbemails unbedingt die derzeit geltenden rechtlichen Bestimmungen, da Sie ansonsten ein hohes Risiko eingehen können.

Viele Unternehmen haben auf ihrer Website keine konkrete Beschreibung ihrer Leistungen. Wenn im Business-Scan das Gespräch darauf kommt, wird als Grund dafür häufig angegeben, dass die lokalen Wettbewerber die Leistungen nicht kopieren können sollen. Tatsächlich kommt es auch sehr oft vor, dass weniger erfolgreiche und in dieser Hinsicht skrupellose Unternehmer jede Idee ihrer Kollegen kopieren. So erlebte ein Unternehmer auf Fehmarn, dass sein Wettbewerber 500 Euro Tippgeberprovision für einen neuen Kunden zahlte, nachdem er selbst eine Woche zuvor in der Werbung 250 Euro dafür angeboten hatte.

Unternehmer, die selbst keine Einfälle haben, tendieren dazu, Ideen von Wettbewerbern zu kopieren. Oft wird diese Tendenz häufig noch mit der Neigung kombiniert, andere abzumahnen, wenn sie Nachlässigkeiten begehen. Es ist bedauerlich, dass solche Fälle immer wieder vorkommen, doch ist es keine gute Strategie, sich davor zu schützen, indem man Kunden und Interessenten Informationen über die eigene Leistung vorenthält. Stellen Sie sich einmal einen Telefonanbieter vor, der keine Tarife veröffentlicht aus Angst, dass diese kopiert oder unterboten werden. Tatsächlich ist die ständige Verbesserung der Angebote für den Kunden ein Prinzip unserer Marktwirtschaft, dem man sich nicht entziehen kann.

Kaltakquise

Telefonische Kaltakquise ist unter bestimmten Bedingungen gesetzlich verboten (zum Beispiel wenn ohne vorherige Zustimmung Endverbraucher telefonisch kontaktiert werden). Gegebenenfalls kann telefonische Kaltakquise durch persönliche Kontakte (Haustürgeschäfte oder direkte Ansprache von Messekontakten) ersetzt werden. Bevor Sie also das Instrument der Kaltakquise nutzen, informieren Sie sich über die damit verbundenen Risiken und wägen Sie den Einsatz genau ab.

Entscheidet man sich für das Instrument der Kaltakquise, so sind Gesprächsleitfäden nützlich, die vor allem eines berücksichtigen sollten: Treffen Sie am Ende des Gesprächs mit dem Interessenten eine klare Vereinbarung über die weitere Vorgehensweise. Häufig wird diese Vereinbarung vergessen, und anschließend erfolgt keine Aktivität mehr.

Kundenmagazin

Kundenmagazine, Prospekte oder Broschüren erlauben die ausführliche Darstellung des Unternehmens. Wird ein solches Magazin erstellt, so sind die Gestaltungs- und Druckkosten meist relativ hoch. Wer sogar regelmäßig aktualisierte Magazine erstellt, ist oft gezwungen, damit einen relativ hohen redaktionellen Aufwand zu betreiben. Für bestimmte Branchen gibt es daher Anbieter, die vorgefertigte Magazine mit aktuellen Informationen anbieten, in die man nur das eigene Firmenlogo einsetzen muss. Egal für welche Art von Magazin Sie sich entscheiden: Achten Sie darauf, dass die Rücklaufquote dem finanziellen Einsatz entspricht und dass das Magazin genügend Ansporn und Gelegenheiten für Interessenten bietet, von sich aus Kontakt zu Ihnen aufzunehmen.

Wer Newsletter oder Newsticker erwirbt, um diese dann direkt auf seiner Website zu veröffentlichen, erzielt damit häufig nicht das gewünschte Ergebnis. Zum einen sehen nur jene Personen diesen Newsletter, die bereits die Website gefunden haben, sodass der Service die Zugriffszahlen in der Regel nicht erhöht. Darüber hinaus bringen frei zugängliche aktuelle Informationen keine Kontaktadressen. Der Nutzen ist daher oft fraglich, und nur selten sorgen die Informationen dafür, dass Besucher deswegen die Site erneut aufsuchen.

Tippgeber

Tippgebersysteme sollen ehemalige Kunden und allgemeine Interessenten dazu anregen, Ihnen neue Interessenten zu empfehlen. Wer Tippgebersysteme einsetzt, muss verschiedene Dinge beachten. So gelten hierbei – wie auch bei anderen Formen der Werbung – häufig gesetzliche Einschränkungen, weshalb Sie den Einsatz vorher anwaltlich prüfen lassen sollten. Zudem können Tippgebersysteme Ihre Mitbewerber dazu motivieren, Ihre Angebote zu übertreffen. Bieten Sie beispielsweise 50 Euro Prämie für eine qualifizierte Empfehlung, so wird der Mitbewerber möglicherweise 80 Euro anbieten. Solche auktionsähnlichen Versteigerungen von Interessenten kommen beim Verbraucher nicht gut an, weil der Verdacht entsteht, dass Sie an Ihren Kunden schlicht zu viel Geld verdienen. Auch ist der Einsatz eines Tippgebersystems problematisch, wenn vergessen wird, eine Empfehlung zu notieren, und der Tippgeber Sie später an die Zahlung der Prämie erinnern muss. Tippgebersysteme sind daher nur etwas für Profis, und ihr Einsatz muss gut überlegt werden.

Events

Events dienen der Präsentation Ihres Angebots und bieten die Möglichkeit, mit vielen Interessenten persönliche Kontakte aufzubauen. Sie sollten periodisch stattfinden. Um Kosten zu sparen und den Interessenten mehr Flexibilität anzubieten, werden heute viele Events in Form von Telefonkonferenzen oder Webcasts angeboten. Am Ende eines Events muss die Möglichkeit bestehen, weiter mit den Interessenten zu kommunizieren. Hierzu werden für die Teilnehmer meist zeitlich befristete Sonderangebote präsentiert.

Preismodule

Unter Preismodulen versteht man Staffelpreise, die es dem Interessenten leichter machen, sich für Ihr Angebot zu entscheiden. Sie sind eine Form der Werbung und dienen dazu, bereits in der Phase der Interessentengewinnung einfache Verkäufe und Kontaktdaten zu generieren. So sollten Anbieter besonders hochpreisiger Produkte immer auch ein besonders günstiges Einstiegsangebot haben, das der Interessent ohne lange Überlegungen gerne kaufen wird. Ist dies im Rahmen Ihrer Produktpolitik nicht möglich, dann bieten Sie Dinge an, die nur indirekt etwas mit Ihrem Leistungsangebot zu tun haben. So könnte ein Anbieter hochpreisiger Segelyachten eine besonders günstige (jedoch hochwertige) Jacke mit der eigenen Werbung anbieten. Selbstverständlich eigenen sich Staffelpreise auch dazu, eine ganze Produktpalette zu verkaufen, indem jeder Bestandteil zu etwas höheren Einzelpreisen angeboten wird. Der Interessent kann sich dann durch den Kauf der einzelnen Module von der angebotenen Qualität überzeugen, und Sie erhalten schließlich für die Gesamtleistung mehr Geld.

Public Relations

PR wurde bereits im Zusammenhang mit dem Marketingprozess ausführlich beschrieben. Von besonderer Wichtigkeit ist die Kontinuität, mit der PR durchgeführt wird.

Internetpresseportale eignen sich zur einfachen und gezielten Verteilung von PR-Meldungen. Meist sind die Portale kostenfrei und stellen die Meldungen nach kurzer inhaltlicher Prüfung schnell und unkompliziert dar. Wer Presseportale geschickt nutzt, kann dadurch die Zugriffe auf die eigene Website und die eigene Glaubwürdigkeit deutlich erhöhen.

Presseverteiler zu lokalen Zeitschriften oder Fachzeitschriften sollte man erst nach persönlichen Kontakten zu den Redakteuren aufbauen. Von PR-Agenturen kann man zahlreiche Hinweise erhalten, wie man am besten vorgeht. In einigen Fällen neigen Redakteure dazu, Artikel nur zu veröffentlichen, wenn man auch Anzeigen bucht. In diesen Fällen muss man die Kosten gegen die möglichen Vorteile genau abwägen.

Möchten Sie einen Artikel aus betrieblichen Gründen unbedingt in einer bestimmten Zeitschrift abdrucken, so besteht die Möglichkeit, ihn als PR-Anzeige zu platzieren. Üblicherweise erscheint dann an einer bestimmten Stelle der Vermerk, dass es sich um eine Anzeige handelt. Einige Leser werden den Unterschied gar nicht bemerken, und Sie haben die Sicherheit, dass der Artikel in jedem Fall erscheinen wird.

Farming ist die Konzentration der Werbung auf ein eng umrissenes geografisches Gebiet. Die Größe des Gebiets ist von der Anzahl der Haushalte, dem Werbebudget und dem potenziellen Geschäft in dem Gebiet abhängig. Die Werbeaktivitäten konzentrieren sich meist auf eine geringe Anzahl von Haushalten und können meist auch mit geringen Budgets durchgeführt werden.

Flyer und Handzettel werden über eigene Boten oder Verteilerdienste einzeln oder zusammen mit Zeitschriften an die Empfänger verteilt. Richtig gestaltete Flyer, die eventuell auch einen Gutschein oder eine Einladung beinhalten, erzielen oft sehr gute Rücklaufquoten, sodass manche lokal tätigen Unternehmer nach einer gewissen Zeit ausschließlich auf Flyerwerbung zurückgreifen. Testen Sie daher die Wirksamkeit von Flyern, wenn Sie regional tätig sind.

Bei Schildern und Plakaten ist vor allem der Aufstellungsort entscheidend. Wer beispielsweise die Gelegenheit hat, ein großes Schild an einer vielbefahrenen Straßenkreuzung aufzuhängen, bekommt dadurch möglicherweise viele neue Interessenten. Etwas teurer sind häufig Werbeschilder, die in Form einer sich verändernden Präsentation ablaufen und dadurch mehr Aufmerksamkeit erzielen. Solche Werbeflächen findet man häufig in Bahnhöfen, U-Bahnschächten oder in größeren Städten.

Direktmarketing erfolgt in Form spezieller Anschreiben, die einen Grund enthalten, damit sich die Interessenten bei Ihnen melden. Hierzu können Hilfegesuche gehören, mit denen Sie die Adressaten um Unterstützung zu einem bestimmten Thema bitten. Ein Immobilienmakler konnte beispielsweise vier Alleinaufträge für die Vermarktung von Immobilien erhalten, nachdem er in einem Brief an 400 Haushalte um Unterstützung bei der Suche nach einer neuen Wohnung für eine Familie mit Kind gebeten hat. Direktmarketing lässt sich einfach testen, indem man verschiedene Varianten von Briefen an eine geringe Anzahl von Adressaten sendet. Die bessere Variante mit dem größeren Zulauf wird anschließend für die weiteren Direktmarketingaktivitäten bevorzugt.

Beim Huckepackmarketing schließen sich Gewerbetreibende unterschiedlicher Branchen in einer Farm zusammen. So kann beispielsweise der lokale Metzger jedem Kunden eine Infobroschüre der regionalen Apotheke überreichen, während der Apotheker seinen Kunden ein Schreiben überreicht, in dem er die hervorragenden Bioprodukte des Metzgers lobt und das einen Einkaufsgutschein über 5 Euro (den der Metzger allerdings bezahlt) enthält. Erfahrungsgemäß reagieren andere Unternehmer zunächst positiv auf die Idee des Huckepackmarketings. Geht es später an die Umsetzung, treten jedoch häufig Schwierigkeiten auf. Meist sind die Unternehmer nicht in der Lage, rechtzeitig ihre eigenen Broschüren oder Anschreiben fertigzustellen, und man wartet dann lange, bis die Aktion überhaupt beginnen kann. Aus diesem Grunde hat es sich bewährt, wenn man in das erste Gespräch bereits Mustervorlagen für die Aktion mitnimmt. Hat man beispielsweise eine Briefvorlage für den oben genannten Apotheker, in der auf die bisherige positive Kundenbeziehung hingewiesen und als Dank der Gutschein übergeben wird, erleichtert dies dem Apotheker die Arbeit, und er wird sich deutlich schneller zu einer Zusage bewegen lassen.

Ein eigenes Ladenlokal ist für manche Anbieter zwingend notwendig. Eine Bäckerei könnte beispielsweise ohne ein Ladenlokal kaum überleben. Wer jedoch als Arzt, Pizzalieferservice, Immobilienmakler, Rechtsanwalt oder IT-Techniker et cetera tätig ist, kann aus Kostengründen zunächst auf ein Ladenlokal verzichten. In diesem Fall werden die Kunden eben in einem normalen (preislich etwas günstigeren) Büro begrüßt beziehungsweise zu Hause aufgesucht. Die Erfahrungen vieler Unternehmer zeigen ein klares Bild: Aus Kostengründen ist in der Anfangsphase ein einfaches Büro häufig sinnvoller. Wer jedoch in ein Ladenlokal investiert, der sollte auf die Lage und die Ausstattung achten. Wer an diesen beiden Aspekten spart, riskiert, dass sich das Ladenlokal dauerhaft nicht trägt. Häufig stellen sich lokal aktive Dienstleistungsunternehmer die Frage, ob sie in ein Ladenlokal investieren sollen. Darauf gibt es keine allgemeingültige Antwort, weil zunächst von Bedeutung ist, ob das Ladenlokal möglicherweise zwingend für Umsätze notwendig ist. Einzelhändler, deren Konzept vor allem im Verkauf von Produkten über eine Verkaufsfläche besteht (zum Beispiel Lebensmittel), benötigen oft zwingend ein Ladenlokal. Anbieter exklusiver Produkte (zum Beispiel teurer Hifi-Anlagen) oder individueller Dienstleistungen (zum Beispiel Immobilienmakler) benötigen nicht zwingend ein Ladenlokal, auch wenn es die Verkaufszahlen erhöhen kann. In diesen Fällen hilft es, die Mehrkosten des Ladenlokals gegenüber der einfachen Bürofläche in das Marketingbudget einzurechnen. Übersteigen diese Kosten das vorhandene Budget oder führen sie dazu, dass man dafür alle anderen Aktivitäten einstellen muss, dann sollte man warten, bis die tatsächlichen Umsätze ein größeres Budget zulassen.

Messen sind je nach Zielgruppen und Region zwischen allgemeiner Werbung und Farming einzuordnen. Regionale Messen sind eine günstige Gelegenheit, sich möglichst vielen Interessenten zu präsentieren. Überregionale Großmessen sind häufig sehr teuer und bringen gelegentlich Kunden aus Regionen, die man möglicherweise gar nicht beliefern will.

Networking bedeutet, innerhalb einer bestimmten Zielgruppe (meist überregional) möglichst enge persönliche Beziehungen aufzubauen. Es grenzt sich daher klar gegenüber dem Farming ab, weil hier die regionale Konzentration entscheidend ist. Werbung und PR wiederum dienen zwar der Interessentengewinnung, die persönliche Beziehung steht dabei aber nicht im Brennpunkt. Networking bietet sich besonders für Anbieter, die eine klar umrissene Zielgruppe haben und für diese ein besonderes Produkt anbieten. Häufig handelt es sich um erklärungsbedürftige, hochpreisige Produkte, bei denen der Konsument lange braucht, bis er sich für das Produkt entscheidet. Aus diesem Grunde wird Networking vor allem von selbstständigen Berufsgruppen wie Trainern, Beratern, Fachanwälten, Versicherungsvertretern oder IT-Beratern genutzt.

Auf Netzwerktreffen findet man gelegentlich Interessenten für die eigene Leistung, häufiger aber auch jede Menge Personen, die ausschließlich daran interessiert sind, ihre eigenen Leistungen zu verkaufen. Aus diesem Grunde muss die Mitgliedschaft in Vereinen, Berufsverbänden oder Netzwerken gut überlegt werden. Viele Unternehmer verwenden überdurchschnittlich viel Zeit für Netzwerktreffen und merken dabei kaum, dass die eigene Zielgruppe dort gar nicht vertreten ist. Gelegentlich gibt es dann kleine Erfolge, indem beispielsweise ein Kollege einen Auftrag vermittelt, den er selbst nicht durchführen kann. Bindet man Netzwerktreffen in die eigene Systematik zur Interessentengewinnung ein, so sollte man kritisch die eigenen Motive prüfen: Geht es darum, unter Gleichgesinnten Kontakte zu pflegen, will man einfach nur beliebige Kontakte knüpfen oder kann man durch die Teilnahme gezielt Verbindungen zu potenziellen Kunden aufbauen?

Sofern man in der Lage ist, sich als Experte für ein bestimmtes Thema zu profilieren, kann man durch Vorträge auf Kongressen, Symposien oder Veranstaltungen für bestimmte Interessengruppen auf sich aufmerksam machen. Wird dabei die richtige Zielgruppe angesprochen, trägt dies enorm zur Glaubwürdigkeit bei und kann helfen, sehr viele Interessenten auf sich aufmerksam zu machen.

Tippgebersysteme lassen sich innerhalb eines Netzwerks besonders gut einsetzen. Hierzu definiert man im Voraus klare Grundsätze, wie man Tipps oder gar Auftragsvermittlungen vergütet. Definiert man zum Beispiel, dass man in den ersten zwei Jahren 10 Prozent Provision für die Vermittlung von Dienstleistungen an den Tippgeber abgibt, so fallen anschließende Verhandlungen oft sehr leicht. In Netzwerken ist es besonders wichtig, klare und faire Regelungen zu finden und diese konsequent zu beachten. Wer in einem Netzwerk auffällt, weil er Vereinbarungen umgeht und durch Drittgeschäfte Provisionszahlungen vermeidet, verliert sehr schnell seinen Ruf als ehrbarer Geschäftsmann.

Internetplattformen gewinnen zunehmend an Bedeutung und bieten neben den Möglichkeiten der Vernetzung mittlerweile viele entgeltliche Zusatzleistungen. Auch hier gilt, dass man den Einsatz und den erzielten Erfolg genau prüfen muss, um herauszufinden, ob die Plattformen den erwarteten Erfolg erzielen.

Kontrolle ist besser

Beschäftigen Sie sich intensiv mit dem Thema der Kontrolle. Wenn Sie Ihre Aktivitäten nicht kontrollieren, so riskieren Sie den Verlust von Zeit und Geld.

Man könnte es auch anders sagen: Wenn Sie eine Aktivität nicht kontrollieren können oder wollen, dann sollten Sie sie besser gar nicht erst durchführen. Möglicherweise erweist sich zwar eine Aktion subjektiv als lohnend, jedoch werden Sie in Summe viele Aktionen durchführen (oder schlimmer noch wiederholen), die keine Ergebnisse gebracht haben.

Denken Sie daher vor Durchführung einer Aktion immer über die Kontrollparameter nach und formulieren Sie sie schriftlich. Nur wenn Sie diese Parameter kennen, können Sie entscheiden, ob Sie eine Aktion ein zweites Mal durchführen. Gegebenenfalls lässt sich sogar schon vorher ermitteln, dass die Aktion kein Erfolg werden kann und schlichtweg zu teuer wird.

Wenn Sie an dieser Stelle als Einzelunternehmer auf die geringe Größe Ihres Unternehmens hinweisen, so ist dies verständlich. Aber bedenken Sie, dass auch ein kleines Unternehmen es sich nicht erlauben kann, Geld und Zeit für unwirksame Werbung zu verschwenden.

Der Disqualifizierungsprozess

Alle Aktivitäten zur Interessentengewinnung erzeugen Kontakte. Bei diesen Kontakten handelt es sich zunächst um einfache Datensätze (zum

Beispiel Name, E-Mail-Adresse und Telefonnummer). Es wäre jedoch ungünstig, wenn man nun mit allen Kontakten automatisch in die Kundengewinnung überginge. Ein wichtiger Grundsatz bei der Gestaltung von Prozessen besagt, dass Prozessfehler immer teurer werden, je später sie stattfinden oder aufgedeckt werden. Führt man mit einem unqualifizierten Interessenten aufwendige Verkaufsgespräche und stellt sich dann erst heraus, dass er überhaupt nicht in der Lage ist, das angebotene Produkt oder die Dienstleistung zu erwerben, dann sind die Auswirkungen auf Ihren Unternehmenserfolg katastrophal.

Aus diesem Grunde ist es zwingend notwendig, Interessenten zu disqualifizieren. In der Praxis zeigen entsprechende Ansätze deutliche Vorteile gegenüber den herkömmlichen, meist aus dem klassischen Verkauf bekannten Methoden.

Klassischer Verkauf geht häufig von den folgenden Vorannahmen aus:

> Jeder Interessent ist ein potenzieller Kunde.

> Durch aufwendige Verkaufstechniken ist der geschickte Verkäufer in der Lage, jeden noch so widerspenstigen Interessenten schließlich zu überreden. Je mehr Einwandbehandlungstechniken, Überredungs- und Überzeugungskünste man hat, desto erfolgreicher wird verkauft.

> Das Verkaufsgespräch entscheidet maßgeblich über den Erfolg des Unternehmens, nicht die Interessentengewinnung.

Im Rahmen der hier vorgestellten Systematik kommen hingegen die folgenden Annahmen zur Anwendung:

> Verbraucher sind heute deutlich sensibler und aufgeklärter, als dies noch vor wenigen Jahren der Fall war.

> Echte Interessenten kann man nicht so einfach verlieren. Vor allem nicht dadurch, dass man ihnen Fragen zu ihren Motiven und ihrer persönlichen Situation stellt.

> Aus diesem Grunde verbieten sich auch langfristig alle Methoden, bei denen man versucht, psychologischen Druck aufzubauen. Wenn ein

Produkt für einen Interessenten nicht geeignet ist, sollte man es ihm auch nicht aufzwingen. Je früher man dies erkennt, umso erfolgreicher wird man später an echte (qualifizierte) Interessenten verkaufen.

Der Disqualifizierungsprozess besteht aus einer Reihe von Fragen, die man den Interessenten möglichst frühzeitig stellt. Typischerweise handelt es sich dabei um Ausschlussfragen, mit denen folgende Kriterien geprüft werden sollen:

1. Benötigt der Interessent das Produkt oder die Dienstleistung überhaupt? Gibt es Gründe dafür, dass er das Produkt jetzt kaufen will?

2. Will der Interessent das Produkt oder die Dienstleistung?

3. Verfügt der Interessent über die notwendigen finanziellen Mittel, um sich das Angebot leisten zu können?

Je nach Angebot sind gegebenenfalls noch weitere Fragen zu klären, bevor der Interessent sich für die weitere Bearbeitung im Rahmen der Kundengewinnung qualifizieren kann:

1. Wie lange sucht der Interessent schon nach einer Lösung für sein Problem? Besonders bei Produkten, die eine lange Entscheidungszeit vor dem Kauf voraussetzen, können zu frühe Verkaufsgespräche den Interessenten verschrecken.

2. Gibt es Gründe, dass der Interessent eine Entscheidung nicht treffen kann, selbst wenn das folgende Angebot seinen Vorstellungen zu 100 Prozent entspricht?

3. Ist der Interessent bereit, sich bereits vor dem Verkaufsgespräch oder individuellen Angebot mündlich zum Kauf zu verpflichten, sofern alle von ihm genannten Entscheidungskriterien zu seiner Zufriedenheit erfüllt werden?

Bitte beachten Sie, dass das Ziel des Disqualifizierungsprozesses ist, möglichst alle Interessenten herauszufiltern, bei denen die anschließende Kundengewinnung höchstwahrscheinlich nicht zum Erfolg führen wird. Auf diese Weise erhöhen Sie deutlich Ihre Verkaufsquote und verhindern bei richtiger Messung, dass Geld für Werbung ausgegeben wird, die zwar viele Kontakte, aber nur wenige qualifizierte Interessenten bringt. Alle disqualifizierten Kontakte werden schließlich hinsichtlich der Eignung für eine spätere erneute Überprüfung bewertet. Je nach Ergebnis erfolgen dann weitere Schritte (zum Beispiel die Aufnahme in einen Informationsverteiler), sodass weiterhin Kontakte zu den Interessenten stattfinden und diese erneut den Disqualifizierungsprozess durchlaufen, falls sich die Antworten auf die oben genannten Fragen verändert haben.

Je nach Branche kann der Prozess der Disqualifizierung weitere Entscheidungen und Aktivitäten beinhalten. Wenn Interessenten beispielsweise im Rahmen der Disqualifizierung angeben, dass sie jetzt zwar noch kein Geld für die Leistung haben, sich dies aber in sechs Monaten ändern wird, ist es durchaus sinnvoll, diese Interessenten mit speziellen Marketingkampagnen weiter zu betreuen. Je nach Status des Interessenten (zum Beispiel hat anderen Anbieter, hat erst in drei Monaten das Geld, muss erst einen Vertrag kündigen et cetera) ist es sinnvoll, Kampagnen zu starten, die ihn über einen längeren Zeitraum mit Informationen versorgen, um später erneut eine Disqualifikation durchzuführen. Interessenten, die mehr als dreimal disqualifiziert wurden, sollten schließlich aus den weiteren Aktivitäten herausgenommen werden, da ansonsten die Gefahr besteht, bei geringer Wahrscheinlichkeit für einen qualifizierten Lead hohe Kosten zu produzieren.

Auch ein Kontakt, der disqualifiziert wurde, kann nach sechs Monaten erneut überprüft werden. Selbst wenn die Disqualifikation eindeutig war, besteht die Möglichkeit, dass sich nach sechs Monaten die Situation deutlich verändert hat oder der bisherige Ansprechpartner gar nicht mehr zuständig ist. Aus diesem Grunde kann ein Kontaktversuch nach sechs Monaten durchaus sinnvoll sein.

Weitere Hinweise zum Disqualifizierungsansatz geben Jacques Werth, Nicholas Ruben und Michael Franz in High Probability Selling – Verkaufen mit hoher Wahrscheinlichkeit (2009).

Was Sie selbst tun können

➤ Entscheiden Sie zunächst, welche Formen der Interessentengewinnung für Sie am besten geeignet erscheinen. Prüfen Sie Ihren Marketingplan und passen Sie ihn gegebenenfalls noch einmal an.

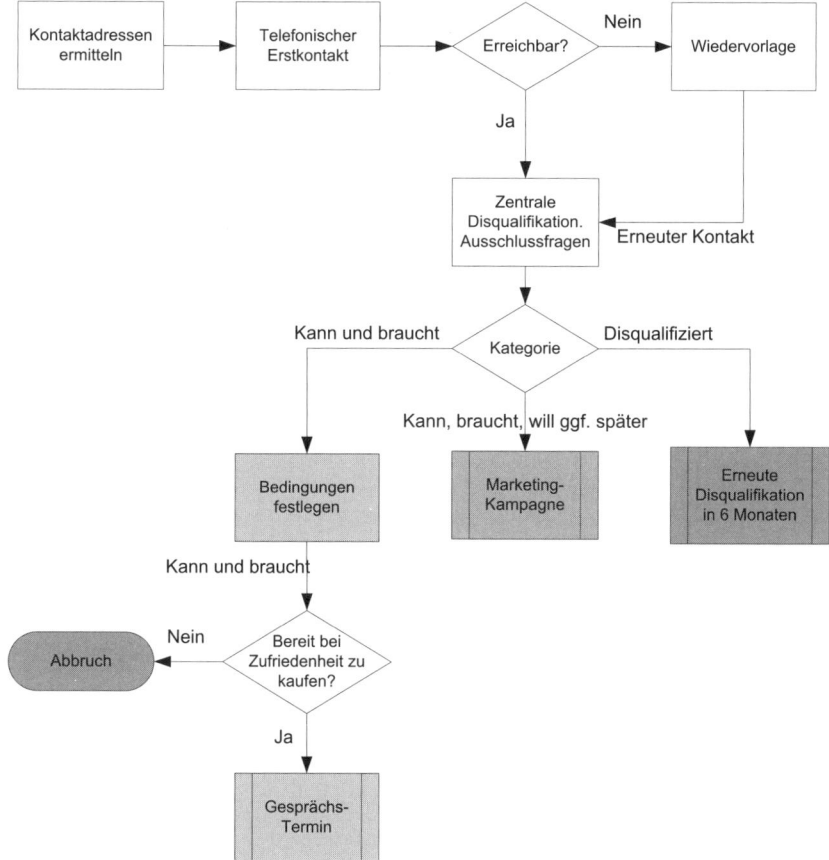

Abbildung 13: Grundmuster des typischen Disqualifzierungsprozesses

➤ Bevor Sie eine Aktion durchführen, definieren Sie Ihre Erwartungen schriftlich. Jede Aktivität der Interessentengewinnung dient dazu, qualifizierte Interessenten zu generieren, die an die Kundengewinnung weitergeleitet werden. Wenn eine Aktivität wiederholt keine qualifizierten Interessenten erzeugt, ist sie für die Interessentengewinnung ungeeignet und darf nicht mehr durchgeführt werden.

➤ Ermitteln Sie für jede Aktivität den durchschnittlichen Preis pro Interessent. Verstärken Sie langfristig die Aktivitäten, bei denen die Kosten pro Interessent besonders niedrig sind.

➤ Entwickeln Sie einen einfachen, aber wirkungsvollen Disqualifizierungsprozess und wenden Sie diesen konsequent bei allen Interessenten an.

Kontrollfragen

➤ Wie ermitteln Sie in Ihrem Fall am besten die Kontaktdaten Ihrer Zielgruppe?

➤ Was ist der Unterschied zwischen Networking und Farming, und welche Konsequenz können Sie daraus für sich persönlich ziehen?

➤ PR-Arbeit ist meist langfristig zu bewerten, wohingegen manche Aktivitäten (zum Beispiel Direktmarketing) sehr schnelle Reaktionen erwarten lassen. Wie können Sie diese Aktivitäten hinsichtlich ihrer Wirksamkeit am besten vergleichen?

➤ Was ist das Ziel des Disqualifizierungsprozesses, und aus welchem Grunde ist die beschriebene Vorgehensweise den klassischen Verkaufsansätzen überlegen?

Kundengewinnung

Die größten Fehler bei der Kundengewinnung

1. Werbung und Verkauf sind nicht voneinander getrennt: Verkäufer müssen die Interessentengewinnung selbst durchführen. Anstatt sich auf den Verkaufsprozess zu konzentrieren, mühen sich die Verkäufer als gering qualifizierte Werbefachleute ab. Werbung und Verkauf sind vollkommen unterschiedliche Tätigkeiten und erfordern unterschiedliches Können.

2. Verkaufsgespräche sind nicht systematisiert: Der Unternehmer geht davon aus, dass Verkaufsgespräche zu individuell sind, und überlässt die Gesprächsführung ausschließlich den Verkäufern. Fehlende Standards habe jedoch viele Nachteile und führen dazu, dass das Unternehmen die Kontrolle über einen entscheidenden Prozess verliert.

3. Verkaufstrainings vermitteln keine Abläufe, sondern nur Gesprächstechniken: Guter Verkauf basiert in erster Linie auf der methodischen Anwendung bewährter Routineaktivitäten. Wer sich ausschließlich auf Techniken konzentriert, setzt diese mehr oder weniger willkürlich ein und verhindert, dass solche Abläufe entstehen.

4. Verkaufshilfen werden nicht genutzt oder sind nicht vorhanden: Verkäufer arbeiten ohne Prospekte und Leistungsgarantien. Dadurch fehlen dem Kunden später wichtige Informationen, und es wird für ihn schwieriger, positive Entscheidungen zu treffen.

5. Hohe Einstiegshürden verhindern die Entscheidung des Kunden: Wer ohne Leistungsgarantien und Rücktrittsgarantien arbeitet, erschwert psychologisch die Entscheidung für eine Sache.

6. Unfreundliche Vertragsgestaltung: Verträge, die nur Kundenverpflichtungen und Entschädigungszahlungen regeln, unterschreibt ein Interessent nicht gerne.

7. Der Verkauf erfolgt mittels freier Handelsvertreter, um das Risiko für das Unternehmen zu reduzieren (Modell des Piratenschiffs): Wer als Unternehmer nicht weiß, wie man als Unternehmen verkauft, will sein Risiko über freie Mitarbeiter reduzieren und macht sich von diesen abhängig.

8. Keine Statistik über Entscheidungswege: Wer den Entscheidungsprozess der Kunden nicht kennt, weiß zum Beispiel nicht, wie häufig ein Verkaufsgespräch notwendig ist, und gibt vielleicht zu spät (oder zu früh) auf.

Kundengewinnung als systematischer Prozess

Der Prozess der Kundengewinnung zählt vermutlich zu den am meisten überbewerteten Prozessen überhaupt. Die meisten Unternehmen gehen schon von der falschen Voraussetzung aus, dass die Kundengewinnung der eigentliche Engpass bei der Erzeugung von neuem Umsatz ist. Hierzu tragen vor allem die seit Jahren immer wieder vorgebrachten Argumente vieler Verkaufstrainer bei, dass man mit geschickten Verkaufsargumenten auch erfolgreich verkaufen könne. Dabei wird häufig übersehen, dass der eigentliche Engpass die Interessentengewinnung ist. Betrachtet man einmal die Kennzahlen des Verkaufs, so stellt man fest, dass viele Verkäufer – richtig qualifizierte Interessenten vorausgesetzt – bis zu 90 Prozent ihrer Verkaufsgespräche zum Abschluss bringen. Wenn Verkäufer mit solchen Abschlussquoten nun ein Verkaufstraining besuchen, dann ist zu erwarten, dass sie im Idealfall diese Quote vielleicht um 1 bis 2 Prozent steigern können. Den Umsatz zu verdoppeln, ist auf diesem Wege selbst mit den besten Verkaufsmethoden unmöglich. Verdoppelt man jedoch die Zahl der qualifizierten Interessenten, so ergibt sich der gewünschte Umsatz von alleine. Verkaufstrainings ergeben daher erst Sinn, wenn die Konversionsquote von Interessenten hin zu Kunden deutlich unterhalb von 50 Prozent liegt. Ansonsten sollte man das Geld besser in die Interessentengewinnung investieren.

Um den Verkauf zu erleichtern, ist es wichtig, dass das Unternehmen die grundsätzliche Vorgehensweise vorgibt. Dazu muss es zunächst eine einfache Vorgehensweise für den Verkauf entwickeln. Es wird gelegentlich

Fälle geben, wo ein persönlicher Verkauf überhaupt nicht infrage kommt (zum Beispiel bei reinen Onlineshops). Dann verzichtet man gegebenenfalls komplett auf die Kundengewinnung oder wählt einen ausgesprochen einfachen Ansatz. Beachten Sie: Wenn ein Prozess nicht implementiert ist, gehört Ihnen das Unternehmen an dieser Stelle nicht. Beschreiben Sie daher die wichtigsten Eckpunkte jedes Verkaufsgesprächs. Stellt sich in der Praxis heraus, dass bestimmte Elemente besonders hilfreich sind, so integrieren Sie sie in alle zukünftigen Gespräche. Hier einige Beispiele:

Ein Unternehmer stellte fest, dass er durch die Vorführung einer Präsentation mit Leistungsversprechen 30 Prozent mehr Kunden gewinnt. Aus diesem Grunde installierte er an jedem Besprechungsplatz einen Computer, der die Präsentation zeigte. Die Verkäufer wurden verpflichtet, die Präsentation in jedem Erstgespräch zu zeigen.

Ein Immobilienmakler fand heraus, dass er deutlich schneller das Vertrauen von Hauseigentümern gewinnt, wenn er fragt, ob er beim Betreten des Hauses seine Schuhe ausziehen soll, und anschließend als Erstes einen persönlichen Lebenslauf übergibt, mit der Bemerkung, dass er sich um die Vermarktung des Hauses »bewerben« will. Anschließend wurden alle Mitarbeiter verpflichtet, diese Vorgehensweise anzuwenden.

Ein Schulungsunternehmen erkannte, dass sich Interessenten schneller entscheiden, wenn eine Geld-zurück-Garantie angeboten wird. Die Entscheidung wird dadurch enorm erleichtert, wohingegen die spätere Entscheidung, das Seminar zu verlassen, so gut wie nie getroffen wird. Die Garantie wird schließlich für alle Leistungen angeboten, und die Verkaufszahlen steigern sich in allen Bereichen.

Das Modell des Piratenschiffs

Kürzlich wurde im Fernsehen ein alter Piratenfilm gezeigt. Dort wurden in einer Hafenkneipe Matrosen für eine Seefahrt angeheuert. Auf die Frage, wie denn die Bezahlung erfolge, antwortete der rekrutierende Seemann: »Heuer gibt es keine. Aber wir bringen beinahe wöchentlich ein Schiff auf, und anschließend teilen wir die Beute!«

Viele Unternehmer wenden dieses Prinzip bei der Rekrutierung ihrer Verkäufer an. Da das Unternehmen keine klaren Abläufe für den Verkauf hat, werden freie Handelsvertreter angestellt. Frei nach dem Motto »Kein Umsatz, keine Kosten!« hofft der Unternehmer, sich im Fall schleppenden Vertriebs vor hohen finanziellen Risiken zu schützen. Dabei wird der Verkauf dann dem Handelsvertreter überlassen; der muss schließlich wissen, wie man verkauft und ist durch die Bezahlung auf Provisionsbasis ausreichend motiviert. Doch gerade für kleine Unternehmen beinhaltet diese Vorgehensweise viele Risiken:

> Freie Handelsvertreter unterliegen nicht der Weisungsbefugnis des Unternehmens. Daher wird auf Führung und Integration der Mitarbeiter meist verzichtet. Hierdurch entstehen zusätzliche Risiken für das Image des Unternehmens.

> Ist der Mitarbeiter erfolglos, so wirkt sich das direkt auf das Unternehmen aus.

> Gelegentlich drohen Gefahren durch externe Prüfungen hinsichtlich der sogenannten Scheinselbstständigkeit.

> Auch freie Mitarbeiter verursachen zeitliche Aufwände und Kosten. Im Falle geringer Umsätze steigen diese Aufwände meist noch an, so dass der gewünschte Effekt nicht eintritt.

Grundsätzlich ist eine gut gewählte Systematik auch bei freien Mitarbeitern sehr erfolgreich, jedoch sollte die Absicht, Kosten zu sparen, nicht mit einer Einschränkung der Wirksamkeit einhergehen, weil das Unternehmen eben keine Kontrolle mehr über den grundsätzlichen Ablauf hat.

Schaubild für die erfolgreiche Kundengewinnung

Das Schaubild für die erfolgreiche Kundengewinnung ist prinzipiell sehr einfach gestaltet. Je nach Branche ist es notwendig, mehr oder weniger umfassende Anpassungen vorzunehmen. Die Startbedingung für die Kundengewinnung ist ein qualifizierter Lead, anschließend erfolgt eine Entscheidung, ob das nachfolgende Gespräch im eigenen Büro, vor Ort beim Kunden oder telefonisch erfolgt. Abhängig von der Entscheidung werden nun dem Kunden bestimmte Informationen zugesendet oder im Termin überreicht. Zu den wesentlichen Verkaufshilfen für das erste Gespräch gehört eine Wettbewerbsanalyse, sodass man im Falle von vergleichbaren Angeboten vorbereitet ist. Im ersten Gespräch geht es üblicherweise darum, die Motivlage und Anforderungen des Interessenten zu ergründen und Vertrauen zu sich und zum Unternehmen aufzubauen. Aus diesem Grund werden in diesem ersten Gespräch eine Unternehmenspräsentation und gegebenenfalls eine Präsentation zur persönlichen Vorstellung verwendet. Schließlich werden die Leistungen des Unternehmens dargestellt. Die Verwendung von Vorlagen stellt sicher, dass alle Verkäufer die gleichen Informationen kommunizieren und in der späteren Leistungserbringung auch alle Versprechen berücksichtigt werden können.

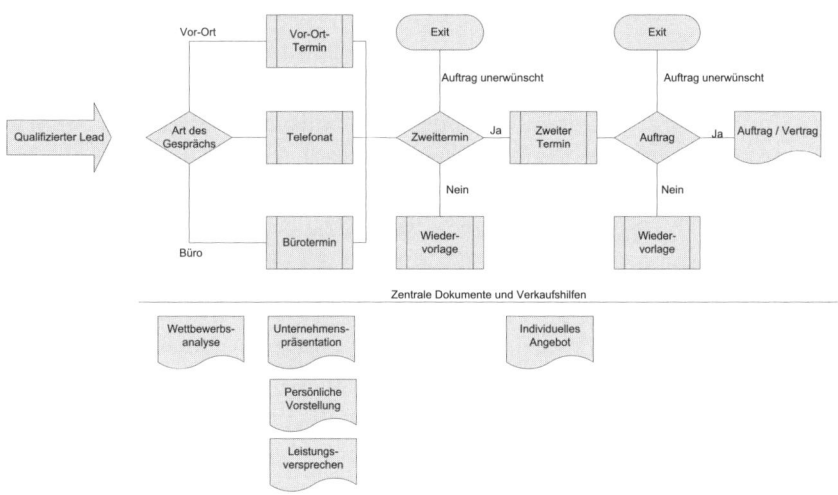

Abbildung 14: Schaubild für die erfolgreiche Kundengewinnung

Nach dem ersten Gespräch und der Ergründung der Motivlage entscheidet der Verkäufer zunächst, ob ein Auftrag zustande kommen wird oder eventuell gar nicht erwünscht ist. Je nach Entscheidung wird an dieser Stelle der Prozess abgebrochen, der Interessent wird in eine Wiedervorlage aufgenommen (zum Beispiel Informationsverteiler), oder das zweite Gespräch findet statt.

In einigen Fällen kann das Zweitgespräch direkt im Anschluss an das erste Gespräch erfolgen, um Zeit oder Fahrtkosten zu sparen. Ist jedoch eine Bedenkzeit sinnvoll oder sind aufwendige individuelle Angebote zu erstellen, so wird man sich vor dem zweiten Termin die Zusage einholen, dass sich der Kunde – ein zufriedenstellendes Angebot vorausgesetzt – für den Auftrag entscheiden wird. Im zweiten Gespräch wird schließlich das für den Kunden angepasste Angebot besprochen und – um dem Kunden die Entscheidung zu erleichtern – eine Zufriedenheitsgarantie vorgestellt.

Anschließend erfolgt die Auftragsvergabe. Verträge sollten dabei einfach und kundenfreundlich gestaltet werden. Viele Unternehmer berichten, dass sie im Falle von Beschwerden lieber auf die Fortführung des Auftrages verzichten würden, als Rechtsansprüche geltend zu machen. Wenn diese Unternehmer trotzdem Verträge aufsetzen, die Strafzahlungen, umfangreiche Kündigungsbeschränkungen oder Aufwandsentschädigungen beinhalten, dann stellen sie der Entscheidung des Kunden unnötige Hürden in den Weg. Außerdem sind kundenfreundliche Vertragsbedingungen eine gute Methode, um sich gegenüber dem Wettbewerb positiv darzustellen. Bedenken Sie dabei: Menschen entscheiden nicht gerne. Wer sich einmal für ein Unternehmen entschieden hat, wird sich nicht gerne wieder dagegen entscheiden. Sollte er es dennoch tun, muss es dafür einen guten Grund geben. Es ist dann wichtiger, diesen Grund zu kennen, als sich auf Rechtsstreits mit ungewissem Ausgang einzulassen.

Die erfolgreiche Umsetzung in die Praxis

Die Kundengewinnung entspricht in unserem Prozessmodell dem klassischen Verkauf. Der Unterschied besteht jedoch in der Fokussierung und Systematisierung. Während in der Interessentengewinnung die Leads erzeugt werden, findet in der Kundengewinnung meist ein persönliches Gespräch statt, bei dem die Grundlagen geklärt werden, damit ein Lead zum Kunden wird. Das Ergebnis der Kundengewinnung ist daher eine Vereinbarung (Vertrag) oder Willenserklärung, sodass anschließend eine Leistung erbracht (und berechnet) werden kann.

Die Systematik der Kundengewinnung konzentriert sich auf die Entwicklung und Dokumentation von Überzeugungseinheiten (zum Beispiel Präsentationen, Gesprächsleitfäden), damit Ihre Mitarbeiter wirksame Kundengewinnung bei gleich bleibender Qualität betreiben können.

Die Wirksamkeit der Kundengewinnung kann über passende Schlüsselindikatoren gemessen werden. Anbei einige Beispiele:

Messbare Indikatoren	Nicht messbare Indikatoren
Gesamtumsatz, Anzahl der Verkäufe, Anzahl der Kunden, Umsatz pro Vertriebsmitarbeiter, Vertriebskosten pro Verkauf, Entscheidungsdauer des Kunden	Qualität der Werbeunterlagen zur Kundengewinnung, Qualität der Prozesse, Qualität der Unternehmenspräsentation

Tabelle 27: Schlüsselindikatoren zur Bewertung der Kundengewinnung

Definieren Sie für diese Indikatoren Ziele (zum Beispiel auf monatlicher Basis) und vergleichen Sie diese mit den vorherigen Ergebnissen, um Fortschritte zu erzielen. Erstellen Sie einfache Gesprächsleitfäden für die beiden Gesprächstermine. Gesprächsleitfäden sollten mindestens die folgenden Standards beinhalten:

➤ Vorbereitende Maßnahmen für den Termin: Unterlagen, die vorher zu erstellen sind, und Informationen, die vorher zu beschaffen sind.

➤ Vorstellung: Die einleitenden Texte für die passende Vorstellung beim Interessenten. Üblicherweise werden hierbei die Positionierungsaussage oder der Elevator Pitch integriert.

➤ Die Informationen, die vom Kunden im Gespräch erfragt werden sollen.

➤ Die zu benutzenden Unterlagen und Präsentationen.

> Eine Reihe typischer Fragen und Einwände sowie Vorschläge, wie man damit umgeht. Diese Liste gibt auch Mitarbeitern mit geringer Erfahrung Sicherheit.

> Eine Anweisung, wie das Gespräch zu beenden ist und welche Vereinbarung mit dem Interesssenten getroffen werden soll.

> Eine Liste von Tätigkeiten, die nach dem Termin durchzuführen sind. Hierzu gehören Maßnahmen, um die getroffene Vereinbarung mit dem Interessenten einzuhalten, und die Bereitstellung von Informationen für das Unternehmen (sogenanntes Reporting).

Was Sie selbst tun können

> Erstellen Sie eine einfache Präsentation für das Erstgespräch mit Interessenten. Stellen Sie darin Ihr Unternehmen, Ihr Team und die von Ihnen gebotenen Leistungen dar. Verlangen Sie von allen Verkäufern, dass sie zukünftig die Präsentation einsetzen.

> Dokumentieren Sie alle Routinetätigkeiten der Kundengewinnung und sorgen Sie dafür, dass sie von allen Mitarbeitern entsprechend der Dokumentation ausgeführt werden. Insbesondere häufig stattfindende Gespräche sollten systematisiert werden. Erstellen Sie zwei einfache Gesprächsleitfäden für das erste und das zweite Gespräch mit dem Interessenten.

> Wenn die Dokumentation nicht zur Ausführung der Aufgaben passt, ändern Sie sie. Achten Sie darauf, dass die Dokumentation die Realität widerspiegelt. Leiten Sie also Ihre Mitarbeiter an, damit zu arbeiten und sie nicht einfach beiseitezulegen.

> Überarbeiten und optimieren Sie Abläufe ständig. Optimal ist es, wenn die Mitarbeiter während ihrer Tätigkeiten die Dokumentationen und Checklisten benutzen, Fehler und Abweichungen erkennen und selbst Optimierungen vornehmen.

> Denken Sie einmal intensiv über Ihre geschäftlichen Grundsätze nach.

Welche Risiken haben Sie tatsächlich beim Umgang mit Kunden, und in welchen Fällen würden Sie besser auf rechtliche Schritte verzichten? Sofern Sie ohnehin verzichten würden, formulieren Sie daraus Zufriedenheitsgarantien und einfache Rücktrittsvereinbarungen. Müssen Sie dagegen harte Rücktrittsklauseln, Schadensersatz oder Aufwandsentschädigungen vereinbaren, so schreiben Sie die entsprechenden Formulierungen möglichst ins Kleingedruckte Ihrer allgemeinen Geschäftsbedingungen, damit sie nicht optisch hervorstechen und dem Vertragsabschluss entgegenstehen.

Kontrollfragen

> Was versteht man unter dem Modell des Piratenschiffs, und aus welchem Grund ist es für Unternehmer nachteilig?

> Warum und in welchen Situationen kann der Einsatz freier Mitarbeiter im Verkauf von Vorteil für ein Unternehmen sein? Welche Rahmenbedingungen sollten in diesem Fall geschaffen werden?

> Welche Elemente sollte ein einfacher Gesprächsleitfaden beinhalten?

> Früher gab es Unternehmen, die den Haustürverkauf mittels umfassender Gesprächsleitfäden geschult haben. Die Verkäufer mussten diese Leitfäden auswendig lernen und waren damit teilweise sehr erfolgreich. Ein Verkäufer – der nur schlechtes Deutsch sprach – gab an, dass er die Kunden einfach gebeten hat, die Leitfäden selbst zu lesen. Mit dieser Methode hatte er großen Erfolg. Überlegen Sie, aus welchem Grund dieser Verkäufer erfolgreicher war als viele seiner Kollegen.

> Das Prinzip der kognitiven Dissonanz besagt, dass ein Mensch Unbehagen verspürt, wenn er eine einmal getroffene Entscheidung widerrufen muss. Überlegen Sie, wie dieses Prinzip erfolgreich nach dem Vertragsabschluss zur Anwendung kommt, selbst wenn man die Hürde des Widerrufs durch eine Zufriedenheitsgarantie niedrig hält.

Leistungserbringung

Die Leistungserbringung ist der eigentliche Kern der Unternehmensleistung. Produkte werden geliefert oder Dienstleistungen für den Kunden erbracht. Die Leistungserbringung beginnt immer dann, wenn eine Beauftragung vorliegt. Viele Unternehmen sind erfolgreich geworden, weil der Gründer in der Anfangsphase als Spezialist besonders gute Leistungen für Kunden erbracht hat. Will man das Unternehmen vergrößern, so müssen andere vergleichbar gute Leistungen erbringen. Manche Unternehmen scheitern genau an dieser Stelle und können daher nicht mehr weiter wachsen. Der Unternehmer ist dann der beste Fachmann, und niemand kann (und darf) ihn ersetzen.

Gleichzeitig zeigt sich im Business-Scan, dass bei kleinen Unternehmen die Leistungserbringung oft der am besten entwickelte Unternehmensbereich ist. Trotzdem erreicht kaum ein Unternehmen mehr als 40 Prozent der möglichen Punktzahl. Fast immer fehlen nämlich Mechanismen, die sicherstellen, dass der Kunde kontinuierlich dasselbe gute Leistungsniveau erhält, und in nahezu allen Fällen werden anschließend keine Auswertungen und Kundenbefragungen vorgenommen oder Weiterempfehlungen und Referenzen eingeholt.

Die größten Fehler bei der Leistungserbringung

1. Es wird angenommen, dass die eigene Leistung gut ist: Leistungen werden nicht bewertet, und die Kunden werden nicht nach ihrer Meinung gefragt.

2. Ein KVP fehlt: Es gibt keinen Prozess, der die kontinuierliche Verbesserung ermöglicht. Aufgedeckte Mängel führen nicht automatisch zu Verbesserungsmaßnahmen.

3. Leistungen werden nicht dokumentiert: Dadurch existiert im Notfall kein Nachweis über erbrachte Leistungen oder Absprachen. Im Falle von Auseinandersetzungen oder Klagen müssen Beweise mühsam zu-

sammengetragen werden oder können nicht mehr beschafft werden.

4. Das Unternehmen setzt keine CRM-Software ein: Ohne CRM-Software sind Kundenaktivitäten nicht nachvollziehbar, Wiedervorlagen fehlen, und Kampagnen sind nicht steuerbar.

5. Referenzbefragungen fehlen im Leistungsprozess: Das Unternehmen fragt nicht systematisch nach Referenzen, oder man empfindet dies als unangenehm.

6. Weiterempfehlungen fehlen im Leistungsprozess: Der Kunde muss im Moment höchster Zufriedenheit nach Empfehlungen gefragt werden. Das ist normalerweise nach der Leistungserbringung der Fall.

Schaubild der Leistungserbringung

Das Schaubild der Leistungserbringung ist der Teil der Systematik, der möglicherweise am stärksten an Ihr Unternehmen angepasst werden muss. Je nach Branche und Komplexität der Dienstleistung sind die Einzelleistungen und die damit verbundenen Aktivitäten und Prozesse sehr komplex. Es ist auch ein bedeutender Unterschied, ob Sie Produkte ausliefern, sie selbst fertigen, Dienstleistungen erbringen oder die Arbeit von Lieferanten und Erfüllungsgehilfen koordinieren. Je nach Schwerpunkt Ihrer Leistungserbringung sind die entscheidenden Prozesse zu beschreiben, damit für den Kunden außergewöhnliche Leistungen erbracht werden können.

Das Schaubild der Leistungserbringung wurde so gestaltet, dass die individuelle Ausprägung Ihrer Leistung im Prozess der Kernleistung untergebracht wurde. Aus diesem Grunde genügt es in den meisten Fällen, wenn Sie die Kernleistungen detailliert ausarbeiten und den Rest des Schaubilds bestehen lassen.

Der Prozess der Leistungserbringung beginnt mit dem Auftrag des Kunden. Liegt der Auftrag vor, erfolgt eine Planung der notwendigen Ressourcen. Je nach Branche und Art der Leistung sind nun Bestellungen oder Verträge mit Zulieferern zu tätigen. Handelt es sich um komplexe Dienstleistungen, sind umfangreiche Planungen oder im Falle von Projekten ein sogenannter Kick-off notwendig. Wenn die vorbereitenden Maßnahmen

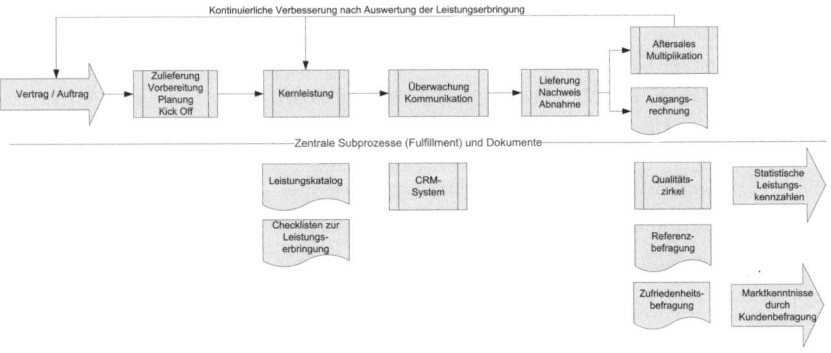

Abbildung 15: Schaubild der Leistungserbringung

erfolgt sind, kann mit der eigentlichen Leistung begonnen werden. Dabei ist es von großer Bedeutung, dass die erbrachte Leistung mit dem übereinstimmt, was mit dem Kunden vertraglich festgelegt wurde. Dazu dient der Leistungskatalog, der zur Überprüfung der Kernleistung herangezogen wird. Außerdem gibt es für die wesentlichen Dinge Checklisten, sodass die eigenen oder externen Mitarbeiter prüfen können, ob alle wichtigen Punkte erfüllt wurden.

Spätestens nach Erbringung der Kernleistung – oft auch schon währenddessen – muss eine Überwachung der Leistungsergebnisse und eine kontinuierliche Kommunikation zum Kunden stattfinden. Dies wird häufig vergessen. Oft werden Zusatzleistungen erbracht, ohne dass der Kunde davon in Kenntnis gesetzt wird, und im Falle von Schwierigkeiten wird so lange mit der Benachrichtigung gewartet, bis kaum noch verhindert werden kann, dass Unzufriedenheit entsteht. Daher ist der Kommunikation besondere Aufmerksamkeit zu schenken. Es wird dringend empfohlen, Kommunikation mit Kunden und Lieferanten durchgängig zu dokumentieren. Hier sind CRM-Systeme sinnvoll, in denen Gesprächsnotizen abgelegt werden können, auf die man später einfach zurückgreifen kann. Außerdem erleichtern CRM-Systeme die Verteilung und Kontrolle von Aufgaben.

Wenn die Leistung vollständig erbracht wurde, erfolgt die Bestätigung der Lieferung, gegebenenfalls eine Abnahme durch den Kunden, oder es wird ein Leistungsnachweis/Lieferschein erstellt.

Nach erfolgter Leistungserbringung wird eine Rechnung erstellt, und der sogenannte After-Sales-Prozess wird gestartet: In der hier empfohlenen Systematik sind die Beschaffung von Weiterempfehlungen und Referenzen Teil der Leistungserbringung. In der Praxis hat sich gezeigt, dass Kunden am leichtesten den Mitarbeitern Empfehlungen geben, die zuvor eine gute Leistung erbracht haben.

Abschließend finden Zufriedenheitsbefragungen und ein interner Qualitätszirkel statt, damit das Unternehmen aus den vergangenen Erfahrungen lernen kann, um seine zukünftige Leistung immer weiter kontinuierlich zu verbessern. Unternehmen wie eBay oder Amazon gehen hierbei noch einen Schritt weiter: Indem hochautomatisierte Systeme zur Steuerung der Leistungserbringung verwendet werden, lassen sich alle Schritte maximal beschleunigen, während die Kommunikation zum Kunden fast vollständig automatisiert und extrem zuverlässig erfolgt. Die Kundenbewertungen werden direkt mit den Produkten oder Lieferanten verknüpft, sodass Interessenten schnelle Kaufentscheidungen treffen können.

Der Einsatz von CRM-Systemen

Viele Unternehmen investieren eine Menge in Tests und die Auswahl eines geeigneten CRM-Systems. Mittlerweile gibt es sehr viele Anbieter von CRM-Produkten und – aufgrund der steigenden Komplexität des Marktes – immer mehr Anbieter, die sich auf Tests und Auswahlhilfen für diese Produkte spezialisiert haben.

Die Einführung von CRM-Systemen und der spätere Erfolg hängen dabei sehr häufig von zwei Faktoren ab:

1. Sind die Prozesse und Abläufe, die das Produkt unterstützen soll, überhaupt bekannt? Häufig besteht im Unternehmen Unklarheit über die Abläufe, für die das Produkt eingesetzt werden soll. Die Hoffnung, dass es bereits standardisierte Prozesse mitbringt, an die sich das Unternehmen dann anpasst, ist meist falsch. Es ist besser, zunächst die eigenen Abläufe zu kennen und diese dann zu implementieren.

2. Lässt sich das Produkt in die bestehenden Abläufe und Systeme integrieren? Oft scheitern Einführungen an fehlenden Schnittstellen zu anderen Systemen. Häufig existieren auch Schnittstellen, sie leisten jedoch nicht das, was der Kunde sich wünscht. Um hier Sicherheit zu erlangen, sind letztendlich nur aufwendige Tests im Vorfeld möglich, die leider gelegentlich an der Qualifikation der Dienstleister oder des Softwareherstellers scheitern. Je komplexer die IT-Strukturen bereits sind, desto weniger lässt sich ein kompetenter Verantwortlicher finden, und jeder der Beteiligten versucht, die Verantwortung auf die anderen abzuwälzen. Dann hilft nur ein guter Generalunternehmer, der das gesamte Projekt steuert. Dies ist oft mit hohen Kosten verbunden.

3. Die Einführung zukunftsfähiger IT-Systeme ist Thema des Supportprozesses. Die Aussage »Die Lösungen von heute sind die Probleme von morgen« trifft auf kaum einen Unternehmensbereich so stark zu wie auf die Informationstechnologie. Je standardisierter die IT-Infrastruktur bereits in kleinen Unternehmen ist, desto mehr Kosten lassen sich einsparen. Die Standardisierung findet jedoch bereits bei den Abläufen in den Prozessen (und besonders in der Leistungserbringung) statt, sodass Sie hier von Anfang an auf klare Standards achten müssen.

Überwachung und Kommunikation

Vielen Unternehmen fehlt eine standardisierte Kundenkommunikationsrichtlinie. Mitarbeiter gehen häufig davon aus, dass die Kunden sich für gut betreut halten und dass keine Kommunikation nötig ist. Leider ist dies selten der Fall. Mindestens drei psychologische Gründe sprechen dafür, Kunden regelmäßig zu informieren, selbst wenn es keine Statusänderungen gibt:

1. **Menschen neigen zu der Vermutung, dass etwas nicht stimmt, wenn sich jemand längere Zeit nicht meldet.** Viele kennen das von den eigenen Verwandten, die schnell beleidigt sind, wenn man einige Zeit nichts von sich hat hören lassen. Sofern ein Kunde längere Zeit

keinen Kontakt zu Ihrem Unternehmen hat, steigt die Wahrscheinlichkeit, dass er später einen anderen Anbieter bevorzugen wird.

2. **Vorbeugen ist einfacher als Rechtfertigen.** Die meisten Menschen haben die Tendenz, andere bei bevorstehenden Problemen nicht zu informieren. Immer wieder warten Mitarbeiter, die bestehende Vereinbarungen wissentlich nicht einhalten können, so lange ab, bis sich die Gegenseite nach dem Verlauf erkundigt. Dann wird schnell erklärt, dass man bisher nicht in der Lage war, das Versprechen einzulösen. Solche Situationen sind für beide Seiten beschämend. Für den Kunden ist es unangenehm, sich wie ein Bittsteller nach seinem Recht zu erkundigen, und der Dienstleister redet sich heraus. Einfacher ist eine kurze Meldung im Voraus, dass sich die Leistung verspäten wird, man aber bemüht ist und sich ohne weitere Aufforderung jede Woche melden wird, um zu signalisieren, dass man weiter an der Sache arbeitet.

3. **Der Kunde könnte sich an Ihnen rächen.** In Zeiten von Internet-Blogs und sozialen Netzwerken ist es für Kunden sehr einfach, sich negativ über Ihr Unternehmen zu äußern. Viele der sehr bekannten Unternehmen unterschätzen diese Gefahr selbst heute noch, während andere bereits massiv durch solche Vorfälle geschädigt wurden. Der Autor Jeff Jarvis beschreibt in dem Bestseller *Was würde Google tun* einen Fall, bei dem der Computerhersteller Dell durch Blogbeiträge zuerst geschädigt wurde und anschließend lernte, die Bloggerszene ernst zu nehmen und daraus positive Maßnahmen für den Kundenservice abzuleiten.

Integrieren Sie also eine einfache Regel in Ihre Kundenkommunikation und informieren Sie Ihre Kunden mindestens einmal wöchentlich durch einen einfachen Statusreport. So weiß der Kunde, dass an sein Anliegen gedacht wird, und muss nicht selbst telefonisch nachhaken, wobei er möglicherweise planlos zu verschiedenen Ansprechpartnern durchgestellt wird. Sobald eine Beschwerde eingereicht wird, setzen Sie sich persönlich mit dem Kunden in Verbindung.

Ich selbst warte derzeit bereits seit mehr als zwei Monaten auf die Reaktion eines großen Autoherstellers, bei dem ich mich über eine unbegründet zurückgezogene Kulanzzusage in beachtlicher Höhe nach erfolgter Reparatur beschwert habe. Stellen Sie sich vor, welche Gefühle das vollständige Ausbleiben jeglicher Kommunikation in solchen Fällen auslöst.

Außergewöhnliche Qualität für Kunden sicherstellen

Die Leistungserbringung basiert immer auf einer zuvor getroffenen Vereinbarung mit dem Kunden. Unternehmensentwicklung beschäftigt sich damit, wie Sie die Leistungserbringung systematisieren können, um nachfolgende Ergebnisse sicherstellen zu können:

> ❯ garantierte und gleichbleibende Qualität für Ihre Kunden unabhängig von der Person, welche die Leistung für den Kunden erbringt,

> ❯ Reduzierung des Aufwandes und der Kosten für routinemäßig erbrachte Leistungen,

> ❯ kontinuierliche Qualitätsverbesserung durch regelmäßige Kontrolle der zugrunde liegenden (Fulfillment-)Prozesse.

Viele Autoren empfehlen, bei der Leistungserbringung immer noch einen Zuschlag zu bieten (mehr Leistung, als der Kunde erwartet). Dies ist nicht Teil dieses Kapitels. Eine gute Systematik liefert solche Bestandteile automatisch als natürliches Ergebnis der kontinuierlichen Verbesserung, sodass es nicht nötig ist, sich ausschließlich darauf zu konzentrieren.

Voraussetzung für eine funktionierende Systematisierung sind Routineanteile in der Leistungserbringung. Alles, was routinemäßig durchgeführt wird, lässt sich systematisieren. Enthält Ihre Leistung viele individuelle Komponenten, so können Sie hierfür gegebenenfalls nur grobe Richtlinien und Anleitungen erstellen. In diesem Fall optimieren Sie die Leistungen so, dass Sie einen möglichst großen Teil der Leistung als Routine definieren.

Die üblichen Dokumentationsformen für die Leistungserbringung sind:

> ❯ *Bei routinemäßig erbrachten Leistungen:* Prozessbeschreibungen, Verfahrensanweisungen, Checklisten, Handbücher, Workflows in Softwareprogrammen, Formulare und Abnahmeprotokolle.

> *Bei individuell zu erbringenden Leistungen, die wenig Routineelemente beinhalten:* Verwenden Sie Mustervorlagen, die vom Mitarbeiter leicht angepasst werden können. Auch Beispielunterlagen, allgemeine und unspezifische Anleitungen sowie Regeln und Standards, die allgemeine Gültigkeit besitzen, erläutern den Mitarbeitern, wie das gewünschte Ergebnis auszusehen hat. Beispielsweise kann eine Werbeagentur, die hochwertige individuelle Broschüren für Kunden textet und layoutet, für die Mitarbeiter eine Auswahl von Musterbroschüren bereitstellen. Sie dürfen nicht exakt kopiert werden, aber das Endergebnis soll von vergleichbarer Qualität sein.

Zufriedenheitsbefragungen

Zufriedenheitsbefragungen als Bestandteil des After-Sales-Prozesses sind stark in Mode gekommen, seitdem viele Bestellungen über das Internet abgewickelt werden. Kein angesehener Anbieter kann es sich heute mehr leisten, ohne automatische Bewertungssysteme Informationen von den Kunden zu erfragen und anschließend zu veröffentlichen.

Für Anbieter von Dienstleistungen stellt sich die Befragung von Kunden jedoch oftmals problematischer dar: Fragebögen werden aufgrund des hohen Aufwands selten zurückgesendet, und persönliche Befragungen scheiden oft aus, weil das Gespräch unter Umständen peinlich werden kann. Beispielsweise könnte bei einer persönlichen Befragung der Kunde Kritik an dem persönlichen oder dem geschäftlichen Verhalten des Anrufers äußern. Wenn dieser nun nicht ausreichend geschult ist, um mit solchen kritischen Situationen umzugehen, könnte er beginnen, sich für das kritisierte Verhalten zu rechtfertigen oder gar den Kunden für seine ehrliche Äußerung anklagen. Im schlimmsten Fall entsteht dann ein Streit über die gut gemeinte Äußerung des Kunden, was keinesfalls zuträglich für eine spätere Geschäftsbeziehung ist. Probieren Sie daher folgende Vorgehensweisen aus:

1. *Angepasstes Fragebogendesign:* Sofern Sie kostspieligere Dienstleistungen anbieten, entwerfen Sie einen Fragebogen, der ein Spendenan-

gebot enthält. Versprechen Sie, dass Sie für jeden ausgefüllten Fragebogen im Namen des Absenders 5 Euro an eine soziale Einrichtung spenden. Wählen Sie dazu eine möglichst neutrale Einrichtung, die nicht polarisiert. Gegebenenfalls lassen Sie den Absender zwischen drei Möglichkeiten wählen. Veröffentlichen Sie die statistischen Ergebnisse der Befragung und die Höhe der Spenden regelmäßig auf Ihrer Website. Menschen nehmen normalerweise gerne die Gelegenheit zur Wohltätigkeit wahr, wenn sie dafür selbst nichts bezahlen müssen. Ein einfaches Beispiel für einen solchen Fragebogen finden Sie im Anhang.

2. *Indirekte Befragung:* Engagieren Sie ein unabhängiges Institut oder ein Partnerunternehmen, das in Ihrem Namen die Befragung durchführt. So sind auch persönliche Gespräche möglich, ohne dass der Befragte negative Reaktionen oder gar Rechtfertigungen befürchten muss. Manche Anbieter führen diese Gespräche sehr geschickt, und Sie dürfen die positiven Kundenaussagen anschließend sogar als Referenzzitate angeben.

Der Einsatz von Referenzen

Referenzen werden in der Leistungserbringung erfragt und in der Interessentengewinnung genutzt. Zufriedene Kunden und deren positive Aussagen helfen Interessenten, sich für Ihre Leistungen zu entscheiden. Je komplexer ein Produkt oder eine Dienstleistung ist, desto ausführlicher sollten die Referenzen sein. Damit Interessenten nicht erst nach Referenzen fragen müssen, ist es sinnvoll, sie möglichst leicht zugänglich zu präsentieren. Hierzu bieten sich das Internet oder eine Firmenbroschüre an. Grundsätzlich sind Referenzen mit Namen und Bild glaubwürdiger. Häufig lassen sich zufriedene Kunden leicht gewinnen, Referenzen zu geben, und Unternehmer erhalten häufig mehr Referenzen, wenn sie selbst bereit sind, andere zu empfehlen. Schwieriger wird es, wenn man für einen großen Konzern arbeitet. Hier scheuen sich Mitarbeiter oft, eine Referenz zu erteilen, und in manchen Fällen verbietet dies sogar eine Konzernrichtlinie. Es kann jedoch kaum untersagt werden, dass man zumindest angibt, für den Konzern tätig gewesen zu sein. Trotzdem wirken auch diese Angaben glaubwürdiger, wenn zusätzlich namentliche Referenzen angegeben werden.

Gelegentlich werden Referenzen auch von Unternehmern missbraucht, um sich gegenüber unzufriedenen Kunden zu rechtfertigen. Sofern sich ein Kunde beschwert, wird ihm angeboten, die namentlichen Referenzen selbst anzurufen, um sich von deren Zufriedenheit zu überzeugen. Damit soll offensichtlich erreicht werden, dass sich der Kunde im Unrecht sieht und seine Beschwerde zurückzieht. Tatsächlich verärgert man den Kunden damit noch mehr. Der Kunde ist doch bereits unzufrieden und soll sich nun noch selbst demütigen, indem ihm andere erklären, dass bei ihnen alles in Ordnung war, während bei diesem Kunden offenbar etwas nicht stimmt. Wer als Unternehmer Referenzen nutzt, um sich davor zu drücken, eine Beschwerde ernst zu nehmen und gegebenenfalls zu regulieren, der hat weder Referenzen noch neue Kunden verdient.

Was Sie selbst tun können

> Dokumentieren Sie die wichtigsten Teilbereiche Ihrer Leistungserbringung. Nutzen Sie dafür eine standardisierte Vorlage, wie im Management-Kapitel beschrieben. Meist genügen bereits einfache Dokumentationen in Form einer Checkliste. Sie muss sicherstellen, dass kein wesentlicher Teil der Leistungserbringung vergessen wird.

> Sie können Leistungen nur systematisch verbessern, wenn Sie ein System implementieren, das Sie regelmäßig bewertet und Verbesserungen einbringt. Etablieren Sie ein solches System dauerhaft in Ihrem Unternehmen (sofern es nicht bereits existiert). Wählen Sie gegebenenfalls eines der folgenden Systeme und wenden Sie es regelmäßig an:

- Entwerfen Sie einen Fragebogen über die Zufriedenheit mit Ihrer Leistung und senden Sie ihn jedem Kunden nach Auftragsabschluss zu.

- Entwickeln Sie eine Checkliste zur Qualitätsverbesserung von bestehenden Abläufen. Prüfen Sie damit alle sechs Wochen Ihre bestehenden Prozesse und notieren Sie Verbesserungspotenziale.

- Führen Sie alle vier Wochen Meetings (Qualitätszirkel) durch, in denen die Leistungserbringung thematisiert wird. Besprechen Sie darin aktuelle Leistungsaktivitäten und protokollieren Sie die gefundenen Verbesserungspotenziale. Prüfen Sie auch, ob die Verbesserungspotenziale des letzten Meetings umgesetzt werden konnten. Entwickeln Sie für dieses Meeting eine Standardagenda und ein Standardprotokoll.

➤ Erstellen Sie eine Liste von mindestens drei Referenzkunden pro Leistungsbereich. Geben Sie bei jedem den Namen und Kontaktdetails an sowie den Bereich, für den der Kunde als Referenz gilt. Wenn möglich, fügen Sie ein Zitat des Kunden hinzu, das die Qualität Ihrer Leistung hervorhebt. Veröffentlichen Sie die Referenzen im Internet und in Kundenbroschüren.

➤ Erstellen Sie ein Formblatt oder Anschreiben, das Sie Ihren Kunden nach der Leistungserbringung übergeben. Weisen Sie darin auf die Notwendigkeit von Weiterempfehlungen für Ihr Unternehmen hin. Senden Sie das Dokument zukünftig an alle Ihre Kunden, indem Sie die Übergabe des Dokuments in die Abschlussphase Ihrer Leistungserbringung integrieren.

➤ Definieren Sie die drei wichtigsten Kennzahlen zur Leistungsbringung für Ihr Unternehmen. Sofern diese Kennzahlen durch den Kunden bewertet werden (zum Beispiel Zufriedenheitskriterien), integrieren Sie sie in den Fragebogen zur Kundenzufriedenheit. Handelt es sich dagegen um intern zu ermittelnde Kennzahlen (zum Beispiel Durchlaufzeiten, Deckungsbeiträge, interne Fehlerquoten), so beschreiben Sie, wie diese Kennzahlen zukünftig ermittelt werden sollen.

Kontrollfragen

➤ Aus welchem Grund ist es sinnlos, unzufriedene Kunden auf Referenzen zu verweisen?

➤ Welchen besonderen Stellenwert haben Aufzeichnungen von Gesprächen und Vereinbarungen in CRM-Systemen im Rahmen der Leistungserbringung?

➤ Warum ist es bei einem gut gestalteten Prozess zur Leistungserbringung nicht notwendig, sich auf die Entwicklung außergewöhnlicher Leistungen für Kunden zu konzentrieren? Welche psychologischen Gründe sprechen dafür, die regelmäßige automatische Kundenkommunikation in die Leistungserbringung zu integrieren?

➤ Sofern Sie eine hochkomplexe Dienstleistung anbieten, die in der Regel sehr individuell auf die Anforderungen des Kunden eingeht: Wie können Sie den beschriebenen Prozess nutzen, um Ihre Leistungen zu professionalisieren?

➤ Weshalb werden Referenzen und Weiterempfehlungen in den Prozess der Leistungserbringung integriert und nicht etwa in die Kundengewinnung?

Support

Optimale Unterstützung der Geschäftsprozesse

Supportprozesse sollen die Geschäftsprozesse optimal unterstützen. Bei größeren Unternehmen kann man darunter prinzipiell alles verstehen, was die Mitarbeiter bei der Ausübung ihrer Tätigkeiten unterstützt oder dafür sorgt, dass sie nicht zu sehr von der Arbeit abgelenkt werden. Weit gefasst gehören also in den Bereich Support alle Bereiche von der Firmenkantine über die Fuhrparkverwaltung bis hin zum Firmenmasseur oder der integrierten Kinderbetreuung. Wesentlich für den Support in allen Unternehmen ist jedoch die Informationstechnologie. IT ist heute aus keinem Unternehmen mehr wegzudenken und unterstützt das Unternehmen in nahezu allen Bereichen (zum Beispiel geschäftliche Korrespondenz, Telekommunikation, Informationsbeschaffung, Werbung, Buchhaltung et cetera). Aus diesem Grunde befassen wir uns in diesem Buch ausschließlich mit dem Bereich der Informationstechnologie, wenn wir über Support sprechen. Bei der Lektüre dieses Buches sollten Sie mittlerweile genügend Kenntnisse über Strukturen und Systeme gewonnen haben, dass Sie die Prinzipien gegebenenfalls auch auf andere Bereiche der Supportprozesse übertragen können.

Die IT ist in kleinen Unternehmen nicht zwingend weniger komplex als in großen, da bestimmte Technologien unabhängig von der Größe des Unternehmens bereitgestellt werden müssen. Eine gute IT-Infrastruktur unterstützt die Mitarbeiter optimal bei allen wichtigen Aufgaben, automatisiert und beschleunigt die Geschäftsabläufe, und das alles zu möglichst niedrigen Kosten. Leider ist in vielen Unternehmen das Gegenteil der Fall: Die IT-Kosten steigen ins Bodenlose, während teilweise die einfachsten Aktivitäten nicht optimal unterstützt werden. Jede Veränderung zieht einen unberechenbaren Aufwand nach sich und wirkt sich destabilisierend auf bestehende Abläufe aus. IT wird selten geplant, und die technischen Fachkräfte sind nicht allzu hilfreich, wenn es darum geht, Systeme so zu konfigurieren, dass die bestehenden Prozesse damit optimal unterstützt werden.

Kleine Unternehmen können sich oft keinen ausgebildeten Administrator leisten und müssen daher auf externe Ressourcen zurückgreifen. Hierzu werden in der Regel Wartungsverträge abgeschlossen, und die Kontrolle wird dann dem externen Dienstleister übergeben. Leider prüfen kleine Unternehmen häufig nicht, ob der Dienstleister professionell und nachvollziehbar arbeitet. Daher wird oft zu viel Geld bezahlt, es werden unnötige Dinge abgerechnet, Rechnungen sind nicht nachvollziehbar, und die Implementation neuer Technologien kann teurer sein als die Beschaffung von Hard- und Software.

Die größten Fehler hinsichtlich der Supportprozesse

1. Externe Unterstützung wird entweder gar nicht oder falsch in Anspruch genommen: Externe Dienstleister sind nicht dazu da, Probleme zu lösen. Sie sollen Ihnen bei der Lösung von Problemen Arbeit ersparen und Fachwissen zur Verfügung stellen. Das gewünschte Ziel müssen Sie selbst definieren.

2. Unordnung wird oft als Ausdruck von Kreativität und Aktivität gesehen: Unordnung im Unternehmen, der Datenverarbeitung, den Ablagen oder in der Kommunikation sorgt für Schwierigkeiten im Arbeitsablauf.

3. Der Geschäftsführer kennt die persönlichen Risiken nicht: Der Geschäftsführer kann bei Verstößen gegen Lizenzvereinbarungen und Missachtung von Gesetzen persönlich haftbar gemacht werden.

4. Routineaufgaben in der IT sind nicht systematisiert: Bei kleinen Unternehmen sind nahezu alle IT-Aufgaben Routinetätigkeiten. Ausnahmen sind lediglich die Installation neuer Software und die Neukonfiguration von Systemen (im Fehlerfall). Wer die Routinetätigkeiten nicht dokumentiert und nach Plan ausführen lässt, der macht aus seiner Unternehmens-IT ein Spielfeld für »kreative Bastler«. Dadurch wird selbst eine einfache Wartungsaufgabe zum willkürlichen Experiment des ausführenden Mitarbeiters.

5. Software wird zur Problemlösung gekauft: Anstatt zunächst zu überlegen, wie ein Problem gelöst werden muss, um dann eine Software zu kaufen, mit der sich die Lösung optimal umsetzen lässt, geht man aus Bequemlichkeit den anderen Weg. Man kauft Produkte, die eine Lösung vermuten lassen, und versucht anschließend, das Unternehmen an die gegebene Lösung anzupassen.

6. IT wird nicht strategisch eingesetzt: Um IT optimal zu nutzen, muss es eine schriftliche IT-Strategie geben, die Sicherheitsaspekte, Notfallplanung und die zukünftigen Investitionen und geplanten Entwicklungen beschreibt.

7. Fachwissen hat zu viel Gewicht: Gespräche über IT werden durch die Fachkräfte und nicht durch die Unternehmensleitung dominiert. Experten spielen sich auf, und die eigentlichen Nutzer der Produkte werden nicht ernst genommen.

8. Beratungskosten sind unangemessen hoch: IT-Dienstleister verrechnen zu hohe Stundensätze und verwechseln Zeit mit Qualifikation – zum Nachteil des Kunden.

Schaubild Supportprozesse

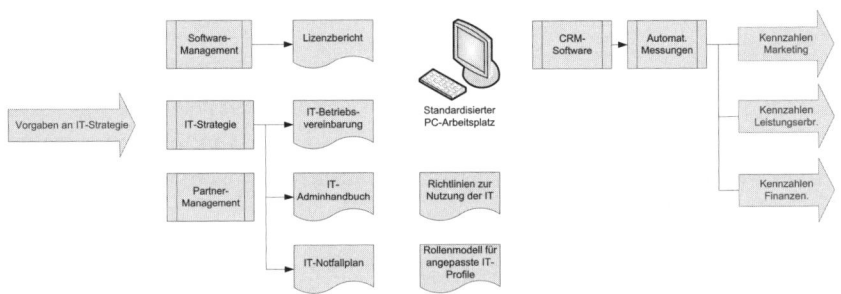

Abbildung 16: Übersichtsschaubild Supportprozesse: Unternehmens-IT

Entscheidend für eine funktionierende IT ist das richtige Selbstverständnis der IT-Abteilung beziehungsweise der IT-Verantwortlichen. Das Ziel der Unternehmens-IT ist es nicht, eine hohe technische Komplexität zu beherrschen, sondern es ist die optimale Unterstützung und Gestaltung der Geschäftsprozesse im Unternehmen. Aus diesem Grund sind die Vorgaben an die IT-Strategie immer der Ausgangspunkt für alle nachfolgenden Überlegungen und Aktivitäten. Die Vorgaben kommen aus den anderen Hauptgeschäftsprozessen und umfassen klare Anforderungen an Produkte, die Zukunftssicherheit der IT und die Automatisierung von Abläufen und Messungen. Damit die IT diese Anforderungen überhaupt erfüllen kann, müssen zumindest diejenigen, die mit ihrer Planung beauftragt sind, ein grundlegendes Verständnis von den geschäftlichen Anforderungen haben. Wenn Ihr Administrator behauptet, dass er sein Hobby EDV zum Beruf gemacht hat, dann riskieren Sie die Vernachlässigung eines enormen unternehmerischen Potenzials, weil er möglicherweise kein Verständnis von den unternehmerischen Anforderungen hat.

Die Elemente des Schaubilds werden nachfolgend beschrieben. Bitte haben Sie dafür Verständnis, wenn die Erklärungen teilweise etwas länger sind. Das Thema ist sehr wichtig für Unternehmer und muss daher in entsprechender Detailtiefe besprochen werden.

Softwaremanagement

Stellen Sie sich folgende Situation vor: Sie stellen einen neuen Mitarbeiter ein und übergeben ihm den Schlüssel für sein neues Büro. Die erste Aktivität des Mitarbeiters besteht darin, das Schloss auszutauschen und das Zimmer grundsätzlich abzuschließen. Ab diesem Zeitpunkt ist es auch nicht möglich, dass das Reinigungspersonal das Zimmer betritt. Außerdem treffen nach wenigen Tagen Briefe und Pakete ohne erkennbaren Absender ein, die an den Mitarbeiter persönlich adressiert sind und die er sofort in sein Büro bringt, ohne Ihnen etwas über ihren Inhalt oder weiteren Verbleib mitzuteilen.

Sie verfolgen das Treiben eine Weile, bis Sie den Mitarbeiter zur Rede stellen. Daraufhin erklärt er Ihnen Folgendes:

1. Sie haben nicht das Recht, seine private Post einzusehen (Postgeheimnis), und da Sie vertraglich nicht ausgeschlossen haben, dass das Zimmer auch privat genutzt werden kann, dürfen Sie es nur nach vorheriger Anmeldung betreten.

2. Der Mitarbeiter hatte in dem Zimmer einen wertvollen Gegenstand deponiert, der nun verschwunden ist. Er hat aber bereits Anzeige gegen Sie erstattet, weil Sie als Büroinhaber für die Sicherheit der Räume verantwortlich sind.

Sie drohen Maßnahmen an, doch er lässt Sie wissen, dass Sie dann mit längeren Verfahren rechnen müssen, in denen die oben genannten Themen angeführt werden und er Sie verklagen wird, falls sich herausstellt, dass Sie seine Privatsphäre oder das Postgeheimnis verletzt haben sollten.

Sie kündigen trotzdem. Nach einigen Tagen steht die Polizei vor der Tür und teilt Ihnen mit, dass über Ihr Unternehmen illegale Aktivitäten erfolgt sind und Ihr Büro durchsucht werden muss. Die Pakete hat der Mitarbeiter zwischenzeitlich abgeholt, trotzdem kann zumindest nachgewiesen werden, dass Pakete mit fraglichem Inhalt in Ihrer Firma gelagert wurden. Es wird daher zunächst Anklage gegen Ihr Unternehmen erhoben, und Ihnen als Geschäftsführer drohen nun Konsequenzen. Mittlerweile haben Sie auch schon Post vom Anwalt des gekündigten Mitarbeiters erhalten. Wie fühlen Sie sich jetzt?

Natürlich spielt sich eine solche Situation selten real in Firmen ab. Tatsächlich ist es aber bei einem sehr hohen Prozentsatz der Unternehmen so, dass die beschriebene Situation in der IT sozusagen virtuell stattfindet: Mitarbeitern wird selten untersagt, den PC auch privat zu nutzen. Daher können sie nach Änderung des Passworts ihre Zugriffsrechte zunächst so verändern, dass außer ihnen niemand mehr Zugriff auf die Daten hat. Häufig werden dann mittels E-Mail oder Download Dateien eingeschleust, die nicht auf das System gehören oder möglicherweise sogar illegal sind. Auch ist es in vielen Firmen möglich, Programme zu installieren, die illegale Aktivitäten unterstützen (zum Beispiel Filesharing-Programme, Passwortknacker et cetera) oder Lizenzcodes der Firma für private Installationen zu nutzen oder (per Internet oder E-Mail) an Freunde weiterzugeben. In allen Fällen kann ein Organisationsverschulden vorliegen, wenn weder organisatorische noch technische Richtlinien den Missbrauch der Systeme verhindern. Letztendlich haftet der Geschäftsführer und kann für Fehltritte der Mitarbeiter sogar belangt werden.

Wird mittels einer externen Lizenzprüfung – diese kann aufgrund von Vertragsbestimmungen der Hersteller teilweise ohne Ankündigung erfolgen – oder auch aufgrund einer anonymen Anzeige durch enttäuschte Mitarbeiter oder neidische Wettbewerber festgestellt, dass keine Prozesse und Kontrollmechanismen zum Softwaremanagement vorliegen, dann hat dies oft fatale Auswirkungen und kostet mindestens Geld.

Auch in E-Mail-Postfächer dürfen Sie nicht einfach hineinschauen (zum Beispiel bei Krankheit des Mitarbeiters), denn dann verletzen Sie das Postgeheimnis. Der erste Schritt zur Absicherung besteht also darin, die private Nutzung schriftlich auszuschließen und sich dies von den Mitarbeitern per Unterschrift bestätigen zu lassen.

Anschließend sollten Sie sich um die Dokumentation eines Softwaremanagementprozesses bemühen. In den meisten Unternehmen werden Softwarelizenzen nicht richtig verwaltet. Dadurch entstehen hohe Kosten durch Überlizenzierung, und im Falle einer externen Prüfung besteht die Gefahr, dass hohe Strafen auf das Unternehmen und den Geschäftsführer zukommen. Der reine Nachweis gekaufter Lizenzen reicht in den wenigsten Fällen aus, um sich vor diesen Gefahren zu schützen. Es ist außerdem sicherzustellen, dass Mitarbeiter keinen Missbrauch betreiben und dass die Organisation selbst regelmäßig Maßnahmen ergreift, um Softwarelizenzen rechtlich einwandfrei zu nutzen.

Software ist das geistige Eigentum der Person oder Firma, die sie geschaffen hat. Geistiges Eigentum wird durch das Urheberrecht gesetzlich geschützt. Für den legalen Einsatz von Software ist die Erteilung eines Nutzungsrechtes durch den Urheber notwendig. Dies erfolgt in Form einer Lizenz. Für jedes Programm, das eingesetzt wird, benötigt man eine Lizenz. Durch eine Softwarelizenz erhält man also das Recht, ein Programm unter den Bedingungen des jeweiligen Lizenzvertrags einzusetzen.

Im Zusammenhang mit Software führt der Begriff »kaufen« oft zu Missverständnissen. Man kann zwar das Eigentum an dem Datenträger erwerben, jedoch nicht an der geistigen Schöpfung »Software«. Um diese einzusetzen, benötigt man eine Lizenz, also ein Nutzungsrecht, das je nach Ausgestaltung befristet oder unbefristet erteilt werden kann.

Softwarelizenzen stellen in Unternehmen oft einen erheblichen Vermögenswert dar. Daher liegen effektiver Einsatz und effiziente Planung der Software im Interesse jedes Unternehmens. Eine Studie zum Thema »Lizenzmanagement in deutschen Unternehmen« der KPMG belegt jedoch, dass nur wenige Unternehmen die organisatorischen Voraussetzungen geschaffen haben, um Softwaremanagement effektiv und effizient zu betreiben.

Softwaremanagement ist ein sehr komplexes Unterfangen. Zum einen sind die rechtlichen Rahmenbedingungen in Bezug auf korrekte Lizenzierung dringend einzuhalten, andererseits hat jeder Hersteller von Software eigene Vertragsbedingungen, die den Einsatz regeln. Daher kann die Verwaltung von Lizenznachweisen keinesfalls einheitlich betrachtet werden. Die folgenden Vorgehensweisen zur Bereitstellung des Lizenznachweises werden typischerweise benutzt:

➤ Bereitstellung des Nachweises innerhalb eines herstellerspezifischen Internetportals, in dem alle gekauften Lizenzen (sofern namentlich bestellt) aufgezeigt werden (zum Beispiel Microsoft-Lizenzprogramme für Unternehmen).

➤ Bereitstellung eines Lizenzschlüssels in Form eines Zertifikats oder einer E-Mail. Der Besitz des Schlüssels ist gleichzeitig der Nachweis der Lizenz.

➤ Bereitstellung des Originaldatenträgers, der gleichzeitig der Lizenznachweis ist.

➤ Die Originalrechnung dient als Lizenznachweis.

Lieferscheine werden in der Regel nicht als Nachweis anerkannt, Rechnungen normalerweise nur in ausdrücklich erlaubten Ausnahmefällen beziehungsweise wenn der Softwarehersteller prinzipiell so verfährt (schließlich ist es möglich, die Originalrechnung aufzubewahren und die Lizenzen/Datenträger weiterzuverkaufen). Lizenzen werden meist auf den Käufer ausgestellt und dürfen von diesem nur mit Zustimmung des Lizenzgebers übertragen werden. Ein Austausch von Lizenzen zwischen verschiedenen Unternehmen ist also nur möglich, wenn vorher geprüft wurde, ob dies in den Vertragsbedingungen des Softwareherstellers vorgesehen wurde.

Neben den Lizenznachweisen spielen die Vertragsbedingungen eine wichtige Rolle. Nicht jede Software muss lizenziert werden, jedoch gibt es häufig besondere Einschränkungen zum Beispiel für Schulen, Behörden, Wirtschaftsunternehmen für die Nutzung oder Weitergabe der Lizenzen. Oft wird von IT-Administratoren fälschlicherweise davon ausgegangen, dass Shareware ohne Weiteres eingesetzt werden darf oder die Quellcodes von Open-Source-Produkten einfach verändert und weitergegeben werden dürfen.

Der Einsatz von Software birgt für ein Unternehmen vor allem zwei Risiken. Zum einen sind dies hohe Kosten durch Überlizenzierung oder nicht genutzte Software. Häufig wird Software gekauft, die nicht genutzt wird oder für die bereits Lizenzen existieren. Hierdurch entstehen vermeidbare Mehrkosten. Schätzungen gehen davon aus, dass 15 bis 20 Prozent der in Unternehmen vorhandenen Lizenzen nicht genutzt werden.

Ein zweites Risiko sind rechtliche Schritte und Strafgebühren aufgrund des unrechtmäßigen Einsatzes von Software. Die Hersteller von Software dürfen bereits beim begründeten Verdacht, dass ihre Software unrechtmäßig genutzt wird, eine externe Lizenzprüfung durchführen. Deshalb gehen immer mehr Hersteller dazu über, in ihre Verträge entsprechende Klauseln einzubauen, die eine externe Überprüfung jederzeit ermöglichen. In der Regel wird ein vom Softwarehersteller beauftragtes Unternehmen die Prüfung durchführen. Dazu werden Wirtschaftsprüfungsunternehmen, aber auch unabhängige Organisationen (zum Beispiel BSA – Business Software Alliance) eingesetzt. Die Prüfung selbst findet im Rahmen eines Audits statt, in dem das Unternehmen nachweisen muss, dass es eine rechtmäßig durchgeführte Softwarelizenzierung sicherstellt. Meist findet durch die prüfende Instanz keine Zählung und Auswertung statt. Normalerweise werden die folgenden Nachweise gefordert:

> Prozesse und Dokumentationen, die sicherstellen, dass Software als betriebswirtschaftliches Gut behandelt wird.

> Prozesse und Dokumentationen, die sicherstellen, dass Softwarelizenzen verwaltet werden.

> Die Lizenzen selbst müssen nachgewiesen werden. Daher ist es sinnvoll, entweder die Lizenz oder zumindest einen Verweis auf ihren Aufbewahrungort (siehe Lizenzreport) an zentraler Stelle aufzubewahren.

> Der Nachweis, dass regelmäßige interne Kontrollen stattfinden und aus den Ergebnissen Konsequenzen gezogen werden (zum Beispiel Deinstallation von Software, Upgrades, Zukauf von Lizenzen).

> Der Nachweis, dass organisatorische Regelungen (zum Beispiel Information der Benutzer, Vorschriften und Kontrolle der Einhaltung) bestehen, die den korrekten Einsatz der Software sicherstellen (siehe Betriebsvereinbarung).

Neben den Herstellern ist auch die Staatsanwaltschaft berechtigt, Prüfungen durchzuführen, wenn ein begründeter Verdacht vorliegt. Hierzu gehören beispielsweise Informationen durch (ehemalige oder verärgerte) Mitarbeiter, die Lizenzverstöße melden.

In allen Fällen sind die Konsequenzen für die Organisation ausgesprochen negativ. Nach erfolgter Schätzung der neu zu lizenzierenden Produkte und den entsprechenden finanziellen Aufwänden werden häufig Strafgebühren und Schadensersatzforderung geltend gemacht. Da eine Organisation auch für die Handlungen der Mitarbeiter verantwortlich ist, können auch Vergehen bestraft werden, die ohne ihr Wissen durch Mitarbeiter begangen werden (zum Beispiel Betreiben illegaler Tauschbörsen). Nur entsprechende organisatorische Regelungen und (nachweisliches) Informieren der Mitarbeiter können hier vor negativen Folgen für das Unternehmen und die Geschäftsführung schützen.

Sorgen Sie also unbedingt dafür, dass Sie im Zweifelsball eine Beschreibung vorlegen können, die regelt, wie Sie den rechtlich einwandfreien Umgang mit Software im Betrieb sicherstellen. Regelmäßige protokollierte Prüfungen sind der Nachweis, dass Ihr Unternehmen hinsichtlich Softwarelizenzen sauber aufgestellt ist.

Der Lizenzbericht ist das Ergebnis einer regelmäßigen Kontrolle der eingesetzten Lizenzen. In kleinen Unternehmen genügt hierzu eine einfache Tabelle, welche die installierten mit den tatsächlich erworbenen und vorhandenen Lizenzen vergleicht. In großen Unternehmen ist es sinnvoll, entsprechende Programme einzusetzen, die solche Berichte weitgehend automatisiert erstellen können. Sofern Unterlizenzierungen festgestellt werden, muss der Bericht Maßnahmen aufzeigen, mit denen die Lizenzverletzung behoben wird. Im nächsten Bericht ist dann zusätzlich zu prüfen, ob die Maßnahmen erfolgt sind.

Lassen Sie die Berichte durch Ihren IT-Administrator anfertigen und unterschreiben und heben Sie sie anschließend mindestens fünf Jahre lang auf.

IT-Strategie

Die IT-Strategie ist ein Gesamtdokument, das die mittelfristige Planung Ihrer Unternehmens-IT beschreibt. Sie sollte mindestens die folgenden strategischen Entscheidungen beinhalten und begründen:

> Die Entscheidung für die Softwareplattform: Verwenden Sie kommerzielle Produkte wie Windows oder Open-Source-Betriebssysteme wie Linux.

> Die zwingenden IT-Standards: Je besser Ihre Unternehmens-IT standardisiert ist, desto weniger Kosten entstehen in der Regel. Standardisieren Sie daher möglichst viele Produkte. Achten Sie neben der allgemeinen Hard- und Software auch auf mobile Geräte, da diese immer wichtiger für die Unternehmens-IT werden, aber auch immer mehr Kosten, Sicherheitslücken und Gefahren aufweisen können.

IT-Betriebsvereinbarung

Bei der IT-Betriebsvereinbarung handelt es sich um ein Dokument, das für Ihre Mitarbeiter detailliert beschreibt, wie die IT genutzt werden soll. Je nach Bedarf kann dieses Dokument sehr umfangreich werden. Es ist nicht einfach, in diesem Bereich Empfehlungen auszusprechen, weil einige IT-Administratoren oder Mitarbeitervertreter hier sehr starke Überzeugungen vertreten. Aus unternehmerischer Sicht sind die folgenden Regeln jedoch meist von großem Nutzen:

> Verbieten Sie kategorisch jegliche Privatnutzung der Unternehmens-IT. Behalten Sie sich unangekündigte Kontrollen vor. Ob die Kontrollen durchgeführt werden, bleibt Ihnen überlassen. Jedoch ist eine explizite oder stillschweigend erlaubte Privatnutzung mit sehr hohen Risiken verbunden, weshalb Sie hier nach Möglichkeit keine Kompromisse eingehen sollten.

> Verbieten Sie jegliche eigenständige Installation von Software auf den Unternehmens-PCs und untersagen Sie, dass Unternehmenssoftware auf privaten Rechnern installiert wird. Auch hier tragen Sie ein enormes Risiko, wenn Sie den Mitarbeitern gestatten, eigenständig Software zu installieren. Neben lizenzrechtlichen Problemen riskieren Sie Einschränkungen der Sicherheit.

> Verbieten Sie, dass Unternehmensdaten ohne geschäftlichen Grund kopiert, verschickt oder verbreitet werden. Weisen Sie darauf hin, dass beim Verlassen des Unternehmens sämtliche Daten, Geräte und Zugangsdaten unaufgefordert zurückzugeben sind.

Heutige IT-Systeme sind so komplex und in nahezu alle Unternehmensbereiche integriert, dass das Risiko rechtlicher Probleme immer stärker ansteigt. Unternehmer, die sich dagegen nicht ausreichend absichern, laufen Gefahr, dass es im Ernstfall dafür zu spät ist.

IT-Admin-Handbuch

Ein gutes IT-Admin-Handbuch werden Sie lieben. Es beinhaltet alle wichtigen Aktivitäten in Form von Checklisten, die zur Wartung Ihrer EDV-Anlage regelmäßig durchgeführt werden müssen. Wenn Sie über entsprechende Checklisten verfügen, können Sie die Kosten für die Wartung deutlich reduzieren. Geben Sie die Checklisten einfach den entsprechenden Mitarbeitern, damit sie sie abarbeiten. Mir ist es im Falle eines

Unternehmens mit zwölf Arbeitsplätzen einmal gelungen, innerhalb von vier Stunden einem Biologiestudenten die gesamte Routinewartung der IT zu übertragen.

Oft nutzen nicht einmal routinierte IT-Berater solche Checklisten. Doch eine einfache Checkliste kann zum Beispiel alle Routineaufgaben zur Wartung eines PC-Arbeitsplatzes beschreiben. Hierzu gehören:

> regelmäßige Sichtkontrolle des Gehäuses und der Kabelverbindungen,

> Kontrolle der Ereignisprotokolle,

> Löschen nicht benötigter Dateien oder Programme und Installation notwendiger Updates, Defragmentierung der Festplatte,

> Routinetests für das Netzwerk: Speichern einer Datei über das Netzwerk, Drucken,

> Aktualisierung des Virenscanners, Virenscan und Datensicherung.

IT-Notfallplan

Ein IT-Notfallplan für kleine Unternehmen sollte beschreiben, was im Falle einer Beschädigung oder eines Verlusts von IT-Systemen zu tun ist. Es handelt sich um einfache Anweisungen, die aber im Ernstfall von großer Bedeutung sind:

1. Zuerst ist zu schildern, was zu tun ist, um eventuelle Anforderungen von Versicherern zu erfüllen. Es ist sehr ärgerlich, wenn ein Schaden nicht reguliert werden kann, weil man versäumt hat, seine Pflichten zu erfüllen.

2. Als Nächstes ist festzustellen, ob weitere Beweise zu sammeln sind oder ob gegebenenfalls die Polizei zu verständigen ist. Dies ist insbesondere bei Diebstahl der Fall.

3. Nun sollten die wichtigsten Schritte zur Datenrettung und Wiederherstellung beschrieben sein. Welche Daten sind zu prüfen, und wo befinden sich die Sicherungskopien?

4. Der Notfallplan beinhaltet eine Liste mit Ansprechpartnern und – soweit vorhanden – Vertragsnummern, damit möglichst schnell Ersatzteile beschafft oder Reparaturen beauftragt werden können.

5. Schließlich sollte der Plan aufzeigen, welche Mitarbeiter möglicherweise beurlaubt werden müssen. Dauern Ausfälle mehrere Tage, so können manche Mitarbeiter nicht beschäftigt werden. In diesem Falle sind sie besser zu beurlauben und die betroffenen Kunden zu verständigen.

6. Sofern ein Ausfall auch das Bürogebäude beschädigt hat, sollte vorher klar sein, ob es Möglichkeiten gibt, in ein anderes Büro auszuweichen. In diesem Fall ist neben der IT-Anlage auch die Telefonanlage von einem Umzug betroffen.

Partnermanagement

Jedes Unternehmen, das eine eigene IT betreibt, ist im Laufe der Zeit irgendwann darauf angewiesen, externe Unterstützung in Anspruch zu nehmen. Dabei ist auffällig, dass die Erfahrungen mit den externen Dienstleistern sehr unterschiedlich sind und dass es in den meisten Fällen keinen direkten Bezug zwischen der gebotenen Leistung und den abgerechneten Preisen gibt.

Ein Unternehmer berichtete mir kürzlich, dass er aufgrund einer Störung bei der E-Mail-Übertragung einen PC-Händler vor Ort mit der Schadensanalyse beauftragt hatte. Da der Chef die Aufgabe selbst übernommen hatte, berechnete er die Anfahrt mit 50 Euro und für jede angefangene Stunde 120 Euro. Anstatt zunächst systematisch die Leitungen zu testen, begann der Händler damit, die PCs zu untersuchen. Schließlich konzentrierte er sich nach circa fünf Stunden auf das Netzwerk, um dann festzustellen, dass der Fehler offenbar an der DSL-Leitung lag. Ein Anruf bei der Deutschen Telekom bestätigte den Ausfall der Leitung. Sie behob den Fehler kostenlos, doch dem Unternehmer wurden insgesamt fast 1.000 Euro in Rechnung gestellt. Da er sich auf die Berechnung nach Aufwand eingelassen hatte, gab es für ihn nur wenig Spielraum für weitere Verhandlungen, sodass er die Rechnung letztendlich bezahlt hat.

Das geschilderte Beispiel ist typisch für den Umgang mit IT-Dienstleistern. In den wenigsten Fällen verfügen normale IT-Dienstleister über angemessene Preislisten, bei denen zum Beispiel nach Kategorien oder Festpreisen abgerechnet wird. Stattdessen werden Stundensätze aufgerufen, die sich meist an der Ausbildung des Mitarbeiters orientieren. So kostet ein Spezialist für PCs beispielsweise 75 Euro pro Stunde, während für einen Netzwerkspezialisten 120 Euro aufgerufen werden. Für den Auftraggeber sind solche Preise reines Roulettespiel, denn möglicherweise kann der PC-Spezialist ein Problem in kürzerer Zeit lösen als der Netzwerkspezialist.

Ein weiteres Problem für Unternehmer sind Wartungsverträge, die häufig nur sehr ungenaue Leistungen beschreiben, bei denen jedoch monatlich feste Kosten anfallen. Für den Anbieter sind solche Verträge attraktiv, bescheren sie ihm doch regelmäßige Einnahmen.

Sollten Sie selbst ein IT-Dienstleistungsunternehmen betreiben, so könnten Sie Ihre Leistungserbringung dadurch optimieren, dass Sie Ihren Kunden eine sogenannte Fairpreis-Garantie anbieten. Dabei übernehmen Sie die komplette Betreuung der Unternehmens-IT und garantieren den Kunden faire Preise für alle Leistungen. Dies könnte zum Beispiel so aussehen:

> Sie verkaufen dem Unternehmen möglichst standardisierte Systeme eines renommierten Herstellers. Dabei kommen ausschließlich Businesssysteme zum Einsatz, da diese in der Regel deutlich belastbarer sind und fast immer mit sehr günstigen Wartungsverträgen durch den Hersteller angeboten werden. Solche Wartungsverträge sind in der Leistung durch lokale Anbieter fast nicht zu übertreffen. Meist werden für den Gegenwert eines Stundensatzes bis zu drei Jahre Vor-Ort-Support angeboten, wobei Reaktionszeiten von maximal 48 Stunden üblich sind. Sollte ein System auch nur ein einziges Mal ausfallen, hat sich die Investition bereits mehrfach gelohnt. Außerdem steht dem Kunden gleichzeitig eine kostenlose telefonische Hotline des Herstellers zur Verfügung.

> Achten Sie darauf, dass Ihre Preise mit anderen Anbietern vergleichbar sind. Kunden vergleichen Preise im Internet und ärgern sich – auch wenn sie Ihnen das nicht mitteilen –, wenn sie dabei das Gefühl haben,

von Ihnen übervorteilt zu werden. Dies ist eine immer wieder beobachtete Tatsache, und es nützt Ihnen nichts, davor die Augen zu verschließen. Sie riskieren, dass sich der Kunde von Ihnen abwendet, ohne Ihnen die Gründe mitzuteilen.

> Dienstleistungen rechnen Sie entweder nach marktgerechten Festpreisen ab, oder Sie verwenden Leistungskategorien. Beauftragt ein Kunde bei einem Telefonanbieter beispielsweise die Einrichtung eines DSL-Routers mit WLAN, dann kann diese Leistung derzeit für 50 Euro inklusive Anschlusskonfiguration beim Telefonanbieter beauftragt werden. Es ist daher für einen Kunden nicht einsehbar, wenn er bei Ihnen bereits 50 Euro für die Anfahrt bezahlt und Sie anschließend zwei Stunden zu je 100 Euro abrechnen.

> Sofern Sie nach Stundensätzen abrechnen, verwenden Sie Leistungskategorien und lassen Sie den Kunden nicht für die Ausbildung der Mitarbeiter zahlen. Kategorien könnten sein:

- Kategorie 1: Einfache Servicedienstleistungen wie Tonertausch, Verkabelung prüfen, Routinewartung von PCs (Virencheck, Defragmentieren von Festplatten, überflüssige Programme deinstallieren) – zum Beispiel 25 Euro

- Kategorie 2: Standardservice, also Installation von Programmen wie Office, Backup prüfen, PCs ans Netz anschließen – zum Beispiel 35 Euro

- Kategorie 3: Windows-7-Installationen nach Vorgabe, Problembehebung an PC-Arbeitsplätzen, Einbinden komplexer Treiber, DSL-Installation, Einrichten eines W-LANs mit DSL, Websiteadministration – zum Beispiel 60 Euro

- Kategorie 4: Firewallsysteme einrichten, Datensicherung einrichten, Dokumentation von Prozessen, Sicherheitseinrichtung, Benutzereinrichtung im AD – zum Beispiel 95 Euro

- Kategorie 5: komplexe Serverinstallation oder Fehlersuche, Installation von Datenbank- und Kommunikationsservern, Active-Directory-Installation und -Planung, Prozessgestaltung, Programmierung von Applikationen – zum Beispiel 130 Euro

Als Gegenleistung für eine solche Fairpreis-Garantie verpflichtet sich Ihr Kunde langfristig dazu, alle Systeme und Dienstleistungen bevorzugt bei Ihnen einzukaufen und zumindest ein Angebot von Ihnen einzufordern. Durch eine enge Kundenbindung und ein faires Miteinander können Sie deutlich mehr Kunden gewinnen und dauerhaft besser kalkulieren. Wenn Sie aufgrund ungünstiger Organisation, fehlender Qualifikation oder anderer Gründe keine fairen marktgerechten Preise anbieten können, suchen Sie sich ein anderes Betätigungsfeld.

Als Kunde eines IT-Dienstleisters besprechen Sie mit ihm die Möglichkeit, ähnliche Konditionen anzubieten, und achten Sie darauf, dass der Dienstleister mit nachvollziehbaren Methoden arbeitet. Lassen Sie sich bei Routinetätigkeiten Checklisten vorlegen, welche die professionelle Bearbeitung und Dokumentation ermöglichen. Verfügt Ihr Unternehmen selbst über solche Checklisten (IT-Adminhandbuch), können Sie auch eigene Mitarbeiter zu niedrigen Stundensätzen für Tätigkeiten der Kategorien 1 bis 2 einsetzen.

Verstehen Sie die oben vorgestellten Ideen als Vorschläge, um Ihre IT-Betreuung zu optimieren. Gute Dienstleistungen und perfekte Betreuung sind selten günstig. Nutzen Sie die oben vorgestellten Ideen jedoch, um die Routineaufgaben wirksamer und kostengünstiger erledigen zu lassen.

Standardisierter PC-Arbeitsplatz

Definieren Sie für Ihre PC-Arbeitsplätze möglichst einheitliche Standards. Je individueller Ihre Systeme sind, desto höher sind die anfallenden Kosten. Standardisierung ist daher vor allem bei großen Unternehmen eins der wichtigsten Anliegen, um IT-Kosten zu sparen. Ihre Standardisierung sollte die folgenden Grundregeln berücksichtigen:

> Setzen Sie möglichst wenige unterschiedliche Hardwareplattformen ein. Konzentrieren Sie sich auf einen oder maximal zwei Hersteller und kaufen Sie möglichst gleiche Gerätetypen ein. Das reduziert die Kosten im Einkauf und ermöglicht, dass im Notfall auch einmal ein Mitarbeiter ein anderes System benutzen kann.

> Setzen Sie möglichst wenige Softwareprodukte ein. Verwenden Sie unternehmensweit nur eine Office-Software und ein Client-Betriebssystem. Je mehr Produkte Sie einsetzen, desto höher ist der Support- und Schulungsaufwand.

> Definieren Sie für alle Systeme eine Grundinstallation und Routineaufgaben im IT-Admin-Handbuch, so halten Sie Ihre IT-Umgebung dauerhaft funktionsfähig.

> Achten Sie auch bei Peripheriegeräten wie Druckern, Netzwerkkomponenten und Mobiltelefonen auf Einheitlichkeit. Je komplexer die Umgebung wird, desto schwieriger ist die Verwaltung und desto anfälliger Ihre IT.

> Vereinheitlichen Sie das Aussehen Ihrer Desktops. Ein firmeneinheitliches Hintergrundbild, der gleiche Aufbau der Programmgruppen und gut durchdachte Rechtebeschränkungen erleichtern die Arbeit, schützen vor versehentlichen Fehleinstellungen und wirken professioneller auf Mitarbeiter und Kunden.

> Sofern Sie komplexe Programmanpassungen vornehmen, achten Sie auf klare Dokumentationsrichtlinien und eine möglichst modulare Programmierung. Programme, die wichtige Systemeinstellungen in den Quellcode integrieren, sind bei späteren Umstellungen möglicherweise nicht mehr funktionsfähig und verursachen hohe Anpassungskosten.

Richtlinien zur Nutzung der IT

Die Richtlinien zur Nutzung der IT verpflichten alle Benutzer zum sachgemäßen Umgang mit der IT-Umgebung. Die Richtlinien sind ein Schutz für das Unternehmen, die Geschäftsführung und letztendlich auch für den Benutzer. Alle Mitarbeiter müssen diese Richtlinien zur Kenntnis nehmen und unterschreiben. Sie sind eine Kurzfassung der IT-Betriebsvereinbarung und beinhalten nur die wichtigsten Regeln.

Rollenmodell für angepasste Profile

Je nach Mitarbeiterrolle sollten Sie das Aussehen Ihrer Desktops und die Dateiberechtigungen anpassen. Dokumente und Software, die nur für die Geschäftsführung oder Personalleitung gedacht sind, sollten auch nur für diese sichtbar sein. Sofern Ihre CRM-Software rollenbasierte Einstellungen anbietet, erleichtert die Nutzung den Mitarbeitern die Arbeit enorm, da jeder Mitarbeiter nur genau die Dinge im Zugriff hat, die er für seine Tätigkeit auch benötigt.

CRM-Software

Um den Umgang mit Kunden und die damit verbundenen Abläufe möglichst wirksam zu unterstützen, benötigen heutige Unternehmen ein CRM-System. Gute CRM-Systeme erleichtern die Adress- und Terminverwaltung, ermöglichen es, Kampagnen zur Interessentengewinnung zu steuern und auszuwerten, und bieten rollenbasierte Benutzeroberflächen, sodass die Mitarbeiter optimal bei ihrer Arbeit unterstützt werden. Aus diesem Grunde ist die CRM-Software nicht nur Bestandteil des Supportprozesses, sondern auch der Leistungserbringung. Eine richtig angepasste CRM-Lösung unterstützt das Unternehmen in allen wesentlichen Geschäftsprozessen und verbessert die Kommunikation zwischen den Mitarbeitern und zum Kunden.

Automatisierte Messungen

Mithilfe der Informationstechnologie lassen sich Kennzahlen ermitteln, die direkt zur Steuerung des Unternehmens herangezogen werden können. Im Kapitel über diese Indikatoren erfahren Sie, welche davon im Allgemeinen besonders gut zur Steuerung des Unternehmens geeignet sind.

Die Unternehmens-IT sollte diese Zahlen nach Möglichkeit automatisch ermitteln. So können Sie beispielsweise in Ihrer CRM-Software die Herkunft jedes Kontaktes automatisch beim Anlegen des Adressdatensatzes erfragen. Auf diese Weise kann die Software dann sofort auswerten, welche Aktivität der Interessentengewinnung die meisten Kontakte erbracht hat.

In Echtzeit durchgeführte Messungen von Indikatoren ermöglichen es dem Unternehmer, sofort den Status der wichtigsten Ereignisse im Betrieb zu erfassen, und helfen dabei, fundierte Entscheidungen zu treffen.

Kennzahlen Marketing

Marketingkennzahlen helfen dabei, die Interessentengewinnung optimal zu steuern. Da hier die Gefahr besteht, dass sehr viel Geld für unwirksame Aktivitäten verwendet wird, sind diese Kennzahlen von großer Bedeutung. Je schneller die Zahlen vorliegen, desto besser sind Ihre Entscheidungen.

Kennzahlen Leistungserbringung

Die Leistungserbringung wirkt sich direkt auf die Kundenzufrieden-heit und den Gewinn aus. Aus diesem Grunde müssen diese Kennzahlen schnell zur Verfügung stehen.

Kennzahlen Finanzen

Deckungsbeiträge, laufende Kosten, offene Rechnungen oder Auftragsvo-lumina bei Lieferanten sind wichtige Kennzahlen, die dem Unternehmer helfen, Entscheidungen zu treffen oder laufende Verhandlungen zu führen. Sofern diese Zahlen immer erst (verzögert) auf explizite Anforderung vom Steuerberater geliefert werden, hat das Unternehmen hierdurch Nachteile gegenüber Wettbewerbern, denen diese Zahlen auf Knopfdruck zur Verfü-gung stehen.

Was Sie selbst tun können

> Unternehmens-IT ist ein komplexes Sachgebiet, das neben technischen auch organisatorische und rechtliche Rahmenbedingungen berücksichtigen muss. Während manche Geschäftsführer bereits bei einfachen Dingen überfordert sind, übernehmen in anderen Geschäftsbereichen die Techniker die Kontrolle. Sofern die Technik nicht Ihr Metier ist, achten Sie darauf, dass Sie zumindest in den anderen Bereichen mitreden können. Lesen Sie daher dieses Kapitel mehrfach durch, notieren Sie sich gegebenenfalls Anmerkungen und überlegen Sie, welche Aspekte für Ihr Unternehmen derzeit am wichtigsten sind.

> IT-Kosten lassen sich durch Standardisierung sparen. Standardisierung ist in letzter Konsequenz eine langfristige Strategie, die voraussetzt, dass die Regeln eingehalten und Entscheidungen zentral getroffen werden. Wenn Sie jedem Mitarbeiter oder jeder Abteilung eigene Standards zugestehen, wird die IT schnell unübersichtlich und komplex. Überlegen Sie, wie Sie zukünftig einheitliche Standards sicherstellen.

> Besprechen Sie dieses Kapitel mit Ihren IT-Mitarbeitern und Ihren Dienstleistern. Bitten Sie alle Beteiligten, Stellung zu den hier angesprochenen Themen zu nehmen. Sorgen Sie dafür, dass ein Plan erstellt wird, der die hier beschriebenen Elemente in Ihrer IT-Strategie berücksichtigt.

> Sichern Sie sich gegenüber Haftungsrisiken und Lizenzverstößen ab, indem Sie eine Betriebsvereinbarung aufsetzen und sie von allen Mitarbeitern unterzeichnen lassen. Sorgen Sie für regelmäßige Lizenzkontrollen. Unter *www.business-scan.info* finden Sie weitere Hinweise zur Systematisierung Ihrer IT.

Kontrollfragen

> Was ist der Vorteil einer möglichst strengen Standardisierung in der IT?

> Welche Aufgabe hat das Partnermanagement?

> Wieso sollten Sie eine IT-Betriebsvereinbarung erstellen und die private Nutzung der IT untersagen?

> Welche Risiken bestehen für ein Unternehmen, wenn es keinen Softwaremanagementprozess gibt?

> Warum könnte die oben beschriebene Fairpreis-Garantie auch für den IT-Dienstleister von Vorteil sein?

> Aus welchem Grunde ist eine CRM-Software von hoher Bedeutung für Ihr Unternehmen?

Finanzen

Finanzielle Stärke und Überlebensfähigkeit

Damit Ihr Unternehmen dauerhaft leistungsfähig ist, wird Geld benötigt. Das Unternehmen muss Geld verdienen beziehungsweise jederzeit über flüssige Mittel verfügen, um das operative Geschäft weiter betreiben zu können. Daher ist es von außerordentlicher Wichtigkeit, dass der Unternehmer über Systeme verfügt, die ihn jederzeit über den Geldfluss im Unternehmen, den derzeitigen Finanzstatus und über absehbare zukünftige Entwicklungen informieren. Das Thema Finanzen kann beliebig komplex werden und viele verschiedene Systeme in Ihrem Unternehmen benötigen. Ein großer Vorteil dabei ist, dass durch die gesetzlichen Vorgaben fast jedes Unternehmen bereits über grundlegende Systeme verfügt, die oft durch externe Dienstleister (Steuerberater, Buchhaltungsservice) und entsprechende Software unterstützt werden. Dieses Kapitel gibt Ihnen einen zusammenfassenden Überblick über die notwendigen Systeme. Für eine vollständige strategische Planung müssen Sie eine umfassende Finanzplanung erstellen, die sich mit dem Businessplan deckt.

Die größten Fehler hinsichtlich Finanzen

1. Es wird keine Finanzplanung betrieben: Wenn die Planungsgrundlage für die Finanzen fehlt, kann das Unternehmen nicht gut gesteuert werden. Entscheidungen werden ad hoc getroffen, und meist fehlt die Grundlage dafür.

2. Finanzberichte werden nicht gelesen: Viele Unternehmer sind zu bequem, sich mit Finanzen zu beschäftigen. In einigen Fällen fehlt dem Unternehmer das Wissen, das notwendig ist, um Berichte überhaupt zu verstehen.

3. Die finanzielle Stärke wird nicht ausgebaut: Viele Unternehmen sind bereits nach zwei Monaten ohne Umsatz bankrott. Der Unternehmer versäumt es, Strategien zu entwickeln, um die finanzielle Stärke des Unternehmens auszubauen.

4. Rechnungen werden nicht gestellt und offene Posten werden nicht gemahnt: Mitarbeiter nehmen oft an, sofern der Vorgesetzte den Kunden persönlich kennt, sei es unhöflich, eine Rechnung zu stellen oder gar zu mahnen. In solchen Fällen kommt es zu finanziellen Engpässen oder dauerhaften Verlusten.

5. Partner, Kunden und Lieferanten werden nicht hinsichtlich der finanziellen Stärke überprüft: Wenn Kunden oder Lieferanten zahlungsunfähig werden, kann dies den Tod für das eigene Unternehmen bedeuten.

6. Eingangsrechnungen werden nicht überprüft: Es gibt Firmen, die neu gegründeten Unternehmen so geschickt gestaltete Rechnungen stellen, dass man sie für offizielle Forderungen hält. Vielen Unternehmen fehlen Mechanismen, um die Richtigkeit von Forderungen zu prüfen. In diesen Fällen werden solchen Rechnungen einfach bezahlt.

7. Es gibt keinen Prozess für regelmäßige Ertragsoptimierung: Hierdurch wird dauerhaft sehr viel Geld »verschenkt«.

8. Aufgrund fehlender Vertragsverwaltung werden Verträge nicht rechtzeitig gekündigt oder angepasst: Hierdurch entstehen unnötige Kosten für das Unternehmen.

Schaubild Finanzprozess

Der Finanzprozess wird durch drei Ereignisse gestartet:

1. Es geht eine Rechnung ein, die geprüft und bezahlt werden muss.

2. Der Prozess der Leistungserbringung fordert die Erstellung einer Ausgangsrechnung.

3. In regelmäßigen Abständen findet eine Finanzplanung statt. Hierbei werden auch die wichtigsten Budgets definiert, die an das Controlling weitergegeben werden.

Weitere Bestandteile des Finanzprozesses sind die Buchhaltung, das Mahnwesen und die Vertragsverwaltung. Der Finanzprozess stellt sicher, dass alle Finanzunterlagen gemäß den gesetzlichen Anforderungen verwaltet werden und dass der Geschäftsleitung aussagekräftige Berichte und Kennzahlen bereitgestellt werden. Die Vertragsverwaltung dient dazu, alle bestehenden Verträge zu verwalten, damit beispielsweise Kündigungsfristen beachtet werden und nicht aufgrund versäumter Fristen unnötige Zahlungen fällig werden.

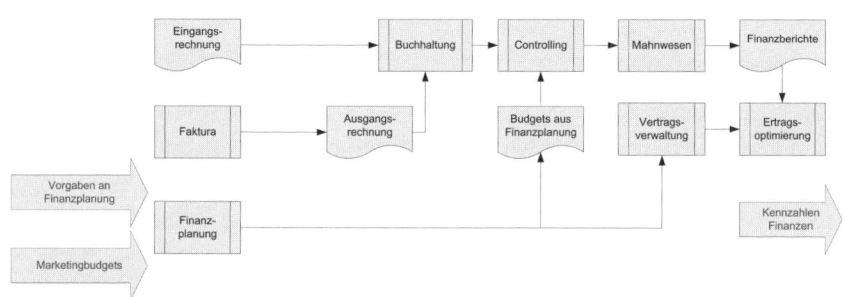

Abbildung 17: Schaubild des Hauptgeschäftsprozesses Finanzen

Faktura

Faktura bezeichnet Prozesse, Informationssysteme und Abläufe, die sicherstellen, dass für erbrachte Leistungen oder gelieferte Produkte zeitnah Rechnungen gestellt werden und der Zahlungseingang sichergestellt wird. Es gibt tatsächlich Unternehmer, die es versäumen, Rechnungen für ihre Dienstleistungen zu stellen. In manchen Fällen reagieren sie dann sogar verärgert, wenn der Kunde sie nicht nach angemessener Zeit darauf hinweist, dass doch endlich eine Rechnung zu stellen sei.

Die wesentlichen Bestandteile der Faktura sind:

➤ *Auftragserfassung:* Eingehende Aufträge werden erfasst, und es erfolgt die Berechnung der Leistungen. Gegebenenfalls sind Leistungsnachweise zu erstellen, die gemeinsam mit der Ausgangsrechnung archiviert werden müssen.

> *Leistungskatalog:* Der Leistungskatalog ist eine Liste der berechenbaren Leistungen oder Produkte in Form von Katalogen oder Beschreibungen.

> *Rechnungsvorlagen und Erfassungssystem:* Es gibt Vorlagen für Rechnungen, welche die aktuellen steuerlichen Anforderungen erfüllen und in einem System verwaltet werden können. Üblicherweise geschieht dies mithilfe einer entsprechenden Fakturierungssoftware.

Finanzplanung

Die Finanzplanung ist eine Kontrollrechnung, welche die im Businessplan definierten Umsätze und Gewinne den kalkulierten Kosten (Personalkosten und Budgets) gegenüberstellt. Eine Finanzplanung sollte immer über mehrere Jahre gerechnet werden und lässt sich technisch sehr einfach in Form einer Tabelle erstellen. Leider verzichten über 95 Prozent der Unternehmer auf eine solche Planung. Passen Sie bei jedem Bekanntwerden neuer Zahlen die Tabelle an, sodass Sie sofort über die möglichen Entwicklungen informiert sind.

Buchhaltung

Dieses System stellt sicher, dass die verarbeiteten Unterlagen wie Aufträge, Bestellungen, Ausgangs- und Eingangsrechnungen, Belege, Leistungsnachweise et cetera buchhalterisch erfasst und weiterverarbeitet werden. Neben dem Eigeninteresse des Unternehmers gibt es gesetzliche Vorschriften, in denen die Pflicht zur Buchführung festgeschrieben ist. Für Kaufleute und freiwillig Bilanzierende gelten die Rechnungslegungsvorschriften des Handelsgesetzbuches.

Zu den Bestandteilen eines solchen Systems gehören:

> *Prüfung von Eingangsrechnungen:* Eingangsrechnungen müssen zwingend auf formale Richtigkeit geprüft werden. Außerdem ist streng zu prüfen, ob die Rechnung überhaupt gestellt werden durfte.

> *Gesetzlich vorgeschriebene Buchführung:* Sie bezeichnet die in Zahlen-werten vorgenommene planmäßige, lückenlose, zeitliche und sachlich geordnete Aufzeichnung aller Geschäftsvorgänge in einer Unterneh-mung auf Basis von Belegen. Dieses Untersystem weist vordefinierte Bestandteile wie Kontenpläne, Journale, Hauptbücher und Nebenbü-cher auf. Da hierbei strenge gesetzliche Vorgaben existieren, sollte die Buchführung nur von entsprechend qualifizierten Mitarbeitern oder Beratern durchgeführt werden.

> *Prozessbeschreibungen,* die erläutern, wie Belege im Unternehmen zu er-fassen sind, worauf beim Eingang zu achten ist, welche Angaben über-prüft werden müssen et cetera.

> *Anforderungslisten,* welche besonderen gesetzlichen Bestimmungen zwingend zu erfüllen sind (zum Beispiel hinsichtlich Aufbewahrungs-dauer) und wie zum Beispiel mit Datenträgern zu verfahren ist.

> *Ablagesystem:* Ordner- und Verzeichnisstruktur, in der Belege und Datei-en aufbewahrt werden. Erfolgsermittlung und Berichte.

Controlling

Controlling wird von vielen Unternehmern als sehr aufwendig angesehen und deswegen vernachlässigt. Dabei ist es eine hervorragende Möglichkeit, das Unternehmen zu steuern. Am besten definieren Sie in Ihrer Finanzpla-nung einfach Kostenstellen für bestimmte Bereiche. Die nachfolgende Ta-belle beinhaltet einige einfach umzusetzende Empfehlungen.

Kostenstelle	Beschreibung
Finanzbuchhal-tung	In diese Rubrik fallen alle Kosten für die Finanzbuch-haltung, den Steuerberater, die notwendigen Soft-wareprogramme und damit verbundene Kosten.

Arbeitsplatz-kosten und IT	Hierunter summieren Sie die Kosten für die Arbeitsplätze im Unternehmen, wie zum Beispiel PC-Hardware, Telefonapparate, Betreuungskosten, Schreibtische und anteilige Kosten für Server, Drucker und das Netzwerk. Viele Unternehmer sind überrascht, wie hoch dieser Kostenblock ist. Ein Budget schützt Sie davor, dass diese Kosten Ihren Jahresgewinn gefährden.
Marketing	10 Prozent des Vorjahresumsatzes sollten Sie für Marktforschung und Interessentengewinnung vorsehen.
Raumkosten und Versicherungen	In diesem Kostenblock führen Sie alle Kosten für Miete, Raumgestaltung, Renovierungen und Versicherungen auf.
Kraftfahrzeuge und Reisekosten	Je nach Branche nehmen die Kosten für Kraftfahrzeuge oder Reisekosten einen großen Betrag in Anspruch.
Weiterbildung	Die Weiterbildung wird gerne vergessen. Ein Budget schützt Sie vor unnötigen Ausgaben und stellt sicher, dass Weiterbildung beachtet wird.
Büromaterial	Führen Sie hier Verbrauchsmaterial auf.
Externe Beratung	Externe Beratung verdient ein eigenes Budget, denn es können hier große Kostenblöcke entstehen.

Tabelle 28: Mögliche Kostenstellen für die Definition von Budgets

Legen Sie für jede der oben genannten Kostenstellen oder weitere von Ihnen benötigte Rubriken Jahresbudgets fest und bitten Sie Ihre Buchhaltung, diese Budgets zu überwachen. Sobald ein Budget überschritten ist, unterbinden Sie, dass weitere Kosten verursacht werden, ohne mit Ihnen oder dem Verantwortlichen Rücksprache zu halten. Wenn ein Budget überschritten werden muss, haben Sie folgende Möglichkeiten der Steuerung:

➤ *Ausgabenstopp:* Sie untersagen sämtliche Ausgaben und stoppen weitere Investitionen. Auf diese Weise sichern Sie gegebenenfalls Ihren kalkulierten Jahresgewinn. Möglicherweise können im Folgejahr weitere Investitionen getätigt werden, wenn ein neues Jahresbudget verfügbar ist.

➤ *Ändern des Budgets:* Sie können das Budget erweitern. Wichtig ist dabei, dass diese Erweiterung bewusst geschieht und nicht einfach die Folge höherer Rechnungen ist. In diesem Fall ist Ihnen selbstverständlich auch bewusst, dass die höheren Kosten einen direkten Einfluss auf den Jahresgewinn des Unternehmens haben werden.

➤ *Verschieben der Ausgaben in andere Budgets:* Hierbei handelt es sich eigentlich nur um einen Trick. Eine Eingangsrechnung wird einfach auf ein anderes Budget angerechnet, das noch Spielraum aufweist. Auch hierbei ist von Bedeutung, dass solche Verschiebungen bewusst durchgeführt werden. Solange die Budgets nicht überschritten werden, wird der kalkulierte Jahresgewinn nicht beeinflusst. Im Folgejahr korrigieren Sie die Budgets entsprechend.

Finanzberichte

Auf Basis der vorhandenen Daten werden periodisch Finanzberichte für die Unternehmensleitung erstellt. Sie dienen dem Unternehmer dazu, die Leistungsfähigkeit und die vergangenen Erfolge des Unternehmens zu bewerten sowie gesetzliche Vorgaben zu erfüllen. Die wichtigsten Berichte sind die folgenden:

➤ Die *Betriebswirtschaftliche Auswertung (BWA)* basiert auf den Daten des Buchführungssystems. Sie gibt während des laufenden Finanzjahres Auskunft über die Kosten- und Erlössituation sowie über Vermögens- und Schuldverhältnisse. Häufig wird die BWA als Entscheidungsgrundlage für Fremdkapitalgeber genutzt. Sie können Ihre BWA so anpassen, dass sie auch die Budgets und deren aktuelle Belastung anzeigt.

➤ Der *Jahresabschluss* ist der rechnerische Abschluss eines kaufmännischen Geschäftsjahres. Er stellt die finanzielle Lage und den Erfolg eines Unternehmens fest und beinhaltet den Abschluss der Buchhaltung, die Zusammenstellung von Dokumenten zur Rechnungslegung sowie deren Prüfung, Bestätigung und Veröffentlichung.

➤ Die *Gewinn- und Verlustrechnung (GuV)* ist Teil des Jahresabschlusses, also der externen Rechnungslegung eines Unternehmens. Sie stellt Erträge und Aufwendungen eines Geschäftsjahres dar und zeigt den unternehmerischen Erfolg auf.

> Die *Bilanz* ist ebenfalls Bestandteil des Jahresabschlusses. Sie stellt zusammen mit der Gewinn- und Verlustrechnung den wirtschaftlichen Erfolg eines Unternehmens dar. Eine Bilanz wird auf einen festgelegten Zeitpunkt erstellt, während die Gewinn- und Verlustrechnung für einen festgelegten Zeitraum erstellt wird. Der Zeitpunkt für die Erstellung der Bilanz heißt Bilanzstichtag.

Ihr System sollte Vorgaben hinsichtlich der Qualität und der periodischen Erstellung der Berichte vorgeben. Diese Vorgaben (zum Beispiel monatliche Erstellung der BWA innerhalb von zehn Arbeitstagen) sind zu überprüfen und führen gegebenenfalls zu Maßnahmen.

Mahnwesen

Damit sichergestellt ist, dass Ausgangsrechnungen rechtzeitig bezahlt werden, wird ein Prozess für das Mahnwesen benötigt. Achten Sie darauf, dass Ihre Kunden schnell und sicher zahlen. Manchmal kann eine vergessene Mahnung einen permanenten Zahlungsausfall verursachen, wenn der Kunde in der Zwischenzeit bankrottgegangen ist. Die nachfolgende Tabelle beschreibt einen typischen Mahnprozess:

Schritt	Beschreibung
Rechnung	Das Zahlungsziel lautet – sofern nichts anderes schriftlich vereinbart ist – »sofort nach Rechnungserhalt, rein netto«.
Zahlungs-erinnerung	Nach 14 Tagen (wenn kein Geldeingang verzeichnet wurde) wird eine Zahlungserinnerung an den Kunden geschickt.
Erste Mahnung	10 Tage nach Erstellung der Zahlungserinnerung (wenn kein Geldeingang verzeichnet wurde) erfolgt die erste Mahnung.

	Vor Versendung der ersten Mahnung wird (nur ein Mal) versucht, den Kunden telefonisch zu erreichen. Dabei wird er freundlich auf die ausstehende Rechnung und die erstellte Mahnung hingewiesen. Er kann sich dazu äußern, es werden jedoch keine Zugeständnisse gemacht.
	Wichtig: Unabhängig vom Telefonat und den Beteuerungen des Kunden bekommt er in jedem Fall eine Mahnung.
Zweite (letzte) Mahnung	Sie erfolgt zehn Tage nach Erstellung der ersten Mahnung, wenn kein Geldeingang verzeichnet wurde. Vor Versendung der zweiten Mahnung wird versucht, den Kunden telefonisch zu erreichen (s. o.).
Mahnverfahren	Sieben Tage nach Erstellung der zweiten und letzten Mahnung (wenn kein Geldeingang verzeichnet wurde) wird ohne weitere Kommunikation das Inkassoverfahren eingeleitet.

Tabelle 29: Beispiel einer Prozessanweisung für das Mahnwesen

Vertragsverwaltung

Verträge sind für den Betrieb eines Unternehmens von großer Bedeutung. Fehlt jedoch eine klare Anweisung, wie mit ihnen umzugehen ist, schleichen sich schnell Fehler ein: manche Verträge werden im Vertragsordner abgelegt, während andere in den Rechnungsordner geheftet werden; abgelaufene Verträge werden zu früh vernichtet oder an einer weiteren Stelle abgelegt.

Am einfachsten ist es für Unternehmen, wenn alle Verträge an einer zentralen Stelle verwaltet werden und zusätzlich eine digitale Archivierung erfolgt. Anschließend werden alle Verträge in einer zentralen Liste erfasst. Sie beinhaltet die wichtigsten Vertragsdaten wie laufende Zahlungen, Ansprechpartner und vor allem Fristen. Vor Ablauf der Fristen muss rechtzeitig eine Warnung an den verantwortlichen Mitarbeiter erfolgen, damit entweder eine Neuverhandlung oder eine Vertragskündigung erfolgen kann. Die finanziellen Risiken, die sich durch die Nichtbeachtung von Fristen ergeben, können beachtliche Auswirkungen für das Unternehmen haben:

> Verträge, die nicht mehr benötigt werden, verlängern sich stillschweigend. Hierdurch entstehen gegebenenfalls laufende Kosten und Risiken, die sich durch die Vertragsklauseln ergeben.

> Tarife, die angepasst werden könnten, werden beibehalten. Telefontarife oder Versicherungsprämien sollten regelmäßig überprüft werden. Wenn sich die Rahmenbedingungen verändern, muss sofort eine Reaktion erfolgen. Häufig werden spezialisierte Berater (zum Beispiel Versicherungsmakler) hinzugezogen, die jedoch in den seltensten Fällen von alleine aktiv werden. Das Unternehmen muss dafür sorgen, dass die Berater informiert werden.

> Möglicherweise läuft ein vertraglich zugesicherter Status bei einem Kunden oder Lieferanten aus. Wenn Sie versäumen, diesen Status zu verlängern, verlieren Sie günstige Einkaufskonditionen oder werden nicht weiter beauftragt.

Die Vertragsverwaltung gibt Informationen über bestehende Verträge, Laufzeiten und Kündigungsfristen an die Ertragsoptimierung weiter, damit dort gegebenenfalls bessere Konditionen verhandelt oder Alternativen gesucht werden.

Ertragsoptimierung

Ertragsoptimierung ist ein Prozess, der sich mit scheinbar unspektakulären und im Volumen zunächst eher geringen Kostenbereichen im Bereich der Sach- und Dienstleistungskosten beschäftigt. Häufig werden die betroffenen Kosten auch als Hidden Costs oder umgangssprachlich als Eh-Da-Kosten (Nach dem Motto: »Die Mitarbeiter oder die Sachkosten sind ja eh da! Es kostet also nichts, wenn hier Aufwände anfallen!«) bezeichnet und können je nach Branche immerhin 10 bis 20 Prozent des Unternehmensumsatzes ausmachen.

In der Buchhaltung werden diese Kosten häufig als »sonstige betriebliche Aufwendungen« gebucht und daher später nicht mehr genauer untersucht. Betrachtet man jedoch die möglichen Ersparnisse, so stellt sich schnell heraus, dass dies ein Fehler sein kann.

Aus diesem Grund untersucht der Prozess der Ertragsoptimierung unter anderem die folgenden Kostenbereiche:

> Abfallmanagement,

> Berufskleidung und Mietwäsche,

> Bewachung und Catering,

> Bürobedarf,

> Hilfs- und Betriebsstoffe,

> Druck- und Kopiersysteme,

> Energiekosten,

> Fuhrparkmanagement und Reisekostenmanagement (= Mobilitätskosten),

> Gebäudereinigung,

> Kurier-, Express- und Paketdienste,

> Personalleasing,

> Personalnebenkosten,

> Postversand,

> Telekommunikationsdienste und -technik,

> Transport und Logistik,

> Unternehmensversicherung,

> Verpackungsmittel,

> Wartung und Instandhaltung sowie

> Werbe- und Geschäftsdrucksachen.

In jedem einzelnen Bereich werden zunächst systematisch die angefallenen Kosten untersucht und nach Einsparmöglichkeiten überprüft. Dabei sind die mit den einzelnen Kostenbereichen verknüpften Vertragslaufzeiten zu berücksichtigen. Es ist sinnvoll, sich nur mit den Verträgen zu beschäftigen, deren Laufzeiten zu Ende gehen beziehungsweise noch eine überschaubare Restdauer haben. Der Prozess der Vertragsverwaltung gibt die hierfür notwendigen Informationen.

Sofern ein Bereich optimiert wurde, wird anschließend festgelegt, wann eine erneute Optimierung sinnvoll ist. Kann ein Vertrag beispielsweise nach zwölf Monaten Laufzeit gekündigt werden, so ist es sinnvoll, nach neun Monaten eine erneute Überprüfung vorzunehmen, damit genügend Zeit für die Prüfung und die eventuelle Kündigung verbleibt. Die Ertragsoptimierung ist also ein Prozess, der periodisch gestartet wird, zum Beispiel nachdem Jahres- oder Quartalsberichte vorgelegt werden.

Sofern Kosten erstmalig entstehen, ist es ebenfalls sinnvoll, nach einer standardisierten Vorgehensweise die beste Alternative zu ermitteln. Je nach Fall können dabei Fixkosten oder hohe Abschreibungen vermieden werden, indem man sich für die richtige Lösung entscheidet.

Bei jeder Neuanschaffung eines Druckers sollte beispielsweise überlegt werden, wie die günstigste Alternative für das Unternehmen aussehen kann. Es gibt Anbieter, die Drucker vollkommen kostenlos zur Verfügung stellen. Die einzige Bedingung dabei ist, dass das Verbrauchsmaterial – zu in der Regel günstigen Kosten – über den Anbieter bezogen wird. Wird beispielsweise ein A3-Farbdrucker benötigt, der jedoch nur sehr selten zum Einsatz kommen wird, so ist sicherlich die einmalige Bestellung des Verbrauchsmaterials günstiger, als ein Neugerät zu beschaffen und den entsprechenden Wertverlust abzuschreiben.

Ein Jungunternehmer, der seinen einzigen Mitarbeiter für eine bestimmte Zeit in ein Kundenprojekt verkaufen konnte, war gezwungen, ihm ein Fahrzeug zur Verfügung zu stellen. Da er nicht sicher war, ob der Mitarbeiter weitere drei Jahre beschäftigt werden kann, entschied er sich dafür, das Auto kostengünstig zu leihen. Entsprechende Firmenkonditionen können bei vielen Mietwagenfirmen verhandelt werden. Als der Mitarbeiter zwölf Monate später ausschied, konnte das Fahrzeug einfach zurückgegeben werden. Einige Jahre zuvor hatte eine ähnliche Situation dazu geführt, dass der Unternehmer das Leasingfahrzeug eines Mitarbeiters übernehmen und deshalb zwei Jahre lang einen VW-Bus fahren musste, obwohl er lieber einen Sportwagen geleast hätte.

Obwohl die einzelnen Kostenbereiche von der Sache her sehr unterschiedlich sind, empfiehlt sich dennoch eine systematisierte und gleichgerichtete Vorgehensweise, um Ertragsoptimierungen durchzuführen.

Da die spezifische Ertragsoptimierung in der Regel einmalig für einen bestimmten Kostenbereich durchgeführt wird, ist es sinnvoll, sie jeweils in Form eines Projekts und nicht im Rahmen der Linienorganisation durchzuführen. Die folgenden Schritte sind Bestandteil der Ertragsoptimierung:

1. *Abgrenzung des Projektgegenstandes:* Zunächst wird genau definiert, was erreicht werden soll und mit welchem Bereich man sich auseinandersetzt. Beispielsweise ist bei der Optimierung von Telefonkosten zu unterscheiden, ob man sich mit der gesamten Kommunikationsanbindung des Unternehmens oder nur mit einzelnen Verträgen befassen will.

2. *Potenzialanalyse:* In dieser Phase wird untersucht, mit welchem personellen Aufwand das gesteckte Ertragsziel erreicht werden kann. Sollte es Zweifel daran geben, ob das Ziel auf effiziente Art und Weise erreicht werden kann, dann wird an dieser Stelle keine weitere Optimierung vorgenommen.

3. *Kick-off-Meeting:* Nach der grundsätzlichen Entscheidung, die gewünschte Ertragsoptimierung durchzuführen, wird zusammen mit allen Beteiligten definiert, welche Rahmenbedingungen zu berücksichtigen sind (zum Beispiel welche vertraglichen Bindungen und welche Wünsche an eine auszuarbeitende Lösung vorliegen), um zum Schluss das Ergebnis zu »produzieren«, das von den Projektbeteiligten gewünscht und akzeptiert wird.

4. *Ist-Analyse (Kostentransparenz schaffen, erste Vorschläge sammeln):* Nach dem Kick-off-Meeting besteht die Hauptaufgabe darin, in den ausgewählten Bereichen die erforderliche Kostentransparenz zu schaffen, also die aktuelle Ist-Kostensituation detailliert darzustellen. Bei dieser Analyse werden bereits erste Ideen und Vorschläge erarbeitet, wie Kosten reduziert werden können.

5. *Zwischenbericht und Entscheidung über Lösungsansätze:* Der Zwischenbericht stellt das Ergebnis der Ist-Analyse und mögliche Optimie-

rungsansätze dar. Auf seiner Grundlage entscheiden die Projektbeteiligten endgültig und verbindlich, welche Optimierungsansätze konkret in Angriff genommen werden. So hat der interne Projektleiter die Sicherheit, dass nur Lösungen ausgearbeitet werden, die auch im Hause akzeptiert werden. Die übrigen Projektbeteiligten werden weiter über die nächsten Schritte informiert.

6. *Detailanalyse (Umsetzungsmaßnahmen erarbeiten):* Nachdem der Zwischenbericht von allen Projektbeteiligten genehmigt und die Strategie festgelegt wurde, beginnt man damit, die abgestimmten Lösungsansätze detailliert auszuarbeiten. Dazu gehören Gespräche mit Lieferanten und Dienstleistern, die Durchführung von Ausschreibungen und die Auswertung der eingegangenen Angebote nach monetären und qualitativen Kriterien. So werden die leistungsfähigsten und geeignetsten Anbieter für den individuellen Bedarf des einzelnen Unternehmens ermittelt.

7. *Ergebnisbericht (Maßnahmenkatalog und Einsparungsnachweis):* Im abschließenden Ergebnisbericht werden alle in der Detailanalyse gewonnenen Erkenntnisse dokumentiert. Der Bericht beschreibt die zu ergreifenden Maßnahmen und stellt die neuen Kosten den bisherigen Ist-Kosten gegenüber, um somit auch das Ergebnis des Projektes zu ermitteln.

8. *Umsetzung und Überwachung der Maßnahme:* Im letzten Schritt der Ertragsoptimierung sind die ermittelten Einsparungen zu realisieren. Hierzu gehören zum Beispiel der Abschluss von Verträgen oder die Änderungen von Prozessabläufen und deren Dokumentation in den entsprechenden Betriebsanweisungen oder Handbüchern. Bei der Entscheidung für einen neuen Lieferanten ist ein Umsetzungsplan für den jeweiligen Kostenbereich zu erstellen und zu befolgen. Für den dauerhaften Erfolg sind entsprechende Überwachungsmethoden zu installieren, die sich aus der Detailanalyse ergeben sollten.

Die beiden folgenden Praxisbeispiele zeigen, welche Einsparungen durch solche Projekte möglich sind.

Ein Automobilzulieferer mit circa 700 Mitarbeitern entschied sich, die Stromkosten für seine Standorte zu optimieren. Nach der detaillierten Analyse der Vertragslaufzeiten sowie der Verbräuche und Kosten der einzelnen Standorte wurde überlegt, welche Lieferanten für die Ausschreibung infrage kommen. Letztlich führte die Beschäftigung mit den Rahmenbedingungen zu einem Systemwechsel.

Der Projektleiter hatte Informationen erhalten, dass sich die sogenannte EEG-Abgabe nach circa 25 Prozent der angestrebten Vertragslaufzeit nicht unerheblich erhöhen würde. Deshalb wurde ein Anbieter mit in die Ausschreibung aufgenommen, der aufgrund seiner gewählten Stromproduktion von dieser Abgabe befreit ist. Bislang waren nur die bekannten Energieversorger in die Ausschreibung mit eingebunden gewesen. Im Ergebnis entschied das Unternehmen sich für einen weniger bekannten Lieferanten und spart künftig circa 20.000 Euro jährlich an Stromkosten.

Bei einer Bestandsaufnahme der **Abfallkosten** wurde festgestellt, dass ein Großteil davon aus dem Gebührenbescheid der jeweiligen Kommune entstand. Im Zuge der Prüfung dieser Kosten wurde festgestellt, dass die sogenannte»Andienungspflicht« gar nicht so weit geht, wie das Unternehmen bislang angenommen hatte, und dass es Teile davon über eine privatwirtschaftliche Lösung deutlich günstiger realisieren konnte. Durch die Optimierung dieser Kosten und die nochmalige Überarbeitung sämtlicher Aspekte im Bereich Abfall inklusive der Behälterlogistik konnten Einsparpotenziale von rund 27 Prozent realisiert werden.

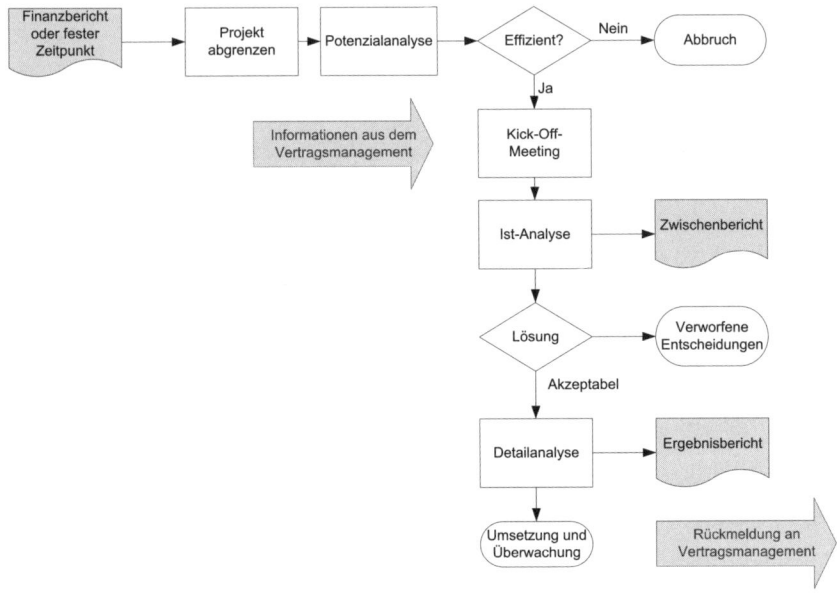

Abbildung 18: Der Ertragsoptimierungsprozess

Da die Ertragsoptimierung unter Umständen besonderes Wissen über Verträge, die Gesetzeslage oder Anbieter voraussetzt, ist es sinnvoll, hierfür spezialisierte Berater zu engagieren. Sie können unter anderem auch die eigenen Verträge in Poolverhandlungen mit aufnehmen, wodurch Konditionen verhandelt werden können, die man selbst nicht erhalten würde.

Da man bei der Ertragsoptimierung den möglichen Nutzen selten im Voraus abschätzen kann, entsteht für das Unternehmen ein zusätzliches Risiko, wenn ein Berater engagiert wird. Aus diesem Grunde gibt es auf Ertragsoptimierung spezialisierte Beratungsunternehmen, die sich auch gerne rein am Erfolg der Projekte beteiligen lassen. Somit ist das finanzielle Risiko für das Unternehmen ausgeschaltet, während die gefundenen Potenziale möglicherweise über seinen Gewinn oder Verlust entscheiden können.

Was Sie selbst tun können

Berechnen Sie Ihre durchschnittlichen monatlichen Fixkosten. Hierzu benutzen Sie die Finanzreports der letzten zwölf Monate und ermitteln daraus die durchschnittlichen fixen Kosten für bestimmte Kategorien. Wenn möglich, nutzen Sie dafür die Kategorien, die im Abschnitt über Budgets verwendet wurden, und vergessen Sie die Personalkosten nicht.

Betrachten Sie erneut Ihre Fixkosten. Überlegen Sie, in welchen Bereichen Sie sie kurzfristig reduzieren könnten. Häufig sind die Personalkosten die größte Belastung für Unternehmen. Überlegen Sie, welche Mitarbeiter möglicherweise nicht gebraucht werden und welche Gehälter Sie im Notfall sofort kürzen können. Entwickeln Sie einen Risikoplan, der aufführt, welche Streichungen Sie im Ernstfall vornehmen können, um auch in schlechten Zeiten das Überleben Ihres Unternehmens sicherstellen zu können.

Sie haben nun einen Überblick über Ihre Fixkosten und eine Strategie, was Sie im Notfall reduzieren könnten, um die Überlebensfähigkeit Ihres Unternehmens sicherzustellen. Überlegen Sie, welche der möglichen Reduzierungen Sie bereits heute vornehmen können. Sicherlich finden Sie bei intensiver Betrachtung Einsparpotenziale, die sich sofort umsetzen lassen. Dieses Vorgehen sollten Sie zukünftig alle drei bis sechs Monate durchführen, um versteckten Kosten auf die Spur zu kommen.

Führen Sie für die wichtigsten Kostenbereiche Ertragsoptimierungen durch. Sofern Ihnen die Zeit dazu fehlt, engagieren Sie einen Berater, der auf Erfolgsbasis für Sie arbeitet. Wenden Sie sich an den Autor, sofern Sie entsprechende Berater suchen.

Berechnen Sie Ihre Netto-Überlebensquote! Ermitteln Sie zunächst, wie viel Geld Ihrem Unternehmen kurzfristig zur Verfügung steht. Hierzu gehören Guthaben auf Firmenkonten sowie Anlagen (zum Beispiel Aktien) – die sogenannte Kriegskasse. Ermitteln Sie, wie lange Sie im ungewöhnlichen Fall des vollständigen Umsatzverlustes die bereits reduzierten Fixkosten begleichen können. Die auf diese Weise ermittelte Kennzahl ist möglicherweise nicht exakt und basiert auf Annahmen, die in Ihrem Fall eventuell nicht zutreffen (zum Beispiel ist bei Unternehmen, die langfristige Verträge mit Kunden abschließen, der vollständige Umsatzeinbruch sehr unwahrscheinlich). Außerdem kann es Situationen geben, in denen ein Unternehmen eine hohe Überlebensquote hat, aber über geringe liquide Mittel verfügt (zum Beispiel weil gerade große Investitionen getätigt wurden). Die Netto-Überlebensquote gibt Ihnen jedoch eine persönliche, subjektive Sicherheit. Insbesondere bei kleinen und mittelständischen Unternehmen – die nicht auf externe Hilfen hoffen können – vermittelt sie ein Gefühl der Gewissheit in kritischen Situationen.

Berechnen Sie Ihre Brutto-Überlebensquote! Hierzu berücksichtigen Sie außerdem vorhandene Aufträge und ziehen davon die Kosten ab, die Sie über die Fixkosten hinaus benötigen, um die Aufträge abzuschließen.

Betrachten Sie solche Zahlenspiele als Berechnungen, die Ihnen dabei helfen, die Zusammenhänge in Ihrem Unternehmen zu erkennen und frühzeitig Gegenmaßnahmen zu ergreifen.

Kontrollfragen

> Zählen Sie die wichtigsten Elemente der Finanzsystematik auf. Wie weit sind diese Systeme in Ihrem Unternehmen bereits entwickelt?

> Gibt es in Ihrem Unternehmen einige der oben beschriebenen Probleme und Lücken? Falls ja, überlegen Sie, wie Sie dafür sorgen können, dass die Probleme zukünftig nicht mehr auftreten.

> Sind Sie mit Ihrem Steuerberater und Ihrer Buchführung zufrieden? Beurteilen Sie diese Dienstleister einmal nach den in diesem Buch aufgeführten Kriterien für die Leistungserbringung und besprechen Sie dieses Kapitel mit ihnen. Möglicherweise wird man versuchen, Sie davon zu überzeugen, dass Sie diese Dinge nicht benötigen. Beachten Sie immer, dass es einen Ausgleich zwischen Aufwand und Nutzen geben muss. Vollständig auf die Systeme zu verzichten, ist nur in wenigen Fällen wirklich angebracht.

Teil 2

Die sieben Ebenen der Systematik

Schaubilder

Schaubilder stellen die oberste Ebene des Systematic Cube dar und sind ein zentraler Bestandteil, um professionell über Ihr Unternehmen zu kommunizieren. In den bisherigen Kapiteln wurden Ihnen für jeden Hauptgeschäftsprozess Schaubilder vorgestellt. Sie haben den großen Vorteil, dass sie komplexe Abläufe anschaulich und leichter verständlich darstellen.

Viele Unternehmer, die erstmals Schaubilder ihrer zentralen Geschäftsprozesse gezeichnet haben, waren anschließend verblüfft. Zum einen sahen sie ihr eigenes Geschäft mit anderen Augen und konnten Probleme auf einfache Art und Weise erkennen und lösen, die vorher einfach nicht ersichtlich waren. Darüber hinaus ist es mithilfe der Schaubilder häufig sehr leicht, einen Mitarbeiter in die zentralen Geschäftsabläufe einzuarbeiten. Im Kapitel über Prozesse finden Sie eine einfache Anleitung, wie Sie Abläufe in Unternehmen darstellen und was dabei zu beachten ist.

Neben der Verblüffung über die neue Transparenz, die durch Schaubilder geschaffen wird, sind Unternehmer jedoch häufig auch verängstigt. Sie befürchten, dass Mitarbeiter durch die Schaubilder und Ablaufbeschreibungen wertvolles Firmen-Know-how erhalten und später nutzen, um selbst eine Firma zu gründen und dem bisherigen Arbeitgeber damit zu schaden. Die Gefahr besteht tatsächlich. Wir werden sie an dieser Stelle diskutieren, da Schaubilder sowohl die wichtigste als auch die abstrakteste Ebene darstellen, auf der man erkennen kann, wie ein Unternehmen arbeitet. Die eigentliche Frage ist also: Kann man es sich als Unternehmer erlauben, den Mitarbeitern wichtiges Know-how über die wesentlichen Abläufe zu offenbaren, oder sollte man die Schaubilder (Strategien, Indikatoren, Prozesse et cetera) lieber nur wenigen Mitarbeitern zeigen?

Die Gefahren der Transparenz

Sobald Sie sich professionell mit Unternehmensentwicklung beschäftigen, benötigen Sie grafische Darstellungen und Dokumentationen über Abläufe im Unternehmen. Gleichzeitig dürfte sich innerhalb kurzer Zeit eine professionellere Art der Kommunikation einstellen, weil alle Beteiligten in die Lage versetzt werden, einheitlich miteinander zu kommunizieren. Jeder, der auf diese Weise mit Ihnen kommuniziert, hat Anteil an der Entwicklung des Unternehmens und kann seine Ideen besser einbringen.

Durch Transparenz im Unternehmen wird also Kreativität befreit, die sich auf allen Hierarchieebenen zeigt. Hierdurch können dramatische Wettbewerbsvorteile entstehen. Die Gefahr, dass Abläufe von Mitarbeitern missbraucht werden, ist erfahrungsgemäß bei Firmen geringer, die offen untereinander kommunizieren. Gleichzeitig macht die Transparenz einen solchen Missbrauch jedoch auch leichter. Prozesse, die keiner nachvollziehen kann, wird auch niemand an andere Unternehmen weiterleiten. Durch die transparente Dokumentation gewinnt Ihr Unternehmen schließlich an Wert. Unehrliche Mitarbeiter könnten versuchen, diesen Wert zu stehlen, indem sie Dokumentationen mitnehmen.

Die Folgen der Intransparenz

Unternehmer, die ihren Mitarbeitern wichtige Betriebsabläufe verheimlichen, riskieren, dass diese sich von ihnen abwenden. Sehr häufig kündigen zuerst die besten Verkäufer oder Fachkräfte, um sich selbstständig zu machen, weil sie die Leitung einer Firma für einfach halten. Da sie es gewohnt sind, alles selbst durchzuführen, glauben sie, dass eine Firmengründung wenig Mühe erfordert. Selbstverständlich gründen sie das Unternehmen am selben Standort und versuchen zuerst, die bisherigen Kunden abzuwerben.

Wer hingegen in einem gut organisierten Unternehmen optimale Zuarbeit durch die Firma erhält, überlegt sich sehr genau, ob eine Unternehmensgründung sinnvoll ist. Ist ein Verkäufer gewohnt, dass die Interessentengewinnung die gesamte Werbung übernimmt und er anschließend nur qualifizierte Kontakte bearbeiten muss, so wird er kaum interessiert daran sein, den ganzen Aufwand zusätzlich zu betreiben. Das Gleiche gilt für Fachkräfte, die nun Verkauf und Interessentengewinnung übernehmen müssten. Gute Organisation schützt also meist vor vorschnellen Entscheidungen der Mitarbeiter, selbst ein Unternehmen zu gründen.

Wie Sie sich vor Missbrauch schützen können

Die wichtigste Grundvoraussetzung, um sich vor Missbrauch zu schützen, ist Ihre Einstellung. Letztendlich ist ein Unternehmen nicht erfolgreich, weil es Informationen vor den Mitarbeitern verheimlicht und Wettbewerber dadurch begrenzt, dass es sich durch Gebietsschutz oder Abmahnungen Vorteile verschafft. Unternehmen sind erfolgreich, wenn sie ihren Kunden dauerhaft einen Mehrwert bieten. Dieser Mehrwert entsteht durch optimale Kommunikation zum Kunden, schnelle Reaktionen auf notwendige Veränderungen und die Bereitschaft, sich ständig zu entwickeln und zu verbessern. Was nützt es einem Mitbewerber, wenn er eine Prozessbeschreibung von Ihnen erhält und anschließend ein halbes Jahr benötigt, um sie einigermaßen zweckdienlich zu kopieren? Wenn Sie Ihr Unternehmen optimal entwickeln, haben Sie in dieser Zeit den Prozess selbst bereits so weit optimiert, dass Ihr Wettbewerber immer noch weit zurückliegt. Ihr eigentlicher Wettbewerbsvorteil sind Ihre Kreativität und die Bereitschaft zur Innovation. Dieses Kapital kann niemand so einfach kopieren. Wenn Sie die beschriebene Einstellung verinnerlicht haben, können Sie ganz konkrete Maßnahmen ergreifen, um ungewollten Missbrauch zu verhindern.

➤ Prüfen Sie bereits im Rekrutierungsprozess, ob der Mitarbeiter eine Tendenz dazu hat, sich auf Spielchen oder kleine Betrügereien einzulassen. Stellen Sie nur Personen ein, die hierfür nicht empfänglich sind. Auf keinen Fall sollten Sie beispielsweise Mitarbeiter einstellen, die damit prahlen, dass sie Kundenadressen des vorherigen Arbeitgebers mitbringen werden oder Kontakte des früheren Arbeitgebers als Kunden oder Mitarbeiter anwerben wollen. Bitte beachten Sie, dass das Verhalten von Personen oft kontextbezogen ist und auf Grundlage einer Beziehung erfolgt. Wenn also jemand zu Ihnen sagt, dass er den früheren Arbeitgeber übervorteilen würde, dies bei Ihnen aber niemals täte, dann sagt er vermutlich sogar die Wahrheit. Allerdings nur deshalb, weil Sie im Moment eben der aktuelle Arbeitgeber sind. Wenn Sie dem Mitarbeiter kündigen (neuer Kontext), wechselt Ihr Status zum »früheren Arbeitgeber« (neue Beziehung), und dann ist die Wahrscheinlichkeit hoch, dass Sie ebenfalls übervorteilt werden.

➤ Verpflichten Sie alle Mitarbeiter vertraglich zur Geheimhaltung. Das ist kein wirksamer Schutz, wenn es ein Mitarbeiter tatsächlich darauf anlegt, Sie zu betrügen. Trotzdem hilft es gelegentlich, auf die Konsequenzen hinzuweisen.

➤ Schützen Sie vertrauliche Dokumente vor dem Zugriff durch nicht autorisierte Mitarbeiter. Strategische Dokumente sollten nur Personen sehen, die auch etwas zur Strategie beitragen können.

➤ Geben Sie den Mitarbeitern nur die Dokumentationen, die für die Ausübung der vorgesehenen Rollen benötigt werden. Schützen Sie alle anderen Dokumente vor dem Zugriff. Führen Sie gelegentlich Kontrollen durch (zum Beispiel E-Mail-Ausgänge). Da Sie die private Nutzung der EDV ausgeschlossen haben, sollten Sie die Einhaltung dieser Regelung gelegentlich prüfen. Hierdurch wird ein deutliches Signal gegeben.

➤ Eine weitere Strategie besteht darin, dass Sie Dokumentationen nutzen, um damit Ihre Kunden zu informieren. Was öffentlich ist, kann nicht mehr »gestohlen« werden. Es gibt viele Beispiele für Firmen, die ihre gesamte Verkaufsstrategie offenlegen und trotzdem erfolgreicher sind als die Mitbewerber. Der Grund liegt meist darin, dass diese Unternehmen ihre eigenen Prozesse einfach besser beherrschen und ständig optimieren.

➤ Sollten Sie trotz aller Maßnahmen nicht verhindern können, dass sich Mitarbeiter selbstständig machen wollen, so besteht vielleicht die Möglichkeit, sich an dem neuen Unternehmen zu beteiligen. So wird aus der vermeintlichen Konkurrenz plötzlich ein Partnerunternehmen.

Strategien

Häufig verzichten Unternehmer auf Strategien. Die Gründe dafür sind vielfältig: Es fehlt die Zeit für die Gestaltung, oder man weiß nicht, wie man eine strategische Planung aufsetzt. In sehr vielen Fällen wird auch angenommen, dass die Grundlage für eine solche Planung darin besteht, zunächst möglichst exakt zu bestimmen, welche zukünftige Entwicklung realistisch ist.

Der erfolgreichste Ansatz, um gute strategische Planungen zu entwickeln, ist der folgende:

Zunächst definiert man die gewünschten Ziele und Ergebnisse. Dabei werden einschränkende Rahmenbedingungen nur berücksichtigt, wenn sie offensichtlich sind. Meist ist es zu Beginn einer Planungsphase noch nicht absehbar, welche Ergebnisse realistisch erreicht werden können, sodass es eine unnötige Belastung für die Planung wäre, wenn man bereits im Voraus alle möglichen Wachstumsfaktoren berücksichtigen wollte. Besser ist es, herausfordernde Ziele festzulegen und anschließend eine Strategie zu entwickeln, die dafür sorgt, dass sie auch erreicht werden.

Jede schriftliche Strategie sollte ein Kapitel über Indikatoren enthalten. Sie müssen möglichst frühzeitig anzeigen, ob man sich den gewünschten Zielen nähert. Definiert man beispielsweise in einem Businessplan nur den Umsatz als Indikator, so gewinnt man kaum Informationen darüber, ob die gewählte Strategie erfolgreich ist. Es ist daher sinnvoll, bereits vorher Indikatoren festzulegen, die anzeigen, ob das Unternehmen auf dem richtigen Weg ist. Im folgenden Kapitel wird erläutert, welche Indikatoren besonders geeignet sind, um im Rahmen der hier vorgestellten Systematik frühzeitig zu erkennen, ob die gewählten Vorgehensweisen erfolgreich sind.

Schließlich muss jede Strategie auch ein Kapitel über die konkreten Maßnahmen beinhalten, die in den nächsten Monaten durchzuführen sind. Die Liste sollte möglichst konkret und unmissverständlich formuliert werden. Unklare Aussagen wie »Kundengewinnung verbessern« können nicht in konkrete Handlungen umgesetzt werden.

Hier ein paar Beispiele für typische Maßnahmen zur Unternehmensentwicklung, die als Bestandteil einer Businessplanung geeignet sind:

Bereich	Beschreibung der Maßnahme	Zeitraum
Lebensqualität	Entwicklung und Dokumentation einer unternehmerischen Vision. Besprechen der Entwürfe mit den Mitarbeitern und Veröffentlichung nach Abstimmung im Internet und der neuen Firmenbroschüre.	März 2011
Interessenten-gewinnung	Erstellung eines ausführlichen Gesprächsleitfadens zur Disqualifikation von Kontakten. Testen des Leitfadens in mindestens 100 Telefonaten, dabei gegebenenfalls Optimierung des Leitfadens (abhängig vom Feedback).	April 2011
Kunden-gewinnung	Ausarbeitung einer schriftlichen Zufriedenheitsgarantie für Neukunden. Integration der Garantie in den Prozess der Kundengewinnung.	Januar 2011
Management	Aktualisierung des Businessplans. Vollständige Aktualisierung aller Kapitel.	Juni 2011

Tabelle 30: Beispiele konkreter Maßnahmenbeschreibungen in einem Businessplan

Je konkreter Sie Maßnahmen beschreiben, desto einfacher wird die nachfolgende Umsetzung und Kontrolle. Darüber hinaus können Sie festlegen, welcher Mitarbeiter für jede Einzelmaßnahme verantwortlich ist, sodass eine klare Zuordnung gegeben ist.

Aktualisieren Sie Planungen regelmäßig (zum Beispiel alle sechs Monate) und immer dann, wenn sich größere Veränderungen ergeben. Sofern sich besondere Gelegenheiten ergeben, die in der Strategie nicht berücksichtigt wurden, ergreifen Sie die Gelegenheit und passen Sie den Plan entsprechend an. Denken Sie daran, dass ein Plan Ihre Entwicklung unterstützen soll und nicht hemmen darf.

Für die folgenden Bereiche sind schriftliche Strategien empfehlenswert:

➤ *Management:* Der Businessplan beinhaltet Strategien zur Entwicklung des gesamten Unternehmens. Er definiert Wachstumsziele und Kennzahlen zur Messung des Erfolgs. Außerdem beschreiben die Maßnahmen die geplanten Aktivitäten zur Entwicklung aller acht Hauptgeschäftsprozesse.

➤ *Führung:* Beschreiben Sie Ihr Rollenorganigramm, die einzelnen Rollen und die geplanten Strategien zur Personalauswahl und Einarbeitung neuer Mitarbeiter.

➤ *Marketing:* Ein Marketingplan beinhaltet die Aktivitäten zur Interessentengewinnung für die nächsten Monate und die dafür zur Verfügung gestellten Budgets.

➤ *Finanzen:* Die Finanzplanung beschreibt die geplante Entwicklung von Umsatz und Gewinn und stellt ihr die Budgets für die einzelnen Kostenstellen gegenüber.

➤ *IT-Strategie:* Die IT-Strategie definiert Standards für die IT-Umgebung und dient als Grundlage für die Entscheidung, in bestimmte Technologien zu investieren.

Indikatoren

Bei der Erbringung von Spitzenleistungen in Sport und Wirtschaft ist es notwendig, aktuelle Leistungen zu messen, sie mit einem Zielwert oder der Vergangenheit in Bezug zu setzen und das Ergebnis zu bewerten. Anhand der Bewertung werden anschließend Maßnahmen definiert, die zu einer Justierung oder Verbesserung der aktuellen Messwerte führen. Für Unternehmen, die an die Spitze kommen wollen, gelten die gleichen Prinzipien.

Kleine und mittelständische Unternehmen führen solche Messungen häufig nur im Bereich der Finanzen durch, weil es hier zwingende Gründe gibt, regelmäßig Finanzberichte zu erstellen und die eigene Zahlungsfähigkeit zu überprüfen. In anderen Leistungsbereichen wird von den meisten Firmen nicht gemessen. Dies liegt daran, dass zwingende Gründe fehlen und der Unternehmer häufig nicht weiß, was auf welche Art und Weise ermittelt werden kann.

Ohne Messungen ist es nicht möglich, die Qualität und Professionalität eines Unternehmens zu bewerten. Der wirtschaftliche Erfolg ist dafür nur bedingt geeignet, weil er keine Aussage über zukünftige Entwicklungen gibt und die meisten erfolgsverursachenden Faktoren unberücksichtigt bleiben. Viele Methoden (zum Beispiel Balanced Scorecard) erscheinen den Unternehmern zunächst zu komplex, sodass sie auf Indikatoren vollständig verzichten. Aus diesem Grunde werden hier nur sehr wenige Indikatoren vorgestellt, die sich in der Praxis jedoch als ausgesprochen wichtig erwiesen haben. Prinzipiell sollte man pro Sachgebiet möglichst immer nur einen Hauptindikator ermitteln, der bereits ausreicht, um zu ermitteln, ob man sich auf dem richtigen Weg befindet.

Es gibt unterschiedliche Indikatoren und unterschiedliche Dinge, die gemessen werden können. Grundsätzlich können zwei Arten von Indikatoren unterschieden werden:

> ➤ Messbare Indikatoren sind leicht quantifizierbar. Zum Beispiel kann der Deckungsbeitrag beim Verkauf eines Produkts leicht als Zahlenwert angegeben werden. Messbare Indikatoren sind also immer exakt

in Form eines Zahlenwerts bestimmbar. Das bedeutet nicht zwangsläufig, dass der Indikator leicht zu bestimmen ist, aber letztendlich kann man ihn eben in Form einer objektiv ermittelbaren Zahl bewerten.

➤ Nicht messbare Indikatoren sind nicht direkt quantifizierbar. Beispielsweise kann der Grad der Systematisierung eines Unternehmens nicht direkt gemessen werden. Auch die Ordnung der Arbeitsplätze in einem Unternehmen kann nicht in Form einer Zahl ausgedrückt werden. Um trotzdem Fortschritte ermitteln zu können, sollte man eine Skala entwerfen, auf der man subjektiv abschätzt, welche Bewertung man einem Indikator geben würde. Das einfachste bekannte System sind sicherlich Schulnoten. Im Falle der Ordnung würde man also für stets perfekt aufgeräumte Schreibtische die Note 1 vergeben, während man für unordentliches Chaos die Note 6 vergibt. Auf diese Weise werden die Indikatoren zwar nicht messbar, aber man erhält eine Bewertungsmethode und kann Veränderungen leichter ermitteln und planen.

Die folgende Tabelle enthält einige Beispiele nicht messbarer Indikatoren, eine Beschreibung sowie die aktuelle Einschätzung durch den Unternehmer und das anvisierte Ziel für die nächsten drei Monate:

Indikator	Beschreibung	Aktuell	Geplant
Ordnung	Optischer Eindruck der Büroräume während der Arbeitszeiten und der Schreibtische. Ordnung nach Verlassen der Arbeitsplätze.	4	2
Ablage	Qualität der Ablagestrukturen. Note 1 entspricht einer optimalen Ablage, in der alle Unterlagen stets richtig abgelegt und schnell auffindbar sind; Note 6 entspricht einer chaotischen Ablage, die schwer durchschaubar ist und selten beachtet wird.	4	2

| Systemati-sierung | Grad der Systematisierung aller Prozesse. Note 1 bedeutet, alle Prozesse sind richtig dokumentiert. Die Dokumentationen sind eine sinnvolle Unterstützung und werden bei der Arbeit genutzt. Note 6 bedeutet, es gibt keine oder falsche/verwirrende Dokumentationen, die eher behindern als nützen. | 5 | 3 |

Tabelle 31: Beispiele für nicht messbare Schlüsselindikatoren

Neben der eigenen Einschätzung gibt es noch weitere Methoden, um nicht messbare Indikatoren zu ermitteln. Beispielsweise kann man die Mitarbeiterzufriedenheit anhand eines Fragebogens ermitteln, in dem die Mitarbeiter selbst eine Bewertung abgeben. Anschließend wird der Durchschnittswert ermittelt. Auch bietet sich das Schulnotensystem an. Eine weitere Alternative ist eine Skala, die beispielsweise von −10 (sehr schlecht) über den Mittelwert 0 (neutral) bis +10 (hervorragend) reicht.

Allgemeine Indikatoren

Allgemeine Indikatoren sind besonders wichtig für den Unternehmer, um die geschäftliche Entwicklung zu messen. Die folgenden Indikatoren sollten gemessen werden:

➤ *Jahresumsatz:* Der Umsatz ist die am häufigsten verwendete Größe, um die Leistungsfähigkeit eines Unternehmens zu beschreiben.

➤ *Gewinn vor Steuern:* Der Gewinn eines Unternehmens ist meist wichtiger als der Umsatz. Ein hoher Umsatz nützt wenig, wenn das Unternehmen dauerhaft keinen Gewinn erzeugt. Gelegentlich drücken Unternehmer den Gewinn vor Steuern, indem sie Investitionen tätigen oder Gewinne verschieben. Das Ziel ist es, langfristig den Ertrag zu steigern.

➤ *Gewinn nach Steuern:* Dieser Betrag steht dem Unternehmen direkt zur Verfügung.

➤ *Anzahl Mitarbeiter:* Das Wachstum eines Unternehmens kann durchaus mittels der Anzahl der Mitarbeiter gemessen werden.

➤ *Umsatz pro Kenngröße:* Hierbei ist die Kenngröße eine wichtige Variable, und dieser Indikator bestimmt die Strategie des Unternehmens maßgeblich. Soll beispielsweise der Umsatz pro Vertriebsmitarbeiter maximiert werden, dann wird die entsprechende Strategie sich darauf konzentrieren, den Vertriebsmitarbeitern optimale Ausbildung und Unterstützung zu geben, um sie möglichst erfolgreich zu machen. Misst man hingegen den Umsatz pro Standort, so versucht man womöglich einfach nur, sehr viele Vertriebsmitarbeiter zu beschäftigen, ohne auf die Qualität des Einzelnen zu achten.

➤ Die folgende Tabelle zeigt einige Möglichkeiten dieses für die Unternehmensstrategie wichtigen Indikators und die möglichen Konsequenzen für die Strategie:

Umsatz pro ...	Konsequenz für die Strategie
Vertriebs-mitarbeiter	Aufbau eines Unternehmens, das Vertriebsmitarbeiter mit sehr guten Fähigkeiten rekrutiert, optimal ausbildet und durch eine leistungsfähige Interessentengewinnung unterstützt.
Standort/Filiale	Das Unternehmen konzentriert sich darauf, Filialen zu gründen, die an optimalen Standorten (zum Beispiel in hoch frequentierten Fußgängerzonen) gelegen sind, wo die Kunden hohe Kaufkraft haben.
Produkt	Hier wird versucht, aus jedem Produkt einen Bestseller zu machen. Unprofitable Produkte werden aus dem Sortiment entfernt.
Kunde	Die Strategie konzentriert sich darauf, möglichst kaufkräftige Kunden zu gewinnen und ihnen mittels Cross-Selling möglichst viele Zusatzprodukte und Dienstleistungen anzubieten.

Quadratmeter	In diesem Fall muss das Unternehmen seine Verkaufsfläche strategisch und psychologisch optimal gestalten, sodass auch mit kleinen Flächen große Umsätze erzielt werden.
Vertriebspartner	Dieses Unternehmen verkauft seine Produkte über Vertriebspartner. Dem Partnermanagement kommt eine hohe Bedeutung zu.

Tabelle 32: Beispiele für strategiebestimmende Indikatoren

Um die Leistungsfähigkeit der acht Hauptgeschäftsprozesse zu messen, werden die nachfolgenden Indikatoren empfohlen. Der Hauptindikator wird jeweils an erster Stelle aufgeführt, es handelt sich dabei um den wichtigsten Indikator für die Bewertung des jeweiligen Prozesses. Sie können die Tabellen direkt verwenden, indem Sie in der Spalte »Erreicht« Ihre eigene Bewertung eintragen. Die Zielspalte ist bereits mit einem Vorgabewert gefüllt, wobei bei nicht messbaren Key Performance Indicators (KPI) die Schulnote 2 angestrebt werden sollte. Wenn die Zielspalte nicht mit einer Vorgabe gefüllt ist, liegt dies daran, dass hier keine allgemeinen Empfehlungen möglich sind. Abhängig von der Branche oder den geschäftlichen Zielen müssen Sie eigene Vorgaben eintragen. Selbstverständlich ist es nicht zwingend, dass Sie alle Indikatoren beachten. Sehen Sie die Listen als Vorschläge für mögliche Messungen und entscheiden Sie selbst, welche Werte in Ihrer Situation besonders geeignet sind.

Schlüsselindikatoren

KPI für Management

Hauptindikator

KPI	Beschreibung	Ziel	Erreicht
Systematisie-rungsgrad	Dieser Indikator beschreibt, wie weit die Systematisierung allgemein bereits fortgeschritten ist. Die Note 1 bedeutet, dass alle wesentlichen Prozesse beschrieben sind und nach der Beschreibung gehandelt wird. Note 6 bedeutet, dass bisher überhaupt keine Aktivitäten zur Systematisierung vorgenommen wurden.	2	

Nebenindikatoren

KPI	Beschreibung	Ziel	Erreicht
Qualität der Dokumenta-tion	Alle vorhandenen Dokumentationen werden hinsichtlich ihrer Qualität geprüft. Note 1 bedeutet, die Dokumentationen sind vorbildlich gestaltet und entsprechen exakt dem, was in der Praxis ausgeführt wird. Die Dokumentationen werden genutzt und sind eine große Hilfe. Note 6 bedeutet, dass die Dokumentationen nicht zu gebrauchen oder gar falsch sind. Sie verwirren und verursachen Pflegeaufwand, ohne einen Nutzen zu erzeugen.	2	
Ordnung der Dokumenta-tion	Note 1: Dokumentationen sind für die Mitarbeiter leicht zugänglich, ordentlich beschriftet (mit Dateinamen) und sauber geordnet. Note 6: keine Struktur erkennbar.	2	

KPI für Führung

Hauptindikator

KPI	Beschreibung	Ziel	Erreicht
Rekrutie-rungsqualität	Note 1: Mitarbeiter werden nach einem klar beschriebenen Rekrutie-rungsprozess eingestellt, der die persönliche und fachliche Eignung klar überprüft. Note 6: Es wird genommen, was zur Verfügung steht.	1	
Identifikation der Mitarbeiter mit den Unternehmenszielen und der Vision	Prozentuales Verhältnis der Mitarbeiter, die die Unternehmensvision und -ziele kennen. Dies wird durch einfache Befragung ermittelt. 100-Prozent-Bewertung bei vollständiger sinngemäßer Wiedergabe. 50 Prozent bei fehlerhafter oder unvollständiger Wiedergabe. 0 Prozent bei erfundener Antwort oder dem Versuch, selbst etwas Passendes zu formulieren.	> 80 Prozent	

Nebenindikatoren

KPI	Beschreibung	Optimal	Erreicht
Pünktlichkeit	Note 1: Mitarbeiter sind grundsätzlich pünktlich und zuverlässig. Note 6: ständige Abweichungen, wobei immer wieder Ausreden und Entschuldigungen gebraucht werden.	2	
Mitarbeiter-zufriedenheit	Die Mitarbeiterzufriedenheit wird mittels Befragung ermittelt. Die Note ist der Mittelwert aller Antworten.	2	

Interne Kommunikation	Note 1: Die Kommunikation erfolgt professionell. Zusagen sind verbindlich, klar und werden eingehalten. Note 6: Absprachen sind später nicht mehr nachvollziehbar, Zusagen werden selten eingehalten.	2
Zielerreichungsgrad der Mitarbeiter	Durchschnittswert, der angibt, wie viel Prozent der Mitarbeiter die vereinbarten Ziele erreicht haben.	> 75 Prozent
Einhaltung unserer Teamregeln und Werte	Grad der Einhaltung unserer Werte und Teamregeln. Note 1: Jeder achtet auf die Einhaltung und fühlt sich für den anderen verantwortlich. Note 6: Werte und Regeln werden nicht eingehalten und können auch nicht genannt werden; jeder macht, was er will.	2
Besprechungen und Meetings	Qualität der Vorbereitung und Durchführung von Besprechungen und Meetings. Note 1: frühzeitig vorbereitet durch Themenauswahl, Protokollierung und Teilnehmerliste. Note 6: gar nicht vorbereitet, chaotischer, improvisierter Ablauf.	2
Vollständigkeit der Führungsdokumentation	Prozentwert, der angibt, in welchem Maße die Führungsdokumentationen vorhanden sind. Beispiele: Rollenbeschreibungen, Regeln, Einarbeitungspläne, Vertragsvorlagen et cetera.	> 90 Prozent

KPI für Marketing

Hauptindikator

KPI	Beschreibung	Optimal	Erreicht
Bekannt-heitsgrad	Der Bekanntheitsgrad wird abge-schätzt, indem durch einfache Be-fragung ermittelt wird, wie bekannt das Unternehmen bei Vertretern der Zielgruppe ist. Note 1: nahezu 100 Prozent der Zielgruppe kennen das Unternehmen, Note 6: fast niemand (< 5 Prozent) hat bisher etwas von dem Unternehmen gehört.	2	

Nebenindikatoren

KPI	Beschreibung	Optimal	Erreicht
Erschei-nungsbild	Dieser Indikator beschreibt, wie das Erscheinungsbild nach außen ist. Note 1: Farben, Logos, Büro, Unterlagen sind nach einheitli-chem Standard gestaltet. Note 6: Es ist kein Standard erkennbar.	1	
Anfragen proaktiver Interessen-ten	Anzahl der Anfragen durch Interessenten innerhalb eines Monats.	Abhängig vom Ziel-umsatz	
Vollstän-digkeit der Unterlagen	Vollständigkeit hochqualitativer Unterlagen für die Unterstüt-zung der Interessenten- und Kundengewinnung (Prospekte, Informationsmaterial, Firmen-präsentationen).	100 Pro-zent	

KPI für Interessentengewinnung

Hauptindikator

KPI	Beschreibung	Optimal	Erreicht
Anzahl der Gesamt-leads	Anzahl aller qualifizierten Leads in einem Jahr. Dieser Indikator ist vor allem für Firmen interessant, bei denen Verkaufsgespräche Bestandteil der Kundengewinnung sind, denn dann ist jeder qualifizierte Lead mit einem Gesprächstermin gleichzusetzen.	Abhängig vom Ziel-umsatz	
Kosten pro Lead	Anzahl der gewonnenen Leads durch die Gesamtkosten für die Interessentengewinnung.	Abhängig von der Branche	

Nebenindikatoren

KPI	Beschreibung	Optimal	Erreicht
Anzahl der Leads pro Kategorie	Menge der Leads, die durch eine einzelne Kategorie der Interessentengewinnung gewonnen wurden.		
Qualität der Leads	Durchschnittliche Qualität der Daten für erfasste Interessenten. Note 1: durchweg hohe Qualität und Vollständigkeit aller Daten (Adresse, Name, Telefon, Motive). Note 6: häufig unvollständige, kaum brauchbare Datensätze.		

KPI für Kundengewinnung

Hauptindikator

KPI	Beschreibung	Optimal	Erreicht
Kundenge-winnungs-quote	Prozentsatz der Interessenten, die in Kunden umgewandelt werden konnten, das heißt: bei 50 Prozent wird aus jedem zweiten Interessenten ein Kunde.	> 80 Prozent	

Nebenindikatoren

KPI	Beschreibung	Optimal	Erreicht
Gesamtum-satz	Summe aller Verkäufe im Ge-schäftsjahr.		
Anzahl der Verkäufe	Anzahl der Verkaufstransaktio-nen.		
Kundenan-zahl	Anzahl aller aktiven Kunden.		
Anzahl Neu-kunden	Anzahl aller neu gewonnenen Kunden im betrachteten Zeit-raum (zum Beispiel Monat, Quartal, Jahr).		
Umsatz pro Vertriebsmit-arbeiter	Durchschnittlicher Umsatz, der pro Vertriebsmitarbeiter im betrachteten Zeitraum erzielt wurde.		
Prozentuale Veränderung der Umsätze	Um wie viel Prozent ist der Um-satz gegenüber dem Vorjahr gestiegen oder gefallen?		

Gesamt-kosten der Kundenge-winnung	Der Gesamtbetrag, der direkt für die Kundengewinnung (inkl. Personalkosten) aufgewendet wurde.
Kosten pro Verkauf	Der Betrag, der durchschnittlich für einen Verkauf aufgewendet werden muss.
Entschei-dungsdauer	Durchschnittliche Zeit, die ein Kunde vom ersten Gespräch bis hin zum ersten Auftrag benötigt.
Kunden-anzahl pro Vertriebsmit-arbeiter	Durchschnittliche Anzahl von Kunden, die ein Vertriebsmitarbeiter betreut.
Kundenwert	Durchschnittlicher Wert eines Kunden über die gesamte Lebensdauer. Hierzu berechnet man den durchschnittlich zu erwartenden Umsatz und zieht die Aufwände ab.

KPI für Leistungserbringung

Hauptindikator

KPI	Beschreibung	Ziel	Erreicht
Leistungs-dauer	Durchschnittliche Bearbeitungs-zeit für einen Auftrag.		

Nebenindikatoren

KPI	Beschreibung	Optimal	Erreicht
Kundenzufrie-denheit	Die Kundenzufriedenheit wird anhand von Befragungen ermittelt und in Schulnoten bewertet.	2	
Weiteremp-fehlungen	Anzahl der qualifizierten Weiterempfehlungen pro Jahr.		
Referenz	Prozentsatz der Kunden, die als Referenz dienen. Voraussetzung ist ein Kundenzitat und die Erlaubnis, es in der Interessentengewinnung benutzen zu dürfen.	> 50 Prozent	
Success-Storys, persönliche Empfehlungs-schreiben	Anzahl Success-Storys (Erfolgsgeschichten) und Empfehlungsschreiben pro Jahr und pro Produktkategorie.	4	
Preisdurch-setzung	Anteil der Aufträge, bei denen der volle Preis berechnet wurde (keine Rückgaben, Nachlässe et cetera).	> 90 Prozent	

KPI für Support

Hauptindikator

KPI	Beschreibung	Optimal	Erreicht
Systematisie-rungsgrad	Prozentsatz der in diesem Bereich systematisierten (dokumentierten) Routineprozesse.	> 80 Prozent	

Nebenindikatoren

KPI	Beschreibung	Optimal	Erreicht
Störungszahl	Anzahl der Störungen im IT-System in einem definierten Zeitraum.		
Dauer der Störungen	Durchschnittliche Dauer der Störungen bis zur Behebung.		
Anzahl der Probleme	Anzahl der aktuellen Störungen mit unbekannter Ursache, sodass diese nicht behoben werden können und somit die Arbeitsabläufe stören.	0	

KPI für Finanzen

Hauptindikator

KPI	Beschreibung	Optimal	Erreicht
Gewinnspanne	Jahresgewinn vor Steuern, der durch das Unternehmen erwirtschaftet wurde.		

Nebenindikatoren

KPI	Beschreibung	Optimal	Erreicht
Eigenkapitalquote	Verhältnis von Eigenkapital zu Fremdkapital im Unternehmen.		

Pünktlichkeit der Finanzreports	Note 1: Reports sind sehr pünktlich oder sogar in Echtzeit abrufbar. Note 6: Reports sind selten pünktlich, gegebenenfalls treffen Mahnungen vom Finanzamt ein, dass zum Beispiel Steuererklärungen abzugeben sind.
Jahresgewinn	Jahresgewinn vor Steuern.
Gewinn nach Steuern	Jahresgewinn nach Steuern.
Fixkosten	Höhe der monatlichen/jährlichen Fixkosten.
Liquiditätsgrad	Verfügbare monatliche Liquidität. Eingerechnet sind auch Dispositionsrahmen auf Bankkonten.
Bankrating	Ratingwert bei Banken.
Offene Rechnungen	Höhe der ausstehenden Rechnungsbeträge, die seit mehr als vier Wochen überfällig sind.

Die Messung der unternehmerischen Reife

Der Business-Scan ist eine Bewertung der unternehmerischen Leistungen in allen erfolgsrelevanten Disziplinen. Dabei wird in jedem Bereich gemessen, wie gut der jeweilige Hauptgeschäftsprozess systematisiert ist und welchen Reifegrad er aufweist. Der Unternehmer erhält neben der Auswertung auch die Bewertungskriterien und kann aus dem Ergebnis sofortige Schritte zur Verbesserung der Unternehmensleistung ableiten. Darüber hinaus bietet der Business-Scan ein branchenspezifisches Benchmarking, das die eigene Bewertung mit dem jeweiligen Spitzenreiter der Branche in den geprüften Disziplinen vergleicht.

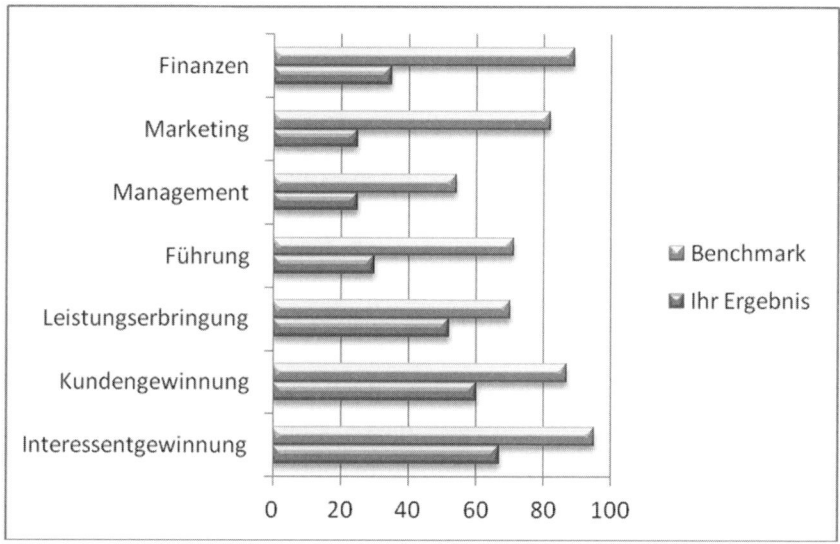

Abbildung 19: Business-Scan: Vergleich der eigenen Ergebnisse mit dem Spitzenreiter der Branche

Der Business-Scan ist also ein auf Kennzahlen basierendes Messinstrument, um die Reife der Hauptgeschäftsprozesse zu ermitteln. Es wurde entwickelt, weil viele Unternehmer keinerlei Vorstellung haben, wie sie den Reifegrad ihres Unternehmens messen können. Der Business-Scan ist eine externe Dienstleistung, da in den meisten Fällen eine Selbstbewertung nicht möglich ist. Sie können jedoch durch die Lektüre dieses Buches bereits abschätzen, wie weit Ihr Unternehmen in den einzelnen Bereichen entwickelt ist. Je nach Branche ist der Vergleich mit anderen Unternehmen dabei nur bedingt möglich. Firmen mit einem hohen Grad an Automation, die Produkte über das Internet verkaufen und die Leistungserbringung womöglich ausgelagert haben, stellen ganz andere Anforderungen an ihre Prozesse als Dienstleistungsunternehmen, deren Leistung größtenteils durch Personal erbracht werden muss.

Prozesse

Prozesse definieren die dritte Ebene des Systematic Cube und helfen Unternehmen maßgeblich bei der Optimierung aller Abläufe. Es handelt sich dabei um eine strukturierte Anordnung von Aktivitäten, um ein vorher definiertes Ziel zu erreichen. Durch den Einsatz von dokumentierten Prozessen erzielen Sie im Unternehmen viele Vorteile. Hierzu gehören unter anderem die folgenden:

➤ Dokumentierte Prozesse steigern die Qualität bei der Bearbeitung von Aufgaben, da wichtige Schritte nicht so leicht vergessen werden.

➤ Prozesse erhöhen die durchschnittliche Bearbeitungsgeschwindigkeit, da sie – wenn sie richtig aufgebaut wurden – überflüssige Aktivitäten vermeiden und die notwendigen Aktivitäten in der optimalen Reihenfolge beinhalten.

➤ Mitarbeiter können leichter eingearbeitet werden, weil die wichtigsten Abläufe klar sind und jederzeit nachgeschlagen werden können.

➤ Sie können bestehende Prozesse mit Vorlagen oder Prozessen anderer Unternehmen vergleichen und dadurch die optimale Vorgehensweise ermitteln.

Prozesse werden meist in Form von Prozessdiagrammen dargestellt. Dabei werden verschiedene Symbole verwendet. In diesem Buch wurde für die Gestaltung der Prozessabläufe das Programm Microsoft Visio verwendet, wobei die verwendeten Symbole die folgenden Bedeutungen haben:

Wenn Sie Prozesse gestalten, ist es zunächst unmaßgeblich, mit welchem Programm Sie sie darstellen oder welche Symbole Sie verwenden. Wichtiger ist, dass Sie von Beginn an einen durchgängigen Standard verwenden und diesen möglichst beibehalten. Dann ist sichergestellt, dass Ihre Dokumentationen einheitlich und verständlich sind. Nur wenn Prozesse dokumentiert werden, können sie einheitlich nach der gleichen Vorgabe durchgeführt werden.

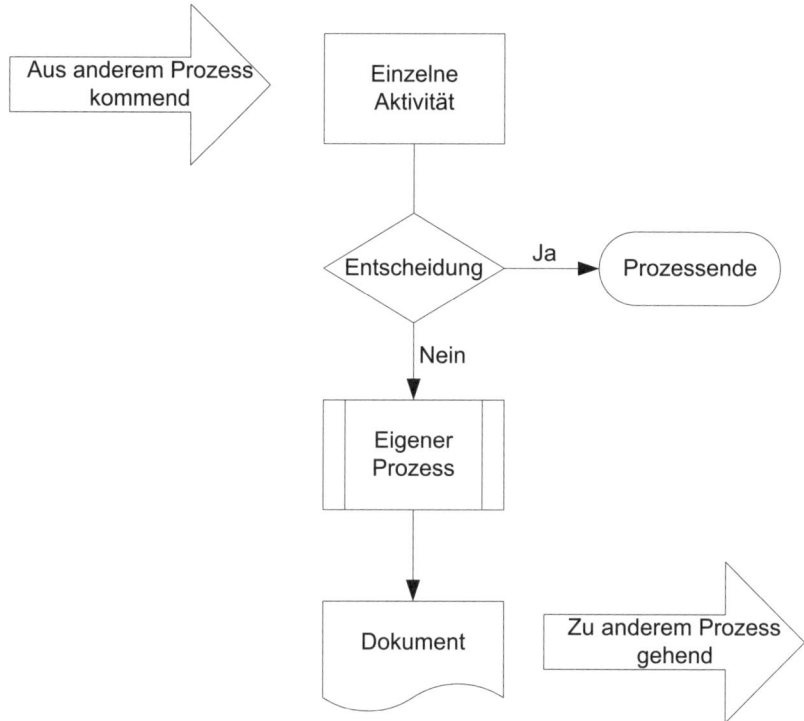

Abbildung 20: Symbole zur Darstellung von Prozessen

Bei der Gestaltung von Prozessen gibt es einige Dinge zu beachten:

Ein Prozess kann niemals von alleine starten, es muss also einen auslösenden Grund dafür geben. Typischerweise gibt es zwei Auslöser für den Start eines Prozesses. Entweder findet er periodisch zu einer bestimmten Zeit statt (zum Beispiel sollte der Businessplan alle sechs Monate überarbeitet werden) oder nach Eintreffen eines bestimmten Ereignisses (so startet die Leistungserbringung immer dann, wenn ein neuer Auftrag vorliegt).

Ein Prozess benötigt ein oder mehrere klar definierte Ziele. Auch das Abbrechen eines gestarteten Prozesses kann ein solches Ziel sein, zum Beispiel nachdem eine wichtige Entscheidung getroffen wurde. Definieren Sie die gewünschten Prozessziele vorher und prüfen Sie, ob sie möglichst optimal erreicht wurden.

Ein Prozess darf nicht in eine Endlosschleife führen. In diesem Fall besteht die Gefahr, dass er unendlich lange läuft und wertvolle Ressourcen blockiert. In manchen Konzernen gibt es Entscheidungsprozesse, bei denen für jede Änderungsanforderung eines Beteiligten alle vorherigen Genehmiger noch einmal befragt werden müssen. Auf diese Weise werden mehrere Personen mehrfach mit der gleichen Genehmigung beschäftigt, und es kann Wochen dauern, bis eine Entscheidung getroffen wird.

Die automatische Ausführung periodischer Prozesse muss regelmäßig geprüft werden. Es gibt beispielsweise Firmen, die Kunden über Jahre ohne weitere Prüfung mit Werbematerial versorgen. Hierdurch entstehen hohe Kosten, die verhindert werden können, wenn die Einzelprozesse nach einer gewissen Zeit ohne Bestellung abgebrochen werden oder der Kunde zunächst bestätigen muss, dass er weiterhin die teuren Kataloge beziehen will.

Ein Prozess benötigt für die Durchführung immer auch geeignetes Personal. Wenn die Personen oder Rollen nicht existieren, die den Prozess anschließend durchführen, ist der Prozess an sich wertlos. Sehr häufig werden Prozesse definiert, ohne dass klar ist, wer sie später bearbeitet. Die benötigten Rollen und Qualifikationen müssen vorher definiert werden. Sonst besteht die Gefahr, dass aus der Not heraus ein Mitarbeiter damit beauftragt wird, der möglicherweise weder die Zeit noch die Fähigkeit hat, um den Prozess wirksam abzuarbeiten.

Häufig definieren Berater im Rahmen von Beratungsaufträgen neue Prozesse für betriebsinterne Abläufe. Fragen Sie dabei zuerst immer, auf welcher Grundlage hinsichtlich Mitarbeiterrollen und notwendiger Qualifikation der Prozess erstellt wurde. Weiß der Berater hierauf keine Antwort, dann ist der Entwurf mit hoher Wahrscheinlichkeit nicht umsetzbar.

Gelegentlich findet man bei Prozessen auch die sogenannte Swimlane-Darstellung. Hierbei werden die verschiedenen Rollen in Form von Schwimmbahnen dargestellt, sodass ersichtlich ist, wer für welche Aktivität zuständig ist.

Bei der Dokumentation von Prozessen müssen diese immer nur so ausführlich beschrieben werden, dass die ausführenden Rollen die Beschreibung verstehen können. Wenn Sie beispielsweise einem IT-Administrator, für den Sie in der Rollendefinition fünf Jahre Netzwerkerfahrung definieren, ausführlich erklären, wie er einen neuen Benutzer anlegen soll, führt dies ver-

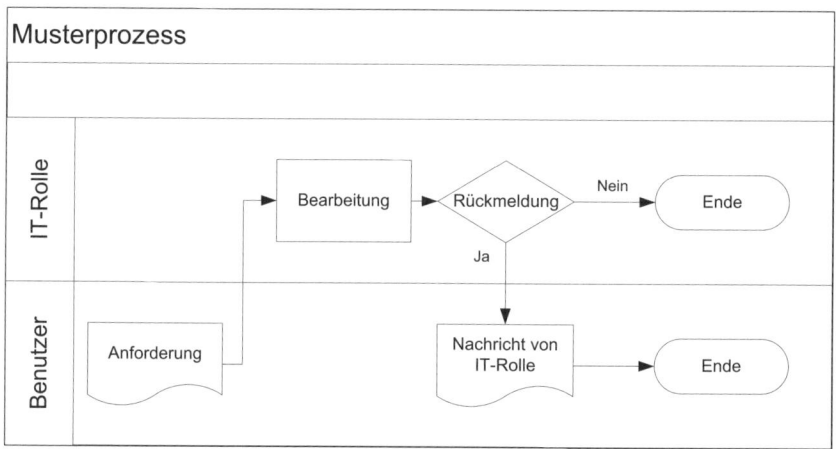

Abbildung 21: Musterprozess in Swimlane-Darstellung

mutlich dazu, dass er die Beschreibung als nutzlos ansieht und nicht beachtet. Listen Sie jedoch nur die wesentlichen Parameter auf, wird er dankbar sein, denn so ist sichergestellt, dass er nichts vergisst. Voraussetzung zur Beschreibung eines Prozesses ist also eine passende Rollendefinition für alle Beteiligten.

Ein weiterer wichtiger Punkt bei der Gestaltung von Prozessen ist die Erkenntnis, dass Fehler immer stärkere Auswirkungen haben, je später sie entdeckt werden. Alle hier vorgestellten Prozesse sind bereits entsprechend optimiert. Zum Beispiel dient die Disqualifizierung im Prozess der Interessentengewinnung der Einsparung von Kosten in der Kundengewinnung. Wenn nämlich Interessenten in Verkaufsgespräche geführt werden, bei denen sich erst sehr spät (zum Beispiel nach aufwendiger Angebotserstellung) herausstellt, dass sie gar nicht in der Lage sind, die angebotene Leistung zu bezahlen, dann sind unnötige Kosten entstanden. Die richtige Disqualifizierung schließt diesen Kostenfaktor aus, ohne auf die Interessenten zu verzichten, die tatsächlich als Kunde geeignet sind.

Gute Prozesse verfügen daher immer über frühe Prüfungen, die entscheiden, ob sie weitergeführt werden oder abgebrochen werden müssen. Alle Kosten und Arbeitsaufwände, die durch letztlich unnötige Prozessschritte entstehen könnten, sofern die vorherige Prüfung den Prozessabbruch nahelegt, sind zu vermeiden.

Tools und Vorlagen

Wann immer es ein Prozess erlaubt, sollten Sie Ihre Mitarbeiter mit standardisierten Tools und Vorlagen ausstatten. Mitarbeiter neigen dazu, Anweisungen in schriftlicher Form nach einer Weile zu ignorieren. Nutzen Sie jedoch Vorlagen für bestimmte Aktivitäten, sinkt die Gefahr, dass der Mitarbeiter eigenmächtig handelt und die von Ihnen gewollten Vorgaben ignoriert.

In einem von mir betreuten Unternehmen wurden häufig individuell gestaltete Angebote erstellt, denen die allgemeinen Geschäftsbedingungen beigefügt wurden. Da es keine Vorlage für ein Angebot gab, entstanden sehr schnell verschiedene Varianten für die Erwähnung der AGB:

➤ Die AGB wurden ohne weiteren Kommentar dem Angebot beigelegt oder per E-Mail versendet.

➤ Einige Angebote wiesen den Zusatz auf: »Diesem Angebot haben wir unsere AGB beigelegt.«

➤ Manche Angebote hatten den Zusatz: »Bestandteil des Angebots sind unsere AGB.«

➤ Gelegentlich wurde der Zusatz verwendet: »Dieses Angebot ist nur mit den beigefügten AGB gültig. Mit der Auftragserteilung erkennen Sie diese an.«

Jede Aussage führte zu einer anderen Ausgangssituation, sodass man nie sicher sein konnte, ob die AGB überhaupt eine prinzipielle Bedeutung für den späteren Auftrag hatten. Schließlich gab es wiederum Kunden, deren Auftragsbestätigung den Hinweis trug, dass die Bestellung nur unter Akzeptanz der Einkaufsbedingungen des Kunden zustande komme, womit die AGB wieder ausgehebelt wurden. Die Entscheidung, dem Mitarbeiter die richtige Formulierung zu überlassen, führte also zu nicht kalkulierbaren Risiken, die durch eine einheitliche Angebotsvorlage schließlich vermieden werden konnten.

Verwenden Sie, wann immer möglich, standardisierte Vorlagen für Briefe, Angebote, Verträge oder Texte. Hierdurch erhöhen Sie die Sicherheit, dass korrigierte und sachlich richtige Texte verwendet und vorhersehbare Risiken minimiert werden. Außerdem erleichtern und beschleunigen gute Vorlagen die Arbeit Ihrer Mitarbeiter.

Die folgenden Vorlagen sind mindestens zu empfehlen:

> *Führung:* Arbeitsvertrag, Dokumentation für Mitarbeiterzielsetzungen, Protokollvorlage für Meetings, Kündigungsschreiben für normale Kündigung, Kündigungsschreiben für fristlose Kündigung, Bestätigung über die erfolgreiche Probezeit und Übernahme in ein normales Beschäftigungsverhältnis.

> *Marketing:* Marketingplan.

> *Interessentengewinnung:* Vorlagen für Werbebriefe, Flyer und Broschüren, E-Mail-Vorlagen für Anschreiben, insbesondere Standardanschreiben für Geburtstagswünsche, Weihnachtsgrüße et cetera.

> *Kundengewinnung:* Pläne für Leistungsversprechen, Angebotsvorlagen, AGB, Einkaufsbedingungen, Vertragsmuster für Aufträge.

> *Leistungserbringung:* Fragebögen Kundenzufriedenheit.

> *Finanzen:* Rechnungen, Zahlungserinnerungen, Mahnungen, Berichtsvorlagen für BWA und Erfolgsermittlungen.

Unter Tools verstehen wir Werkzeuge, die bestimmte Aktivitäten strukturieren. In den meisten Fällen handelt es sich dabei um entsprechende Softwareprogramme, die Abläufe unterstützen und steuern. Beispielsweise können einige CRM-Produkte die Kommunikation mit dem Kunden maßgeblich beeinflussen. Kann ein Mitarbeiter etwa nur dann einen Adressdatensatz anlegen, wenn bestimmte Felder (zum Beispiel Anrede, Telefonnummer und E-Mail) erfasst wurden, so erleichtert dies später die Informationsbeschaffung bedeutend. In vielen Fällen können komplexe Prozesse so programmiert werden, dass sie nur auf eine bestimmte gewollte Art und Weise durchgeführt werden können. Der Prozess läuft immer auf die gleiche Weise ab und erfüllt damit auch die gleichen Qualitätskriterien. Verwendet man ausschließlich Anleitungen, so ist die Gefahr groß, dass Mitarbeiter sie nicht verstehen oder ignorieren, weil ein anderes Vorgehen möglicherweise bequemer ist. Die richtigen Tools gewährleisten, dass Prozesse wirklich eingehalten werden.

Strukturelemente

Wenn man damit beginnt, sein Unternehmen zu systematisieren, dann bedeutet das zumindest in der Anfangsphase zusätzlichen Aufwand, der erfahrungsgemäß erst nach drei bis zwölf Monaten messbare Erfolge zeigt. Dieses Prinzip der späten Erfüllung ist von wesentlicher Bedeutung, denn schließlich betreibt man diesen Aufwand, um zukünftig mehr Lebensqualität und Freiheit zu erzielen. Strukturelemente sollen Mitarbeiter mit System dazu bringen, das zu tun, was man von ihnen erwartet.

Den meisten Unternehmen fehlt das Prinzip der Strukturelemente vollständig. Wenn keine Strukturen vorgegeben werden, entstehen sie automatisch. Leider sind sie dem Unternehmen dann allerdings selten dienlich. Im schlimmsten Fall können sie zur totalen Blockade der Arbeitsabläufe führen und schließlich den Untergang des Unternehmens bedeuten.

Der Weg des geringsten Widerstandes

Die üblichen Reaktionsmuster von Menschen kann man in den folgenden drei Prinzipien zusammenfassen:

➤ Prinzip 1: Sie versuchen, unangenehme Gefühle und Schmerzen möglichst zu vermeiden.

➤ Prinzip 2: Sie versuchen, angenehme Gefühle und Freude zu erreichen.

➤ Prinzip 3: In allen anderen Fällen gehen sie den Weg des geringsten Widerstandes, das heißt, sie wählen situativ das Verhalten, das am wenigsten Energie erfordert und daher die bequemste Variante darstellt.

Wenn ein Mensch einen kurzfristig unangenehmen Weg wählt (wie beispielsweise der Unternehmer, der große Mühen auf sich nimmt, um das Unternehmen zu systematisieren), dann liegt das daran, dass er eine Perspektive entwickelt hat, die in der Zukunft angenehme Gefühle verspricht.

Da zumindest der größte Teil unserer Arbeitszeit nicht durch Situationen großer Freude oder großen Schmerzes geprägt ist, kann man davon ausgehen, dass der typische Mitarbeiter nahezu ständig auf dem Weg des geringsten Widerstandes unterwegs ist.

Alltagssituationen

Wie sieht dieser Weg des geringsten Widerstandes üblicherweise aus? In den meisten Büros begegnet man der folgenden Situation: Der Mitarbeiter kommt zur Arbeit und hat keine detaillierten Vorgaben, was zu tun ist. Es bleibt ihm also selbst überlassen, wie er den Tag beginnt. Selbstverständlich ist es angenehm, wenn man sich zunächst eine Tasse Kaffee kocht oder eine Zigarette raucht, um dann den PC einzuschalten und zu schauen, ob es interessante Neuigkeiten gibt. Zunächst werden die E-Mails beantwortet, die bequem zu bearbeiten sind, und dann diejenigen, deren Nichtbearbeitung später zu unangenehmen Gefühlen führen könnte. Schließlich stellt sich die Frage, was als Nächstes zu tun ist. Man kann sich den allgemeinen Gesprächen im Büro anschließen, sich eine Beschäftigung suchen, die kurzfristig Freude verspricht, oder zumindest beschäftigt tun, um keine weiteren Diskussionen mit dem Vorgesetzten führen zu müssen.

Das typische Bild in solchen Unternehmen sind Mitarbeiter, die permanent beschäftigt wirken und, den Blick konzentriert auf den Bildschirm gerichtet, nonverbal die Botschaft vermitteln: »Bitte nicht stören! Ich bin wie immer sehr beschäftigt, habe kaum Zeit und bin eigentlich überlastet!« Dieses Verhalten führt schnell dazu, sich selbst zu verstärken, weil es dem Vorgesetzten unangenehm ist, nach Ergebnissen zu fragen (schließlich ist der Mitarbeiter sichtlich beschäftigt) oder neue Anforderungen zu stellen (was bei überlasteten Mitarbeitern nur ein schlechtes Gewissen verursachen würde). Beides sind für den Vorgesetzen negative Gefühle, die er besser vermeidet! Schließlich geht auch der Vorgesetzte gerne den Weg des geringsten Widerstandes und beschwichtigt seinen seltsamen Eindruck innerlich mit dem Gedanken: »Die Leute tun ihr Bestes, und schließlich arbeiten doch alle konzentriert.«

Maßnahmen

Halten wir einen Moment inne und überlegen wir uns, was an der gerade beschriebenen Situation problematisch ist. Was können wir tun, damit die Mitarbeiter mehr an Ergebnissen interessiert sind als an angenehmen Gefühlen und geringem Energieaufwand? Betrachten wir die ersten beiden Prinzipien, so fallen uns automatisch zwei Vorgehensweisen ein:

➤ Prinzip 1 (Schmerz vermeiden): Sanktionen und Strafen! Wir bestrafen die Mitarbeiter für unerwünschtes Verhalten, zum Beispiel durch Gehaltsreduktionen, unangenehme Gespräche, Befehle oder den Entzug von geliebten Aufgaben. Außerdem kann man Mitarbeiter unangenehme Aufgaben erledigen lassen oder in Aussicht gestellte Beförderungen nicht durchführen. In letzter Konsequenz sind Abmahnungen, Versetzungen und Kündigungen die höchste Stufe in der Kunst der Bestrafung.

➤ Prinzip 2 (Freude anstreben): Hat man eine etwas menschenfreundlichere Auffassung von Führung und entsprechende Möglichkeiten, so versucht man, das zweite Prinzip zu nutzen, indem man Belohnungen für erwünschtes Verhalten in Aussicht stellt und großzügig verteilt. Die billigste Variante ist sicherlich das gezielte Lob aus der Position der Autorität. Wer vor der Gruppe vom Vorgesetzten gelobt wird, erhält Anerkennung, Respekt und Neid. Verfügt man über finanzielle Mittel, kann man großzügig Prämien, (Verkaufs-)Provisionen und Statussymbole (neues Handy, Laptop, Firmenwagen) verteilen. Um die ganze Gruppe bei Laune zu halten, kann man teure Incentives wie Reisen, Abenteuerurlaub oder Motivationstrainings anbieten.

Die oben beschriebenen Methoden zeigen durchaus kurzfristige Erfolge, aber langfristig sind die Konsequenzen problematisch. Strafen müssen immer härter werden, und man verliert schnell an Glaubwürdigkeit, wenn man die angekündigten Register nicht zieht. Außerdem muss man bei aller Härte immer fair und berechenbar bleiben (ansonsten bringt man schnell die gesamte Gruppe gegen sich auf), was dem Unternehmer eine hohe Selbstdisziplin abverlangt. Um dem möglichen Gegendruck durch die Gruppe standzuhalten, wird die Notwendigkeit für Sanktionen gerne auf äußere Faktoren geschoben (Stichwort: Finanzkrise, »Jetzt müssen alle den Gürtel enger schnallen, und nur die Besten haben eine Chance«), und das negative Betriebsklima wird der allgemeinen Situation zur Last gelegt. Oft heißt es dann, dass es den Mitarbeitern in anderen Unternehmen noch viel schlechter geht.

Belohnungen sind häufig kostspielig, im Hinblick auf den erzielbaren finanziellen Gewinn durch die mögliche Mehrleistung fraglich, und sie verursachen eine hohe Erwartungshaltung für die Zukunft, die den Unternehmer stark unter Druck setzen kann.

Strukturen

Wenn Strafe und Belohnung keine dauerhaften Erfolge zeigen und außerdem ein permanent wirksames System erfordern, das eine mentale Dauerbelastung für den Vorgesetzten bedeutet, was können wir stattdessen tun? Schauen wir uns an, was passiert, wenn wir zunächst überhaupt nichts tun. Wenn Strafe und Belohnung von der Führung nicht eingesetzt werden, bilden sich unter den Mitarbeitern selbstständig Verhaltensregeln aus, die hauptsächlich vom Weg des geringsten Widerstandes geprägt sind: Man tut, was gerade anliegt und was bequem ist. Meistens verhält man sich wie alle anderen Mitglieder in der Gruppe und findet im Rahmen der eigenen Bequemlichkeit und Veranlagung eine Arbeitsweise, die einen mit möglichst wenig Anstrengung und maximaler Befriedigung durch den Tag bringt.

Der maßgebliche Faktor für die Arbeitsweise in der jeweiligen Firma besteht in externen Einflüssen wie (meist ungeschriebenen) Regeln der Zusammenarbeit, der Anzahl von Kundenanfragen und den Kollegen. Meist reagiert man auf äußere Umstände und sucht stets das Vorgehen, das die optimale Kombination der obigen drei Prinzipien darstellt. Wir wollen diese externen Einflussfaktoren von nun an Struktur nennen. Der Begriff der Struktur ist laut Wikipedia folgendermaßen definiert:

> Unter Struktur versteht man das Muster von Systemelementen und ihrer Wirk-Beziehungen (Relationen) untereinander, also die Art und Weise, wie die Elemente eines Systems aufeinander bezogen sind (durch Beziehungen »verbunden« sind), sodass ein System beziehungsweise Organismus funktioniert (entsteht und sich erhält).

Und genau diese Definition enthält auch schon die Antwort auf die Frage, was wir tun können! Die Struktur bestimmt nämlich dauerhaft und mehr als alles andere, wie sich ein System verhält und wie der Weg des geringsten Widerstandes verläuft. Mitarbeiter werden diesen Weg immer wieder suchen, und die Struktur bestimmt ihn maßgeblich. Jede Anstrengung gegen diese Struktur ist langfristig erfolglos, denn nichts ist stärker und dauerhafter wirksam. Systeme (Unternehmen) organisieren und erhalten sich durch Strukturen! Jede Firma – auch Ihre – muss also eine Struktur ausbilden, damit sie überhaupt funktionieren kann. Ist diese Struktur optimal, entsteht Erfolg, ist die Struktur schwach, entsteht Misserfolg. Und dann scheitern alle Maßnahmen wie Motivationsveranstaltungen, Incentives, Provisionen, Beteiligungsversuche, Bestechungsversuche, Überredungskünste, Wettbewerbe, Seminare, Ausbildungen, Feiern, psychologische Betreuung, Bestrafungen, Geschenke, Gehaltserhöhungen, Beschimpfungen oder Jammern. Kennt man das Prinzip der Strukturen nicht, wird man vermutlich irgendwann das Problem bei den Mitarbeitern oder bei sich selbst suchen. Je nach vermutetem Fundort begibt sich nun der Mitarbeiter oder der Unternehmer in Therapie, um schließlich – wenn auch dies erfolglos bleibt – einzusehen, dass man als Verkäufer oder Unternehmer nichts taugt, dass die eigenen Ansprüche zu hoch sind, dass man eben doch nur unterdurchschnittlich begabt ist und einfach nicht mehr erreichen kann. Der Unternehmer hat dabei die Möglichkeit, einen vermeintlich ungeeigneten Mitarbeiter zu entlassen und dafür einen neuen einzustellen. Da der Fehler jedoch in der Struktur liegt, werden sich die Probleme mit an Sicherheit grenzender Wahrscheinlichkeit wiederholen. Das ist nichts anderes als die Folge der permanenten Anstrengungen gegen das Prinzip des geringsten Widerstandes, die aber zum Scheitern verurteilt sind.

Unternehmer müssen also mehr als andere darauf konzentriert sein, die richtigen Strukturen zu schaffen. Willkürlich entstehende Strukturen bergen die große Gefahr, dass die geschäftlichen Ziele nicht auf dem Weg des geringsten Widerstandes liegen. Daher erschaffen Sie Ihre Wunschstrukturen besser selbst.

Die Umsetzung

Die Erschaffung von geeigneten Strukturen erscheint zunächst kompliziert, weil das Konzept für die meisten Unternehmer etwas Neues ist, mit dem man sich erst einmal vertraut machen muss.

Betrachtet man erfolgreiche Unternehmen, so wird man deren Struktur nicht sofort erkennen, da sie sich mehr an ihrer Wirkung als an ihren Strukturelementen zeigt. Das Offensichtliche (zum Beispiel motivierte Mitarbeiter, die sich weiterbilden, oder repräsentative Büroräume) ist nicht das Wirksame. Stattdessen sind offensichtliche Dinge häufig nur die Folge der zugrunde liegenden Struktur. Die entscheidende Frage lautet daher: Was bewirkt dieses Ergebnis? Wenn Sie ein Unternehmen sehen, bei dem die Mitarbeiter bei freier Zeiteinteilung regelmäßig bis 22 Uhr arbeiten, betrachten Sie also nicht die freie Zeiteinteilung als die Ursache für das Verhalten. Suchen Sie stattdessen nach den Gründen, die ein Mitarbeiter in dieser Firma hat, so lange zu arbeiten. Diese Gründe sind die Antwort auf Ihre Frage. Wenn die Gründe Ihnen gefallen, schaffen Sie in Ihrem Unternehmen die gleichen Voraussetzungen (Strukturen), damit auch Ihre Mitarbeiter zukünftig ein solches Verhalten zeigen.

Dabei ist es wichtig zu wissen, wie man erfolgreiche Strukturen schaffen kann und wie man limitierende Strukturen erkennt und beseitigt.

Limitierende Strukturen haben laut Robert Fritz, dem Begründer des »Structural Consulting«, die besondere Eigenschaft, dass sie oszillieren. Durch ihr Schwingungsverhalten sorgen sie dafür, dass man trotz aller Anstrengungen immer wieder einen bestimmten Ausgangspunkt erreicht. Typische Schwingungsstrukturen findet man in Unternehmen recht oft:

➤ Aktivitäten zur Kundengewinnung werden nur dann erbracht, wenn der Umsatz nachlässt. Schließlich steigt der Umsatz, und die Aktivitäten werden weitgehend eingestellt, weil alle Energie zur Auftragsbearbeitung benötigt wird. Wenn der Umsatz wieder abfällt, beginnt die Schwingung von vorne.

> Wenn der Inhaber erfolgreich ist, stellt er neue Mitarbeiter ein. Durch die zunehmende Beschäftigung mit internen Aufgaben wie Führung und Verwaltung verkauft er selbst weniger, die Kosten steigen, der Umsatz lässt langsam nach. Schließlich werden die Mitarbeiter entlassen, und der Umsatz zieht wieder an. Die Schwingung kann von vorne beginnen.

> Provisionsorientierte Verkäufer verkaufen immer dann, wenn das eigene Einkommen niedrig ist. Steigt das Einkommen durch höhere Provisionen, so lässt der Verkaufserfolg wieder nach.

> Im Phasen erhöhter Nachlässigkeit beginnt der Unternehmer mit unangenehmen Kontrollversuchen. Die Mitarbeiter stellen sich auf dieses Verhalten ein, und die Kontrollen nehmen wieder ab. Daraufhin stellt sich die gewohnte Nachlässigkeit wieder ein.

> Weitere Schwingungen entstehen zwischen verschiedenen Bereichen der Unternehmensstrategien. Dadurch gibt es ständige Blockaden in beide Richtungen, die nicht aufgelöst werden können. Beispiele für solche Bereiche sind: Gewinnziele und Expansionsziele, Investitionen und Einsparungen, langfristige und kurzfristige Ziele, Aktivitäten und Risikovermeidung, Wachstum und Stabilität et cetera.

Wenn Sie eine solche Oszillation in Ihrem Unternehmen erkennen, untersuchen Sie einmal, welche Mechanik dahintersteckt. Häufig ist eine solche Analyse mit bestimmten Schwierigkeiten verbunden, weil man die beiden Pole der Schwingung nicht auf Anhieb erkennt. Dann neigt man dazu, wieder in Aktivitäten zu investieren, um der Situation Herr zu werden. Kurzfristig mag dies eine Veränderung herbeiführen, auf lange Sicht kehrt man jedoch wieder zur Ausgangslage zurück. Auch das ist eine Oszillation.

Alle Formen der Oszillation haben die Tendenz, über lange Zeit zu unveränderlichen – jedoch sich abwechselnden – Situationen zu führen. Um aus der Schwingung herauszukommen, benötigen Sie ein Spannungselement, das Sie sozusagen aus der Schwingung herauszieht, zum Beispiel indem Sie eine unternehmerische Vision formulieren, die Mitarbeiter und Kunden ständig zu positiver Unterstützung motiviert.

Eine häufig anzutreffende Oszillation bei Veränderungsprojekten findet zwischen Fachabteilung/Fachkraft und Geschäftsleitung statt. Während die Geschäftsleitung einen Mitarbeiter beauftragt, Standards und einheitliche Vorgehensweisen einzuführen, erklären die Fachkräfte ständig, dass sie auf individuelle Prozesse angewiesen sind und die neuen Standards aus verschiedenen Gründen nicht akzeptieren können. Der beauftragte Mitarbeiter wird zwischen Fachabteilung und Geschäftsführung zerrieben. Die Standards werden nicht durchgesetzt, die Geschäftsführung erteilt keine klare Änderungsvollmacht und gibt auf zu großen Druck der Fachabteilungen in Einzelfällen nach. Schließlich wird jeder Veränderungsversuch als Einzelfall behandelt, während das eigentliche Ziel nicht aufgegeben wird. Der beauftragte Mitarbeiter oszilliert zwischen dem Wunsch nach Vereinheitlichung und dem Bedürfnis nach individuellen Regelungen. Hier helfen weder Motivation noch Rhetorik, weder politisches Geschick noch Intelligenz. Eine klare Vision würde dabei helfen, alle von der Notwendigkeit der Veränderung zu überzeugen und in Einzelfällen auch Nachteile zu akzeptieren, um das große Ziel nicht zu gefährden. Ansonsten müsste die Geschäftsführung das Projekt aufgeben oder die Veränderung gegen den Willen der Fachleute erzwingen.

Wichtig ist auch, die Spannung zwischen der gewünschten Vision und der Realität nicht dadurch zu verringern, dass man vorgibt, bestimmte Erfolge und Ergebnisse (zum Beispiel ausgezeichneten Service) bereits erzielt zu haben. Das führt lediglich dazu, dass Anstrengungen ausbleiben.

In Konzernen ist häufig die Tendenz zu beobachten, negativ verlaufende Entwicklungen in Mitarbeiterzeitschriften oder der Projekt-PR sehr positiv darzustellen. Dadurch möchte man die beteiligten Projektmitarbeiter vor externer Kritik schützen. Gleichzeitig ist die interne Kommunikation oft sehr negativ und durch Druck und Manipulationsversuche gekennzeichnet. Es entsteht ein falsches Bild der Realität, sodass positive Spannungen hin zur Lösung gar nicht entstehen können.

Pragmatische Ansätze, um Spannungen zu erzeugen

Oft ist es für Unternehmen aus der Immobilienbranche nicht einfach, motivierende Visionen zu entwickeln, die dauerhaft positive Spannung in die Unternehmensentwicklung bringen. Trotzdem sollte man einen wichtigen Teil der unternehmerischen Kreativität genau in diese Vision investieren.

Um den Weg des geringsten Widerstandes in einzelnen Arbeitsbereichen oder Geschäftsprozessen günstig zu beeinflussen, kann man auf die nachfolgend beschriebenen Elemente zurückgreifen.

➤ Die wichtigsten Arbeitsanweisungen müssen in Form von Regeln oder »Gesetzen« formuliert werden. Gegen unternehmensinterne Gesetze wird nur ausgesprochen selten verstoßen, und wenn, dann sollte dies Konsequenzen nach sich ziehen. Ein Unternehmer hat beispielsweise für alle Verkäufer die klare Regel aufgestellt: »Wir lügen Kunden nicht an.« Deshalb werden keine Zusagen mehr gegeben, die das Unternehmen später nicht erfüllt und für die andere Mitarbeiter dann geradestehen müssen. Den Verkäufern ist klar, dass ein Verstoß gegen diese Regel großen Widerstand und gegebenenfalls sogar eine Kündigung nach sich zieht.

➤ Da es nicht sinnvoll ist, die eigenen Mitarbeiter ständig bei ihren Aktivitäten zu kontrollieren, kann man Kontrollpunkte und Widerstände quasi automatisch in die Arbeitsabläufe integrieren. Ein Unternehmer kann beispielsweise seine Software so anpassen, dass ein bestimmter Bearbeitungsschritt erst durchgeführt werden kann, wenn zuvor eine andere Aktivität erbracht wurde. Außerdem können Kontrollen an Kunden oder Mitarbeiter übertragen werden, sodass der Unternehmer sie nicht selbst durchführen muss. Eine der bekannteren Lösungen aus der Immobilienbranche ist es, dass der Makler den Kunden regelmäßig Aktivitätsberichte zustellen muss. In diesem Fall sorgen die Kunden durch Nachfrage und Kontrolle dafür, dass der zuständige Mitarbeiter sorgfältig arbeitet. Eine weitere Möglichkeit der automatischen Kontrolle besteht darin, einen Arbeitsschritt zur Voraussetzung dafür zu machen, dass ein Kollege seine Tätigkeit abschließen kann. In diesem Fall wird der besagte Kollege die Kontrolle für Sie durchführen.

➤ Unter Entstörung versteht man die Beseitigung von Faktoren, die Leistungen negativ beeinflussen oder verhindern. So kann ein einziger besonders gesprächiger Mitarbeiter andere von der Arbeit abhalten. In diesem Fall kann eine Versetzung (anderes Büro) oder eine Kündigung zur Leistungssteigerung der anderen beitragen. Auch defekte Geräte oder umständlich zu bedienende Software können die Leistung Ihrer Mitarbeiter beeinträchtigen und sollten schnellstens durch besser funktionierende Produkte ersetzt werden. Sind externe Ursachen für Störungen verantwortlich (zum Beispiel ein Mitarbeiter, der ständig krank gemeldet ist, weil seine Kinder krank werden), so helfen oft Gespräche und die klare Aufforderung, diesen Aspekt privat anders zu regeln. Ist der eigene (Geschäfts-)Partner der Störfaktor, so muss dieses Thema mit oberster Priorität bearbeitet werden.

➤ Manche Mitarbeiter haben Probleme, sich ihre Zeit effektiv einzuteilen. Sie erledigen die Dinge in falscher Reihenfolge und zu ungünstigen Terminen. Das Problem wird verstärkt, wenn der Mitarbeiter mehrere Rollen ausübt. Hier können Sie mit Arbeitsplänen experimentieren, die bestimmten Tätigkeiten Zeitfenster innerhalb einer Woche zuweisen. Dadurch stellen Sie sicher, dass alle wichtigen Tätigkeiten auch bearbeitet werden. Da eine Aufgabe erfahrungsgemäß immer so lange dauert, wie man dem Mitarbeiter dafür Zeit lässt, kann hierdurch die Effektivität deutlich erhöht werden. Übrigens kann man diesen Effekt auch für die eigene Zeiteinteilung nutzen.

Für alle wichtigen Aktivitäten, die im Unternehmen durch Mitarbeiter ausgeübt werden, gilt die folgende Regel:

> **Es muss angenehmer sein, bestimmte Dinge zu tun, als sie nicht zu tun!**

Mit anderen Worten: Sorgen Sie dafür, dass Unterlassungen tatsächlich unangenehm sind. In vielen Fällen ist zu beobachten, dass eine Unterlassung keine Konsequenzen nach sich zieht oder der Mitarbeiter zwar ermahnt wird (30 Sekunden unangenehm), dann aber die versäumte Tätigkeit nicht nachholen muss (zwei Stunden unangenehme Arbeit erspart). Machen Sie also zur Regel, dass alle vermeidbaren Versäumnisse sofort aufzuarbeiten sind, gegebenenfalls auch in unbezahlten Überstunden. Dann lernen die Mitarbeiter, dass es nicht akzeptabel ist, eine Tätigkeit ohne plausible Begründung zu unterlassen oder zu verschieben.

Sie sehen, dass es durch kreative Konstruktion von Abläufen, durch Entstörung und klare Regeln möglich ist, wirksame Strukturen zu schaffen. Beachten Sie dabei immer ethische Grundsätze, denn es handelt sich hier um sehr wirksame Methoden, die sich bei unsachgemäßer Anwendung auch negativ auswirken können. Gehen Sie jedoch behutsam vor, werden Sie die Ergebnisse Ihres Unternehmens beachtlich steigern können.

Strukturvergleich

Wenn man die Wirksamkeit einer Struktur in Unternehmen betrachtet, lautet die entscheidende Frage: Wie verläuft der Weg des geringsten Widerstandes? In folgendem hypothetischen Beispiel soll aufgezeigt werden, welche Elemente eine Struktur prägen und wie der Weg des geringsten Widerstandes für den Mitarbeiter aussieht. Hieraus ergeben sich dann die typische Arbeitsweise des Mitarbeiters und die entsprechenden Erfolge.

Struktur 1: Freiberuflich, selbstständig, unabhängig

Die erste Struktur ist durch die folgenden Elemente gekennzeichnet: Der Verkäufer wurde auf freiberuflicher Basis eingestellt. Der Unternehmer ist der Meinung, dass der Verkäufer als unabhängiger Selbstständiger seinen Erfolg eigenständig gestalten muss. Da er ihn als nicht weisungsgebunden ansieht (aufgrund der Gefahr von Scheinselbstständigkeit), gibt es für den Verkäufer keinerlei Vorgaben. Er entscheidet selbst, was, wie und wann er arbeitet. Es wurde ein Umsatzziel vereinbart, jedoch wurde nicht über Konsequenzen gesprochen, wenn dieses Ziel verfehlt wird. Die Struktur ist also durch die folgenden Elemente geprägt:

Rahmenbe-dingungen	Freier Mitarbeiter auf vertraglicher Basis
	Keine Weisungsgebundenheit
	Freie Zeiteinteilung
	Freier Arbeitsinhalt
Motivations-faktoren	Grundsätzlich muss der Mitarbeiter selbst motiviert sein. Es werden gegebenenfalls Motivations- und Verkaufsschulungen angeboten. Die Provisionsregelung ist die größte Motivation, da der Mitarbeiter bei geringem Erfolg finanziell in Bedrängnis gerät.
Kontrollen	Der Unternehmer kontrolliert nicht. Er bespricht gelegentlich die Ziele mit dem Mitarbeiter, redet ihm gut zu, stellt Belohnungen und Anerkennung in Aussicht und zeigt sein Missfallen, wenn die Ziele nicht erreicht wurden.
	Sofern der Mitarbeiter Kunden bei Abschlüssen betreut, erfolgt die Kontrolle durch Kunden, die gelegentlich anrufen und nach dem aktuellen Stand fragen.
Konsequenzen	Wenn der Erfolg dauerhaft ausbleibt oder der Mitarbeiter zur Belastung wird, kann die Zusammenarbeit beendet werden. Dies wird in der Praxis selten erfolgen, da der Mitarbeiter keine direkten Lohnkosten verursacht und daher nur dann entlassen wird, wenn er Probleme verursacht.

Tabelle 33: Strukturelemente für freiberufliche Verkäufer

Der Weg des geringsten Widerstandes

Der Weg des geringsten Widerstandes ist in einer solchen Konstellation folgendermaßen charakterisiert:

Der Mitarbeiter wird nur dann aktiv werden, wenn dazu eine echte Notwendigkeit besteht. Diese Notwendigkeit wird jedoch nicht durch das Unternehmen verursacht.

Gelegentliche Gespräche und Unzufriedenheit des Unternehmers sind nur kurze Motivationsfaktoren, die so lange anhalten, wie der direkte Kontakt anhält. Da der Mitarbeiter gehen kann, wann er will, entzieht er sich gegebenenfalls der Begegnung mit dem Unternehmer. Die eigentliche Motivation ist die ausbleibende Einnahme bei fehlenden Erfolgen. Der Mitarbeiter wird also immer dann aktiv, wenn er dringend Geld benötigt. Dieser Effekt ist umso stärker, je weniger es seinen Beruf liebt. Da viele Freiberufler nur deswegen verkaufen, weil sie nichts anderes finden, ist es unwahrscheinlich, dass mehr Aktivität erfolgt. Der Weg des geringsten Widerstandes ist also eine Oszillation: Wenn finanzielle Nöte vorliegen, wird der Verkäufer aktiv. Sobald er Erfolge erzielt, liegt die ursprüngliche Spannung nicht mehr vor, und der Verkäufer wird passiver. Dieser Zustand dauert so lange an, bis er wieder Geld benötigt. Dann beginnt die Oszillation von vorne.

Motivationsseminare und Verkäuferausbildungen können keine Veränderung bewirken, da die Struktur die Oszillation aufrechterhält. Der Unternehmer befindet sich ebenfalls in einer oszillierenden Struktur: Freude, wenn der Verkäufer arbeitet, und Frustration kurze Zeit später. Diese Oszillation kann sich über Jahre fortsetzen und drückt sich durch ständig wechselnde Gefühlszustände hinsichtlich des geschäftlichen Erfolgs aus.

Struktur 2: Enge Integration und klare unternehmerische Vorgaben

In dieser Struktur wird der Mitarbeiter eng in das Unternehmen integriert. Es gibt Regeln und Vorgaben, die durch den Unternehmer festgelegt und bereits vor der Einstellung als verbindlich kommuniziert wurden. Die Struktur ist folgendermaßen gekennzeichnet:

Rahmenbedingungen	Dem Mitarbeiter werden unabhängig von der vertraglichen Konstellation enge Arbeitsregeln vorgegeben. Er wird in den Kommunikationsfluss des Unternehmens integriert und nimmt verbindlich an allen wichtigen Besprechungen teil. Der Mitarbeiter hat Aufgaben, die er zeitlich gebunden erledigen muss.
	Für wesentliche Aufgaben gibt es Prozessbeschreibungen und Leitfäden, die geschult werden und einzuhalten sind.

	Während der Einarbeitungsphase (mindestens zehn Wochen) gibt es einen strengen Arbeitszeitplan, der alle wesentlichen Tätigkeiten enthält, die üblicherweise zum Erfolg führen (zum Beispiel Arbeitstermine, Marktrecherche, Zieldefinition, Ergebnisbesprechungen, Zeiten für Kontakte und Vor-Ort-Termine, Marktrecherchen et cetera).
Motivationsfaktoren	Die Arbeitsergebnisse der Mitarbeiter sind im Team bekannt. Die Gruppe bespricht diese Ergebnisse und unterstützt sich gegenseitig bei der Erreichung.
	Dem Verkäufer werden durch eine Telefonkraft Termine mit Interessenten vorgegeben. Es ist einfacher, diese nach Vorgabe einzuhalten, als die Termine abzusagen (das bedeutet dann Ausreden erfinden, absagen und neuen Termin vereinbaren).
	Ausgefallene Aktivitäten sind sofort nachzuholen und werden nicht aufgeschoben oder aufgehoben. Dadurch entsteht gegebenenfalls Mehraufwand für den Mitarbeiter, der vermieden wird, wenn die Aktivität zum vereinbarten Zeitpunkt ausgeführt wird.
Kontrollen	Die Termineinhaltung wird durch die Telefonkraft überprüft, da diese wissen muss, ob die Termine stattgefunden haben.
	Der Unternehmer bespricht regelmäßig Ergebnisse und Erfolge. Bei Schwierigkeiten finden interne Schulungen statt. Ergebnisse werden auch durch das Team kontrolliert, das gegebenenfalls Unterstützung bietet.
Konsequenzen	Einarbeitung und Schulung, wenn dem Mitarbeiter bestimmte Fähigkeiten fehlen. Kündigung bei deutlichem Widerstand gegen die unternehmerischen Vorgaben. Wenn die Vorgaben wiederholt nicht funktionieren, wird die Struktur angepasst. Bei erfolgreichem Verkauf wird eine Anerkennungsprämie gezahlt.

Tabelle 34: Strukturelemente eines angestellten Verkäufers

Der Weg des geringsten Widerstandes

In diesem Fall besteht der Weg des geringsten Widerstandes vor allem darin, dass man die Aktivitäten ausführt, die durch das Unternehmen vorgegeben werden. Tut der Mitarbeiter dies nicht, so bedeutet es einen enormen Aufwand, sich vor dem Team, den Interessenten/Kunden und dem Unternehmer zu erklären. Wird eine Aufgabe nicht durchgeführt, so ist dies schnellstmöglich nachzuholen (gegebenenfalls bedeutet das zusätzlichen Aufwand in Form von Überstunden). Dadurch entsteht vor allem in der Einarbeitungsphase ein großer Widerstand, wenn man sich nicht an die Vorgaben hält. Der Mitarbeiter wird also aus Bequemlichkeit zunächst alles tun, um sie zu erfüllen. Schließlich entsteht zusätzliche Motivation durch die erzielten Erfolge und die Anerkennung durch das Team, die Kunden und den Unternehmer. Das dadurch erzielte Gehalt hat eine untergeordnete Wirkung, da es zeitlich versetzt ausgezahlt wird und keine direkte Auswirkung auf die Befindlichkeit hat. Trotzdem wirkt es natürlich langfristig unterstützend, wenn Erfolge vorliegen.

Schlussfolgerungen

In der ersten Struktur wird der Weg des geringsten Widerstandes zum größten Teil durch externe Faktoren vorgegeben (finanzielle Situation des Mitarbeiters). Der Unternehmer hat geringen Einfluss auf den Erfolg, und das Ergebnis ist eine oszillierende Struktur mit den beiden Endpunkten verkäuferische Anstrengung und zeitweilige Inaktivität (oder geringe Aktivität). Diese Phasen werden beliebig oft durchlaufen, was zu schwankenden Erfolgen führt und bei Unternehmer und Mitarbeiter das Gefühl der Hoffnungslosigkeit auslösen dürfte.

In der zweiten Struktur entsteht ein Weg, der mittelfristig zu positiven Ergebnissen führt. Eine Oszillation ist nicht erkennbar. Wird dieser Weg dauerhaft beibehalten und mit einer positiven Grundstimmung (oder Unternehmenskultur) ausgeübt, so entwickelt sich daraus eine dauerhaft befriedigende Zusammenarbeit.

Strukturelle Instabilität

Strukturen und Systeme haben die Eigenschaft, sich selbst zu erhalten, wenn sie einmal etabliert wurden. Das bedeutet in der Praxis, dass Ihre Mitarbeiter möglicherweise jede äußere Veränderung bekämpfen werden. Es handelt sich sozusagen um eine natürliche Bewahrungstendenz in Unternehmen, dass Veränderungen zumindest von einem Teil der Mitarbeiter zunächst blockiert werden. Wenn Sie sich also mit Unternehmensentwicklung befassen, dann betrachten Sie auftretende Widerstände als natürliches Zeichen der Veränderung.

Jede Veränderung ist mit dem Risiko vorübergehender Instabilitäten im Unternehmen verbunden. Es ist daher sinnvoll, diese auch in der Planung zu berücksichtigen. Neue Prozesse werden zu Beginn möglicherweise nicht richtig ausgeführt, und dadurch entstehen Fehler, die nicht am Prozessdesign, sondern an der fehlerhaften Ausführung liegen. Anstatt den Fehler in der eigenen Anwendung zu sehen, werden manche Mitarbeiter möglicherweise den Prozess als Übeltäter bezeichnen und sich darauf berufen, sie hätten von Beginn an gewusst, dass der Prozess nicht funktionieren wird. Diese Widerstände führen zu weiteren Instabilitäten und verstärken den dadurch entstehenden Teufelskreis.

Um zu verhindern, dass strukturelle Instabilitäten gewünschte notwendige Veränderungen blockieren, ist zunächst dafür zu sorgen, dass allen Beteiligten die oben beschriebene Bewahrungstendenz bekannt ist. Eine sorgfältig ausgearbeitete motivierende Vision, welche die gewünschte Veränderung trägt, hilft grundsätzlich bei der Bewältigung jeder Art von Schwierigkeiten. Wenn interne Veränderungen trotzdem zu massiven Problemen führen, ist es wenig zielführend, die Planung zu verwerfen und neu zu gestalten.

Eine optimale Lösung zur Bewältigung von auftretenden Schwierigkeiten gibt es nicht. In der Praxis hat es sich bewährt, Rahmenbedingungen und Ziele möglichst frühzeitig zu klären, damit bei Störungen nicht mehr über Grundsätze diskutiert werden muss. Außerdem ist es sinnvoll, Methoden zur Konfliktbehandlung zu vereinbaren, bevor der erste Konflikt auftritt. Auf diese Weise wissen alle Beteiligten schon, welche Vorgehensweise eingeschlagen wird, und möglicherweise entstehen bestimmte Konflikte gar nicht erst.

Im Rahmen meiner Tätigkeit als IT-Berater hatte ich mit einem Konzern zu tun, der seit über zehn Jahren ohne Erfolg ein konzernübergreifendes Standardisierungsprojekt betrieb. Jeder Versuch, die gewünschten Änderungen umzusetzen, scheiterte an internen Widerständen der Fachabteilungen. Gleichzeitig stiegen der Druck durch Kosten sowie durch die Vorstände und Aktionäre immer weiter. Anstatt nun die Ursachen zu finden und zu beheben, wurde das Projekt mehrfach beendet und unter neuem Namen mit neuen Projektleitern wieder gestartet. Da zwischenzeitlich kein interner Mitarbeiter mehr bereit war, die Verantwortung zu übernehmen (schließlich war klar, dass ein erneutes Scheitern bereits in der Struktur verankert war und der Projektleiter dafür beschuldigt werden würde), wurde das Projekt an externe Beratungsfirmen ausgelagert. Diese schafften es dann innerhalb eines halben Jahres, mehr als 100 Personen in das Projekt zu integrieren. Hierdurch stiegen die Beratungskosten enorm an, während das Projekt immer mehr Aufmerksamkeit erhielt. Nach den ersten acht Monaten konnte tatsächlich ein einzelner Arbeitsplatz umgestellt werden, was in der Mitarbeiterzeitschrift als großer Erfolg angegeben wurde. Die eingeplanten Sparpotenziale wurden auch nach zwei Jahren nicht umgesetzt. Das Projekt stand daher massiv in der Kritik. Zwischenzeitlich wurde erneut der Projektleiter ersetzt und über einen neuen Namen für das Projekt nachgedacht.

Was Sie tun können, um Strukturen zu schaffen

Finden Sie heraus, wie der Weg des geringsten Widerstandes in Ihrem Unternehmen verläuft. Unternehmen Sie nichts, bevor Sie die zugrunde liegende Struktur eines unerwünschten Weges nicht geändert haben.

Definieren Sie klare Regeln für die Zusammenarbeit, dokumentieren Sie sie und händigen Sie sie den Mitarbeitern bereits bei der Anstellung aus.

Halten Sie an klaren Regeln für Routinekommunikation (zum Beispiel Meetingregeln) fest.

Definieren Sie Vereinbarungen als wesentliche und verbindliche Form der Kommunikation. Vereinbarungen sind dazu da, eingehalten zu werden. Wer eine Vereinbarung bricht, muss mit Konsequenzen rechnen. Auf keinen Fall ist es erlaubt, einfach darüber hinwegzugehen. Gegebenenfalls arbeiten Sie mit Überstunden, damit die Vereinbarung erfüllt werden kann. Wer abends dazu nicht in der Lage ist, beginnt eben am frühen Morgen.

Wenn immer möglich, delegieren Sie Kontrollen in das Team oder besser noch an Kunden oder externe Stellen. Der Respekt vor diesen Personengruppen ist meist sehr hoch und führt zu einer Verbesserung der Zuverlässigkeit aller Mitarbeiter.

Klare Einarbeitungspläne zeigen den Mitarbeitern, wie die gewünschte Struktur aussieht und wie die Arbeit zu erledigen ist. Später sind solche Vorgaben nicht mehr nötig, wenn die Mitarbeiter eigenverantwortlich und kreativ arbeiten sollen. In der Anfangsphase sind solche Pläne jedoch sehr wichtig.

Entstören Sie Ihr Unternehmen regelmäßig. Auch wenn es manchmal schwerfällt: Identifizieren Sie alle Störfaktoren im Unternehmen und ersetzen Sie sie durch bessere Wahlmöglichkeiten.

Definitionen

Definitionen sind in Unternehmen von besonderer Bedeutung. Auch wenn es manchem Unternehmer zunächst ein wenig kleinlich erscheinen mag, so kann es von entscheidender Bedeutung sein, dass alle im Unternehmen dieselbe Sprache sprechen. Aus diesem Grunde wurde die Ebene Definitionen in den Würfel eingefügt.

> Definitionen bezeichnen im Systematic Cube alle Ausdrücke, Begriffe und firmen- und branchenspezifischen Bezeichnungen, welche die Mitarbeiter in Ihrem Unternehmen kennen sollten, um professionell miteinander zu kommunizieren.

Ein Teilnehmer einer Fortbildungsmaßnahme diskutierte kürzlich mit mir über den Begriff des Kunden. Er war der Meinung, dass ein Kunde jeder sei, der eine Rechnung bekommen hat. Ich entgegnete darauf ein wenig provokativ, dass dies in meinen Augen nur ein Schuldner sei. Daraufhin war dieser Teilnehmer sehr verärgert: Er könne einen Kunden doch wohl nicht als Schuldner bezeichnen und riskieren, dass er dann durch sein Team schlecht behandelt würde. Ich erklärte ihm, dass eine gute Systematik Regeln aufstellt, die dafür sorgen, dass alle Kontakte (Mitarbeiter, Kunden, Schuldner et cetera) mit der gleichen Achtung und Würde behandelt werden. Die Bezeichnungen für den Status einer Person sind jedoch sehr genau zu trennen, da für Kunden andere Prozesse ablaufen als für einen Debitoren (Schuldner). Wenn ein Mitarbeiter eine Arbeitsanweisung nicht versteht, weil ihm nicht klar ist, was genau ein Kunde ist, dann ist die Anweisung wertlos.

Wer ist der Kunde?

Lassen Sie uns an dieser Stelle kurz über den Begriff des Kunden sprechen, weil dieser Begriff häufig besonders schwer zu definieren ist. In vielen Firmen gibt es die Gewohnheit, jeden externen Kontakt zunächst als Kunden zu bezeichnen. Es kann also vorkommen, dass eine interne Mitteilung weitergegeben wird: »Gerade hat ein Kunde angerufen!« Tatsächlich ist der sogenannte Kunde bisher gar nicht mit dem Unternehmen in Kontakt getreten und war auch nicht namentlich bekannt. In manchen Branchen gibt es die Angewohnheit, von Kunden zu sprechen, wenn man einen Dienst für die Person erbracht hat.

Am Beispiel der Immobilienmakler lässt sich das Dilemma leicht erkennen. Immobilienmakler leben davon, dass sie Objekte eines Immobilieneigentümers an Käufer vermitteln. Der Makler benötigt daher zunächst zwingend einen Immobilieneigentümer, der ihn mit der Vermarktung des Objektes beauftragt. Anschließend wird der Makler tätig, indem er verschiedene Vermarktungsaktivitäten startet. Irgendwann im Rahmen der Leistungserbringung für den Immobilieneigentümer tauchen dann die Kaufinteressenten auf. Im Erfolgsfall kauft einer von diesen Interessenten das Objekt, und der Makler kann – abhängig von der Vereinbarung – eine Rechnung an den bisherigen Eigentümer oder den Käufer (oder sogar an beide) stellen. Wer ist aber in diesem Fall der Kunde?

Die Frage kann nach dem oben beschriebenen Ablauf nicht eindeutig beantwortet werden. Manche Makler geben daher an, dass beide Parteien Kunden sind. Damit entsteht aber auf der Begriffsebene ein großes Problem. In Dokumenten und in der internen Kommunikation kann man nicht mehr einfach von Kunden reden, weil der Verkäufer der Immobilie ganz andere Leistungen erhält und andere Arbeitsabläufe für ihn erbracht werden als für den Käufer. Definiert man den Kunden als eine Person, die eine Leistung erhält und eine Rechnung bezahlt, so führt dies wieder in eine Sackgasse. Denn beide haben eine Leistung erhalten, der Verkäufer erhält jedoch meist die größere Leistung, da der Verkauf der Immobilie in seinem Interesse ist und der Aufwand der Vermarktung für ihn erbracht wurde. Der Käufer nimmt nur relativ wenig Leistung wahr (meist sind es ein bis zwei Besichtigungen und ein paar Gespräche). Erhält nun der Käufer die Rechnung, so stimmt aus seiner Sicht die Leistungsbilanz nicht, während der Verkäufer die Rechnung möglicherweise nicht akzeptiert, weil andere Makler eben nur den Verkäufer belasten. Wird anschließend die Rechnung nicht gezahlt, wäre die oben genannte Definition auch nicht mehr zutreffend. Es stellt sich die Frage, welche Bezeichnung der Kunde in spe nun erhält.

Es wäre durchaus möglich, die Frage »Wer ist der Kunde?« weiter zu erörtern. Vielleicht käme man im genannten Beispiel auf die Idee, zwischen Eigentümer-Kunde und Kauf-Kunde zu unterscheiden. Das wäre möglicherweise zielführend, könnte jedoch in der praktischen Umsetzung zu Problemen führen. Eine andere Möglichkeit ist, den Begriff des Kunden einfach aus dem Vokabular zu streichen und nur von Käufer und Eigentümer zu sprechen. Die Lösung ist in der Praxis relativ einfach: Erstellen Sie Ihre eigenen Definitionen! Makler, die ihre Leistungen auf den Eigentümer der Immobilie konzentrieren, betrachten diesen als Kunden. Der Käufer wird dabei Bestandteil der eigenen Leistungserbringung, denn er wird dem Kunden präsentiert. Anschließend bezahlt einer von beiden (oder beide) eine Rechnung und wird damit zum Debitoren.

In Rahmen der hier vorgestellten Systematik ist der Kunde sehr einfach zu definieren: Ein Kunde ist ein (in der Regel qualifizierter) Interessent, mit dem eine vertragliche Vereinbarung über die Leistungserbringung geschlossen wurde. Die Definition des Kundenbegriffs ergibt sich also als direkte Folge aus den Prozessen.

Wen meint der Prozess?

Sobald Sie beginnen, Ihr Unternehmen zu systematisieren, benötigen Sie eindeutige begriffliche Definitionen. Prozessbeschreibungen, interne Mitteilungen, Formulare und Softwareprogramme müssen durchgängig einheitliche Bezeichnungen verwenden, damit Missverständnisse ausgeschlossen sind. Jeder muss wissen, welchen Status eine Person hat und wann er sich gegebenenfalls ändert. Schließlich ist es durchaus möglich, dass ein Mitarbeiter Ihrer Firma irgendwann auch Kunde wird und – vielleicht nach einem Berufswechsel – plötzlich Lieferant oder Auftraggeber. In allen Fällen sind andere Prozesse und Services notwendig, die präzise auf die Person angewendet werden müssen. Jedes Missverständnis kann zu einer Beeinträchtigung oder Verärgerung führen, sodass Sie sich mit der Aufstellung eines Glossars viel Aufregung ersparen können.

In den bisherigen Kapiteln wurden bereits viele der Begriffe benutzt, die im Rahmen der hier vorgestellten Systematik verwendet werden. Sie haben erfahren, was eine Rolle ist, und es wurden Beispiele für die Definition von Rollen (Hauptverantwortung) aufgelistet. Auch jeder Hauptgeschäftsprozess und die Begriffe für die Ebenen des Systematic Cube (Strategien, Indikatoren, Prozesse et cetera) wurden definiert. Überlegen Sie selbst in einer möglichst frühen Phase der Systematisierung, welche Begriffe in Ihrem Unternehmen verwendet werden und wie Sie sie definieren. Die nachfolgenden Tabellen beinhalten Begriffsdefinitionen, die in der hier vorgestellten Systematik häufig vorkommen. Beachten Sie bitte, dass manche Definitionen möglicherweise in Ihrer Branche bereits anders definiert sind und daher eine Doppelbedeutung haben können.

Begriffsdefinitionen

Begriffsdefinitionen Management

Begriff	Definition
Management	Hauptgeschäftsprozess zur Unternehmensführung, dessen Ziel es ist, das langfristige Überleben des Unternehmens durch strategische Planung und Umsetzung der Planung sicherzustellen. Weitere Ziele des Managements sind die Systematisierung des Unternehmens durch standardisierte Abläufe und Prozesse sowie die Schaffung einer positiven Perspektive für die Beteiligten.
Manager	Angestellter oder Unternehmer, der sich schwerpunktmäßig mit der Managementdisziplin beziehungsweise der strategischen Planung und Umsetzung der Planung befasst.
Businessplan	Strategiedokument, das die geplante mittelfristige Entwicklung (drei bis sieben Jahre) eines Unternehmens beschreibt und konkrete Kennzahlen und Maßnahmen zur Steuerung dieser Entwicklung beschreibt.
Maßnahmenplan	Liste von Aktivitäten, die zur Umsetzung der im Businessplan definierten Strategie abzuarbeiten sind.

Prozess	Ein Geschäftsprozess ist eine strukturierte Abfolge von Aktivitäten, um ein definiertes Ziel zu erreichen. Prozesse werden meist durch Ablaufdiagramme (Flussdiagramme) grafisch dargestellt.
Aktivität	Eine Aktivität ist eine einzelne oder komplexe Tätigkeit, die alleine oder im Kontext eines Prozesses ausgeführt werden kann.
Verfahren	Ein Verfahren ist eine Handlungsvorschrift zur Lösung eines Problems. Ein Verfahren kann aus verschiedenen Aktivitäten bestehen und gegebenenfalls auch in Form eines Prozesses dargestellt werden.

Tabelle 35: Begriffe aus dem Bereich Management

Begriffsdefinitionen Marketing

Begriff	Definition
Marketing	Der Hauptgeschäftsprozess Marketing befasst sich mit der strategischen Planung und Steuerung aller Aktivitäten der Interessentengewinnung.
Kernkompetenz	Die Kernkompetenz wird im Businessplan definiert. Sie beschreibt das Wissensgebiet, auf dem das Unternehmen jetzt und in Zukunft fachlich führend sein möchte.
USP	USP steht für Unique Selling Proposition. Die USP ist ein positives Alleinstellungsmerkmal, das einen sofort erkennbaren echten Kundennutzen auf einfache Weise beschreibt.
Slogan	Leicht zu merkende positive Aussage (ein Satz oder ein Teilsatz), die mit dem Unternehmen assoziiert werden soll.
Positionierungsaussage	Aussage, die möglichst klar und präzise beschreibt, welche Leistungen das Unternehmen für welche Zielgruppe in welcher Region anbietet.
Elevator Pitch	Aussage, die in maximal 30 Sekunden erläutert, warum sich ein Interessent dazu entscheiden sollte, bei Ihnen Kunde zu werden.

| Marketing-plan | Zusammenhängender Plan von Marketingaktivitäten. Die Aktivitäten werden dabei zeitlich geplant und mit einem Budget versehen, so dass spätere Auswertungen der Wirksamkeit erfolgen können. |

Tabelle 36: Begriffe aus dem Bereich Marketing

Begriffsdefinitionen Führung

Begriff	Definition
Führung/ Führungs-systematik	Die Führungssystematik dient der Systematisierung aller Routineangelegenheiten der Mitarbeiterführung und der Definition von Regeln im gemeinsamen Umgang.
Rolle	Logischer Tätigkeitsbereich, der durch eine Hauptverantwortung definiert ist.
Stelle	Eine Stelle definiert einen tatsächlichen Arbeitsplatz, der durch einen Mitarbeiter besetzt ist oder besetzt werden soll.
Hauptverant-wortung	Die Hauptverantwortung wird zur Definition einer Rolle verwendet. Sie beschreibt möglichst präzise und kompakt, was der eigentliche Zweck der Rolle im Rahmen der Verantwortung für das Unternehmen ist.
Aufgabe	Eine Aufgabe ist eine einzelne, in sich abgeschlossene Tätigkeit, die durch einen Mitarbeiter ausgeführt werden soll.

Tabelle 37: Begriffe aus dem Bereich Führung

Begriffsdefinitionen Interessentengewinnung

Begriff	Definition
Interessenten-gewinnung	Die Interessentengewinnung beschreibt den Hauptgeschäftsprozess, der durch Werbung und PR-Maßnahmen dazu dient, möglichst viele qualifizierte Interessenten für ein Produkt oder Unternehmen zu identifizieren.

Kontakt	Ein Kontakt bezeichnet eine Person beziehungsweise deren Adressdatensatz (zum Beispiel Name, E-Mail und Telefonnummer).
Interessent (Lead)	Ein Interessent ist ein Kontakt, der bereits ein prinzipielles Interesse an den Leistungen des Unternehmens oder einer Zusammenarbeit gezeigt hat.
Qualifizierter Interessent	Qualifizierte Interessenten sind Interessenten, die den Prozess der Disqualifikation durchlaufen haben und die dort definierten Disqualifizierungskriterien nicht erfüllt haben.

Tabelle 38: Begriffe aus dem Bereich Interessentengewinnung

Begriffsdefinitionen Kundengewinnung

Begriff	Definition
Kundenge-winnung	Der Hauptgeschäftsprozess Kundengewinnung dient der Umwandlung von qualifizierten Interessenten in Kunden. Hierzu werden möglichst systematische Gespräche oder strukturierte Abläufe eingesetzt, sodass die Kundengewinnung sehr zuverlässig abläuft.
Kunde	Ein Kunde ist ein (in der Regel qualifizierter) Interessent, mit dem eine vertragliche Vereinbarung über die Leistungserbringung geschlossen wurde. Wenn die Leistung erbracht wurde und keine weitere Leistung gewünscht wird, handelt es sich um einen inaktiven Kunden.
Leistungs-empfänger	Der Leistungsempfänger ist derjenige, für den eine Leistung erbracht wird. Häufig ist dies auch der Kunde, das ist jedoch nicht zwingend der Fall.
Sponsor	Der Sponsor ist die Person oder Organisationseinheit, welche die anfallenden Kosten für eine Leistung übernimmt.
Interessen-vertreter	Ein Interessenvertreter ist eine Person oder Organisationseinheit, welche die Interessen des Kunden, des Leistungsempfängers oder des Sponsors gegenüber dem Unternehmen vertritt.

Tabelle 39: Begriffe aus dem Bereich Kundengewinnung

Begriffsdefinitionen Leistungserbringung

Begriff	Definition
Leistungs-erbringung	Der Hauptgeschäftsprozess der Leistungserbringung definiert die Qualitätsstandards und Prozesse zur Erbringung der Leistungen des Unternehmens. Der Prozess beinhaltet außerdem eine Routine zur kontinuierlichen Verbesserung sowie der Befragung von Kunden nach Weiterempfehlungen und Referenzen.
Referenz	Eine Referenz ist eine Person oder ein Unternehmen, die oder das sich positiv über die Produkte oder Dienstleistungen eines Unternehmens äußert und neuen Interessenten gegenüber eine positive Meinung vertritt.
Weiteremp-fehlung	Eine Weiterempfehlung ist ein Interessent, der über einen Dritten an das Unternehmen verwiesen wurde.

Tabelle 40: Begriffe aus dem Bereich Leistungserbringung

Begriffsdefinitionen Support

Begriff	Definition
Support	Der Hauptgeschäftsprozess Support hat die optimale Unterstützung (und Gestaltung) der Geschäftsprozesse zum Ziel.
CRM	CRM steht für Customer Relationship Management und bezeichnet im Allgemeinen die konsequente Ausrichtung eines Unternehmens auf seine Kunden. CRM-Software dient der Verwaltung von Kundendaten und der (möglichst automatisierten) Steuerung und Dokumentation von Aktivitäten, die im Zusammenhang mit der Kundenkommunikation stehen.

Risiko	Ein Risiko bezeichnet Ereignisse, die mit einer bestimmten Wahrscheinlichkeit eintreten können und einen Schaden oder Verlust für das Unternehmen bedeuten können. Ereignisse, die mit einer Wahrscheinlichkeit von 100 Prozent eintreten werden, zählen nicht als Risiko, sondern als sicheres Ereignis. Die Priorität eines Risikos ist seine Eintrittswahrscheinlichkeit in Prozent, multipliziert mit der Schwere der möglichen Auswirkungen (zum Beispiel 1 für geringe Auswirkungen, 2 für mittlere Auswirkungen und 3 für schwerwiegende Auswirkungen).
Risiko-management	Das Risikomanagement beschäftigt sich damit, den möglichen Schaden durch Risiken zu reduzieren. Typische Strategien für den Umgang mit Risiken sind: 1. Reduzieren der Eintrittswahrscheinlichkeit: Es wird versucht, die Wahrscheinlichkeit für den Eintritt eines riskanten Ereignisses zu verringern. 2. Reduzieren der Auswirkungen: Es wird versucht, die Auswirkungen nach Eintritt des Ereignisses zu mindern (zum Beispiel Versicherungen, Vertretungsregeln). 3. Verschieben des Risikos: Es wird versucht, ein Risiko in einen weniger bedeutenden Bereich zu verschieben (zum Beispiel indem ein schwieriger Mitarbeiter in eine andere Abteilung versetzt wird). 4. Akzeptieren: Das Risiko wird bewusst akzeptiert. Weitere Maßnahmen entfallen.
IT-Strategie	Gesamtdokument, das die mittelfristige Planung der Unternehmens-IT beschreibt. Die IT-Strategie definiert wichtige Standards und begründet die Wahl der Softwareplattform (zum Beispiel Windows, Linux oder Mac).

Tabelle 41: Begriffe aus dem Bereich Support

Begriffsdefinitionen Finanzen

Begriff	Definition
Finanzen	Der Hauptgeschäftsprozess der Finanzen hat die Aufgabe, den Umgang mit den Finanzmitteln zu planen und zu steuern, damit dauerhafte finanzielle Stabilität des Unternehmens bei erwünschten Gewinnen erzielt wird.
Finanzplan	Dokument, in dem die Kosten (Personal und Budgets) den Einnahmen gegenübergestellt werden, sodass jederzeit aktuell und für die Zukunft der erzielbare Gewinn (oder Verlust) berechnet werden kann.

Tabelle 42: Begriffe aus dem Bereich Finanzen

Die Umsetzung in die Praxis

Mittlerweile haben Sie sich sehr viel Wissen über Unternehmensentwicklung angeeignet und mit dem hier vorgestellten Modell ein tief gehendes Verständnis der Unternehmensprozesse und der sieben Ebenen des Systematic Cube erlangt. Wie können Sie nun als Unternehmer dauerhaft eine Unternehmensentwicklung betreiben, die Ihnen die Verwirklichung Ihrer persönlichen Ziele ermöglicht? Schließlich haben Sie Ihre Firma nicht gegründet, um Ihr Leben darin zu vergeuden, sondern damit sie Ihr Leben optimal unterstützt.

Am Anfang jeder Unternehmensentwicklung steht die Entscheidung, zukünftig an seiner Firma (und nicht mehr ausschließlich in der Firma) zu arbeiten. Man will nicht mehr der beste eigene Angestellte sein, sondern ein echter Unternehmer, der mit seiner Firma eine Art Gesamtkunstwerk schafft, das auch ohne den Künstler erfolgreich sein kann.

Wer diese Entscheidung getroffen hat, sollte jede Woche mindestens vier Stunden Zeit für die Entwicklung des Unternehmens investieren. Zunächst entscheidet man, wie man am besten vorgeht:

1. Um Kosten zu sparen, entwickeln Sie alles selbst. Hierzu benötigen Sie viel Zeit und jede Menge Ausbildungen. Sie lesen Bücher zum Thema, unterhalten sich mit anderen Unternehmern (sofern diese wissen, was zu tun ist) und besuchen Seminare. Anschließend schaffen Sie selbst die notwendigen Instrumente, um das Unternehmen in die richtige Zukunft zu führen.

2. Sie melden sich für ein entsprechendes Programm an und lassen sich unter professioneller Anleitung zu einer beschleunigten Unternehmensentwicklung verhelfen. Wenn Sie das richtige Programm wählen, erzielen Sie schnelle Resultate und können in wenigen Wochen oder Monaten eine vollkommen neue Perspektive schaffen. In diesem Buch finden Sie einige Anregungen, wie Sie die richtigen Partner finden, und können Ausschlusskriterien definieren, damit Sie keine Zeit mit unqualifizierten Beratern verschwenden.

Eine neue Art zu denken

Unternehmensentwicklung verändert Ihre Art zu denken. Anstatt sich mit fachlichen Problemen zu beschäftigen, denken Sie in Strukturen und Prozessen. Sie schaffen langfristige Ziele und entwickeln strategische Vorgehensweisen, die Ihnen den Erfolg ermöglichen.

Ein Unternehmer beschreibt diesen Prozess sechs Monate nach dem Start folgendermaßen: »Anfangs dachte ich, das Thema sei ausgesprochen langweilig. Als ich mich dann entschlossen habe, mit Unternehmensentwicklung zu beginnen, hat sich alles verändert. Ich habe mein Unternehmen innerhalb von drei Monaten vollkommen umgestaltet. Bereits nach drei Monaten hatte ich dann so viele neue Aufträge zusammen, dass ich mein Jahresziel schon im April erreicht hatte. Und das Beste daran ist: Mein Marketing ist so professionell, dass sich heute Firmen für Kooperationen mit mir begeistern, von denen jede Einzelne mir mehr Kunden bringt, als ich früher in einem Jahr selbst akquirieren konnte – und das als ausgesprochener Verkaufsprofi.«

Am Anfang des Prozesses steht selbstverständlich die Frage, auf welches Gebiet man sich fokussieren und wo man vorbildliche Leistungen erbringen will. Häufig gehen Unternehmer dieser Frage aus dem Weg, denn sie befürchten, durch Fokussierung Geschäfte zu verlieren. Tatsächlich wird es aber deutlich leichter, als anerkannter Spezialist Aufträge zu bekommen.

Eine Versicherungsmaklerin hat sich im Rahmen einer betreuten Unternehmensentwicklung als Finanzspezialistin für Unternehmer positioniert. Sie beschreibt den Effekt folgendermaßen: »Ich war mir zunächst nur im Ansatz bewusst, wie schlecht das übliche Angebot von Finanzdienstleistern für Unternehmer ist. Nachdem ich mich eingehender mit der Thematik auseinandergesetzt hatte, stellte ich fest, dass ich hier sehr viel bewirken kann. Seitdem ist es für mich ausgesprochen leicht, Termine mit Neukunden zu bekommen, denn mein Angebot kommt sehr gut an!«

Ein offenes Modell für Unternehmensentwicklung

Das hier vorgestellte Modell ist als offenes Modell konzipiert, das nicht an bestimmte Branchen gebunden ist. Gleichzeitig sind viele Elemente (zum Beispiel Führung und Management) unabhängig von der Branche immer auf die gleiche Art und Weise zu gestalten. Viele Tools sind frei verfügbar oder können zwischen Unternehmen ausgetauscht werden. Aus diesem Grunde haben sich bereits viele Unternehmer zu Gruppen zusammengeschlossen, um auf Basis dieses Modells eigene Geschäftskonzepte zu entwickeln. Einmal erstellte Vorlagen oder Strategien können dann leicht mehrfach verwendet werden. Durch die konsequente Anwendung erprobter Systematiken entfallen bis zu 80 Prozent der Aufwände, wenn man ein Unternehmen neu gründet oder einem bestehenden Unternehmen eine Filiale hinzufügt.

Als Autor und Entwickler des Modells bin ich der Meinung, dass möglichst viele Unternehmer damit arbeiten und es selbst weiterentwickeln sollen. Das tut dem Wirtschaftsstandort Deutschland gut und hilft, das Modell deutlich schneller zu perfektionieren. Je mehr Anwender damit arbeiten, desto stärker verbreitet es sich und desto professioneller werden die Unternehmen.

Im Zeitalter der raschen Informationsbeschaffung durch das Internet sind Methoden, die eine umfassende Ausbildung voraussetzen, bevor man pragmatische Ansätze entwickeln kann, nicht mehr zeitgemäß. Das Internet macht Informationen viel transparenter als früher und lebt von der Gemeinschaft, die es nutzt. Nicht die Geheimniskrämer profitieren, sondern offene und transparente Modelle, die von möglichst vielen zufriedenen Anwendern genutzt werden.

Die unternehmerische Vision

Ein wichtiger Entwicklungsschritt für Unternehmen ist die unternehmerische Vision. Sie erhöht die Belastbarkeit der Teams in schwierigen Zeiten oder wenn temporäre Leistungseinbrüche durch Umstrukturierungen entstehen. Außerdem transportiert eine Vision immer einen übergeordneten Nutzen für Kunden, Mitarbeiter und die Gesellschaft. Dem Unternehmen wird ein höherer Sinn zugeordnet, es wird Teil einer größeren Entwicklung. Ist diese Entwicklung positiv, so wird das Unternehmen Teil einer übergeordneten Strömung und von dieser geformt und getragen. Je stärker die zugrunde liegende Entwicklung und die damit verbundene Kraft, desto erfolgreicher wird das Unternehmen. Aus diesem Grunde sollten Sie die Entwicklung einer unternehmerischen Vision stets an den Anfang Ihrer Aktivitäten stellen.

Der Businessplan

Businessplanung wird oft als notwendige Hausaufgabe angesehen, um an Gründungsförderungen zu kommen. Entsprechend wenig finden die Pläne in der Praxis Beachtung. Eine gute Planung ist jedoch die Grundlage für den unternehmerischen Erfolg. Dabei geht es nicht darum abzuschätzen, welches Wachstum das Unternehmen in drei bis sieben Jahren erfahren könnte. Stattdessen legt man das notwendige Wachstum fest, um die Ziele des Unternehmers zu erreichen (in der Regel Arbeitseinsatz, Geld und Inhalt der Beschäftigung). Wachstum ist entgegen der Meinung vieler Unternehmer deutlich mehr von der gewählten Strategie abhängig als vom Marktumfeld. Daher ist eine Businessplanung auch kein »Glaskugellesen« für zukünftige Umsätze. Tatsächlich ist es eine gesteuerte strategische und taktische Vorgehensweise, die dafür sorgt, dass ein zuvor gewähltes Ziel möglichst erreicht wird. Der Businessplan sollte direkt nach Fertigstellung der unternehmerischen Vision begonnen werden.

Die Führungssystematik

Viele Unternehmer sind aufgrund des Studiums von Managementliteratur oder des Besuchs von Motivationstrainings der Meinung, dass Führungskräfte über besondere persönliche Fähigkeiten verfügen müssen und ihren Charakter schulen sollten.

Unternehmensentwicklung hat hingegen den Ansatz, zunächst alle Instrumente und Werkzeuge zu schaffen, um unklare Führungssituationen von Anfang an zu vermeiden. Wenn in einer Firma alle wesentlichen Fragen durch Regeln, Abläufe und Prinzipien geklärt sind, entstehen viele Situationen gar nicht erst, in denen der Unternehmer durch besondere Charaktereigenschaften für Motivation oder Konfliktlösungen sorgen müsste. Eine umfassende Führungssystematik regelt von der Rekrutierung über Zielvereinbarungen, Kontrolle und Personalpolitik alle wesentlichen Aspekte der Mitarbeiterführung und -entwicklung bis hin zur Beteiligung der Mitarbeiter am Erfolg oder der Entlassung. Nach Erstellung des Businessplans ist es daher sinnvoll, die Führungssystematik auszuarbeiten. In jedem Fall sollte sie vorliegen, bevor der nächste Mitarbeiter eingestellt wird, damit dieser von Anfang an die Vorteile der richtigen Führungssystematik erfährt und Einstellung und Einarbeitung optimal gestaltet werden. Fehlt eine Führungssystematik, so können sich durch neue Mitarbeiter unnötige Probleme einstellen, die Sie zusätzlich belasten.

Finanzplanung

Die Finanzplanung ist notwendig, um zu prüfen, ob das im Businessplan gewünschte Wachstum auch erzielt werden kann. Manchmal bemerkt man bei der Berechnung, dass man mit weniger Umsatz deutlich weniger Risiken hat und sogar höhere Gewinne erzielen kann. Viele Unternehmer planen die Finanzen jedoch nicht, bestimmen Preise und Aufschläge auf Dienstleistungen willkürlich und verschlechtern dadurch ihren wirtschaftlichen Erfolg dramatisch. In der Unternehmensentwicklung ist daher nach der Business- und Personalplanung immer eine Finanzplanung vorgesehen, um die gewünschte Entwicklung auch finanziell auf eine belastbare Basis zu stellen.

Ein weiterer Aspekt ist für den Unternehmer wichtig: die Planung der persönlichen Finanzstrategie. Schließlich will man die Erfolge des Unternehmertums auch später in den privaten Finanzen sehen können. Eine umfassende persönliche Finanzstrategie besteht aus vier Grundpfeilern:

1. Absicherung gegen alltägliche Risiken, die im schlimmsten Fall die gesamte wirtschaftliche Existenz vernichten können. Hierzu gehören Haftpflichtrisiken, Berufsunfähigkeit, Unfälle und Krankheit.

2. Kapitalanlagen, die das Fundament für späteren Wohlstand bilden.

3. Sparpotenziale und Vertragsoptimierung: Mit der richtigen Strategie kann man bis zu 15 Prozent der jährlichen Versicherungskosten einsparen.

4. Unternehmensverkauf: Viele Unternehmer wissen nicht, wie sie ihr Unternehmen später gewinnbringend verkaufen können.

Integrieren Sie die persönliche Finanzplanung in den Businessplan. Wenn Sie sie anderen, die den Businessplan ausgehändigt bekommen sollen, nicht zugänglich machen wollen, erstellen Sie sie separat.

Prozesse und Systeme

Prozesse sind notwendig, um Routineabläufe im Unternehmen so zu systematisieren, dass sie mit möglichst optimaler Ressourcennutzung optimale Ergebnisse und Qualität liefern. Je besser Abläufe im Unternehmen dokumentiert sind, desto leichter lassen sie sich steuern und delegieren. Dies gilt insbesondere für Dienstleistungen, damit Mitarbeiter bestimmte Leistungen aufgrund von Standardisierung leichter erbringen können. Dabei gewinnen alle: Kunden erhalten bessere Qualität zu niedrigeren Kosten. Mitarbeiter profitieren, weil im Team Ausfälle von Kollegen besser kompensiert werden können und ein Einzelner nicht die Sicherheit des Teams gefährdet. Unternehmer können Aufgaben besser überwachen und delegieren. Bevor Sie beginnen, Prozesse zu definieren, erstellen Sie eine einheitliche Dokumentationsvorlage (eine geeignete Vorlage erhalten Sie unter http:// businesstoolsonline.de). Anschließend betrachten Sie die hier vorgestellten Hauptgeschäftsprozesse und bestimmen Sie, welche der dort aufgeführten Bestandteile in Ihrem Unternehmen benötigt werden. Listen Sie sie in einer Tabelle auf und vergeben Sie Prioritäten. Anschließend erstellen Sie die Dokumentation für einen Prozess als Mustervorlage für die weiteren. Übertragen Sie die Dokumentation der Prozesse an geeignete Mitarbeiter und prüfen Sie die Ergebnisse.

Häufig gibt es in Unternehmen kurze Aktivitäten oder allgemeine Tätigkeiten, für die sich eine umfassende Prozessdokumentation nicht eignet. Erstellen Sie daher eine allgemeine FAQ-Liste für Ihre Mitarbeiter. Führen Sie in dieser Liste fortlaufend alle Dinge auf, die sich als nützlich für die tägliche Arbeit erweisen. Auf diese Weise beschreibt eine solche FAQ-Liste möglicherweise, wo man im Internet die besten Informationen zu einem bestimmten Thema erhält oder wie man in der CRM-Software besonders wichtige Arbeitsschritte auf einfache Weise erledigen kann.

Strukturen

Strukturen sind die Königsdisziplin der Unternehmensentwicklung. Mehr als alles andere bestimmen sie das Verhalten des Unternehmens. Stimmen die Strukturen, dann erledigen Mitarbeiter ihre Aufgaben, anstatt sich mit anderen Dingen zu beschäftigen. Viele Unternehmer wissen nicht einmal, dass es Strukturen gibt. Daher bilden sich in ihren Betrieben mehr oder weniger zufällig Strukturen heraus, die dazu führen, dass das Unternehmen nicht das leistet, was der Unternehmer gerne will. Häufig sucht man den Grund in der eigenen Persönlichkeit und vermutet unbewusste Misserfolgsprogramme. Tatsächlich liegt es an Strukturen, wenn man trotz umfassender Bemühungen keine Erfolge mit dem eigenen Unternehmen verzeichnet und das Gefühl hat, seit Jahren »mit angezogener Handbremse« unterwegs zu sein.

Überlegen Sie daher, wenn die Abläufe und Prozesse in Ihrem Unternehmen bekannt sind, welche Rahmenbedingungen, Regeln, Kontrollinstrumente et cetera hinzugefügt werden müssen, damit eine Struktur entsteht, die Ihr Unternehmen zu Leistung und Erfolg führt.

Unternehmensentwicklung: die häufigsten Fragen und ihre Antworten

Unternehmensentwicklung

Warum ist Unternehmensentwicklung überhaupt notwendig?

Ständige Unternehmensentwicklung schafft für das Unternehmen, seine Mitarbeiter und die Kunden eine klare und positive Zukunftsperspektive. Nur mit einer solchen vor Augen kann man dauerhafte Zufriedenheit erlangen. Letztendlich schafft Unternehmensentwicklung mehr Lebensqualität für alle Beteiligten und mehr Erfolg sowie Freiheit für den Unternehmer.

Welchen Vorteil bringt uns Unternehmensentwicklung? Wir verdienen doch gut und erwirtschaften seit Jahren hohe Gewinne!

Häufig verursachen gute Umsätze zunächst unsichtbare Probleme für die Zukunft. Insbesondere wenn Wachstum auf guten Verkäufen oder der Marktsituation beruht, ist Vorsicht angebracht. Das Kaufverhalten und die Marktlage können sich schnell verändern, und unbemerkt hat sich ein Firmensystem aufgebaut, das permanent hohe Kosten verursacht. Ziel der Unternehmensentwicklung ist es, flexible Unternehmen aufzubauen, deren Erfolg vor allem dem Marketing und der Unternehmensstruktur (und weniger externen Faktoren) entspringt. Neben hohen Gewinnen spielt vor allem die Lebensqualität eine wichtige Rolle, denn Gewinne alleine sind nutzlos, wenn der Unternehmer unfrei ist und alle Zeit und Energie nur dem Unternehmen und seinen Wachstumszielen widmen muss.

Ich stehe kurz vor der Geschäftsaufgabe. Warum sollte ich mich mit Unternehmensentwicklung beschäftigen?

Wer sein Geschäft aufgibt, tut dies in der Regel nicht freiwillig. Sofern Sie also vor einer unfreiwilligen Geschäftsaufgabe oder Veränderung stehen, wurden in der Vergangenheit vermutlich strategische Fehler gemacht, deren Auswirkungen sich nun zeigen. Zunächst sind natürlich möglichst kurzfristige Maßnahmen zu empfehlen, um den potenziellen Schaden zu vermindern oder abzuwenden. Anschließend ist jedoch dafür zu sorgen, dass sich das Unternehmen in Zukunft besser entwickelt. Und dafür ist die Unternehmensentwicklung optimal geeignet. Als ganzheitliches Konzept ermöglicht dieses Programm schnellstmögliche Erfolge auf der Grundlage praxiserprobter Vorschläge.

Was unterscheidet das hier erwähnte Prozessmodell von anderen Modellen wie dem EFQM-Modell?

Das EFQM-Modell ist ein Prozessmodell, das eine ganzheitliche Sicht auf Unternehmen ermöglicht. Es basiert auf den drei Säulen Menschen, Prozesse und Ergebnisse, ist die Grundlage für die Erlangung des europäischen Qualitätspreises und hilft bei der Umsetzung des TQM-Paradigmas. Das Prozessmodell beinhaltet das Konzept der kontinuierlichen Verbesserung (KVP) und hat das Ziel, Unternehmen zu Spitzenleistungen zu führen.

Das Prozessmodell im Systematic Cube beinhaltet alle wesentlichen Erfolgsfaktoren des EFQM-Modells, ist jedoch einfacher zu implementieren, weil es genauere Vorgaben macht. Prinzipiell entsteht für ein Unternehmen kein Nachteil, wenn er sich für oder gegen eines der beiden Modelle entscheidet.

Mein Unternehmen ist so kompliziert geworden, dass ich Monate oder Jahre benötigen würde, um alle Prozesse abzubilden. Wofür benötige ich überhaupt Prozessbeschreibungen?

Wenn ein Unternehmen so komplex geworden ist, dass man kaum noch Dokumentationen erstellen kann, dann muss man sich fragen, ob sich Kontrolle und Transparenz im Unternehmen überhaupt bewahren lassen. Häufig bilden sich in solchen Unternehmen unkontrolliert Strukturen heraus, in denen die Mitarbeiter ihre Positionen durch politisches Verhalten und »Unentbehrlichkeit« absichern. Das Unternehmen kann sich dann nur schwer positiv entwickeln, und die Leistung für den Kunden ist in ständiger Gefahr. Prozesse gewährleisten vor allem, dass eine gleichbleibende Mindestqualität erzielt wird und Verbesserungen an bestimmten Arbeitsschritten vorgenommen werden können. Was nicht dokumentiert ist, entzieht sich der Überprüfung und wird in der Regel bei mehrfacher Ausführung auf unterschiedliche Weise durchgeführt.

Um Prozesse sinnvoll zu dokumentieren und einzuführen, hat es sich bewährt, zunächst einen groben Rahmen zu schaffen und die Grundlagen zu definieren. Hierzu gehören:

➤ Dokumentationsstandards und Vorlagen erstellen,

➤ ein Schaubild der grundsätzlichen Abläufe zeichnen,

➤ detailliertere Ausarbeitung des Schaubilds, in dem die wesentlichen Prozesse und notwendigen Unterlagen identifiziert werden,

➤ Aufstellung einer To-do-Liste, in der nach Priorität geordnet die wichtigsten zu dokumentierenden Prozesse beschrieben werden,

➤ Erstellung grober Prozessbeschreibungen, die erst nach erfolgreichem Test verfeinert werden.

Was ist die wichtigste Voraussetzung, damit ich meinem Unternehmen überhaupt eine Entwicklung ermöglichen kann?

Die wichtigste Voraussetzung zur Entwicklung Ihres Unternehmens ist Ihre Zeit. Unternehmensentwicklung ist ein langfristiger Prozess, der erst nach einer Weile Schwung aufnimmt. Wenn der Schwung erst einmal vorhanden ist, kann (und will) man ihn kaum noch stoppen. Anfänglich erscheint jedoch die Fülle an notwendigen Aktivitäten überwältigend. Im Gegensatz zu vielen Systemen, die auf Tipps und einzelnen Hinweisen beruhen, erfordert die Umsetzung der gesamten Systematik je nach Arbeitsintensität zwischen sechs und sechsunddreißig Monaten. Wenn Sie jede Woche vier Stunden Ihrer Zeit für Unternehmensentwicklung aufwenden, erzielen Sie schon bald erste Erfolge, die Sie und Ihr Team zum Weitermachen motivieren werden. Nach einigen Monaten reduziert sich der Aufwand dann teilweise recht deutlich, sodass Sie die gewonnene Zeit tatsächlich in Freizeit umwandeln können.

Häufig höre ich, dass man in seinem Unternehmen Strukturen schaffen soll, welche die Leistungsfähigkeit des Systems erhöhen. Was ist damit gemeint?

Strukturen sind die eigentlichen Bahnen, die das Verhalten Ihrer Organisation beeinflussen. Wie ein Flussbett den Verlauf des Wassers bestimmt, so bestimmen Strukturen, wie sich Mitarbeiter in Ihrem Unternehmen verhalten. Grundsätzlich folgen Mitarbeiter dem Prinzip des geringsten Widerstandes, was bedeutet, dass sie situativ immer das Verhalten auswählen werden, das die größte Bequemlichkeit ermöglicht. Die Struktur wird maßgeblich davon geprägt, wie dieses Verhalten aussieht. Wenn die Strukturen ein bestimmtes Verhalten erzeugen, dann sind alle Anstrengungen zu seiner Änderung zum Scheitern verurteilt, solange die Struktur nicht verändert wird.

Die größte Schwierigkeit ist dabei, dass man nicht die Strukturen, sondern mehr ihre Auswirkungen erkennt. Betrachtet man ein Unternehmen, in dem die Mitarbeiter am liebsten Kaffee trinken, im Internet surfen und der Arbeit aus dem Weg gehen, liegt eine Struktur vor, die dieses Verhalten gestattet und möglicherweise sogar fördert. Arbeiten Mitarbeiter mit hoher Konzentration, fokussiert und erfolgreich, so liegt eine Struktur vor, die ergebnisorientiertes Arbeiten fördert. Zu einer Struktur gehören Arbeitsvorgaben, Regeln, Werkzeuge, Kontrollmechanismen, die unternehmerische Vision und die Art der grundsätzlichen Zusammenarbeit im Unternehmen.

Interessenten- und Kundengewinnung

Was ist Interessentengewinnung?

Interessentengewinnung ist ein Hauptgeschäftsprozess, der dazu dient, Ihre Leistungen bei potenziellen Kunden bekannt zu machen. Es sollen qualifizierte Interessenten gewonnen werden, die Ihre Produkte oder Dienstleistungen nachfragen.

Was ist das Ziel der Interessentengewinnung?

Das Ziel der Interessentengewinnung ist ein qualifizierter Lead. Das ist ein Interessent mit einer möglichst deutlichen Kaufabsicht, der Bedarf an dem Produkt hat. Mit anderen Worten: Der Interessent möchte Ihre Leistung, er braucht sie jetzt, und er kann sie bezahlen. Zur Qualifikation gehören auch wichtige Interessentendaten wie Name und Anschrift sowie Entscheidungskriterien.

Wir benötigen in erster Linie mehr Umsatz und neue Kunden. Warum besuche ich nicht einfach ein Verkaufstraining, damit ich mehr akquirieren kann?

»Marketing schlägt Mensch« ist eine wesentliche Erkenntnis zahlreicher Business-Scans. Viele Branchen haben in den letzten Jahrzehnten Millionen investiert, um aus Menschen Verkäufer (und Einkäufer) zu machen. Ein langfristiger Nutzen für die Unternehmen ist nicht erkennbar. Andere Branchen haben die Zeit genutzt, um Systeme für den Absatz ihrer Produkte zu entwickeln. Diese Branchen haben realisiert, dass Produkte und Dienstleistungen nicht mehr nur fixiert auf den persönlichen Kontakt vermarktet werden können. Marketing hat den Vorverkauf übernommen, und die Bedeutung des Verkäufers ist teilweise auf Null reduziert worden.

Wer alleine durch die Schulung seiner rhetorischen Fähigkeiten und sein verkäuferisches Geschick Akquisition betreibt, der verzichtet auf die Möglichkeiten, die sich durch gezielte Interessentengewinnung und mittelfristige Marketingplanung ergeben. Verkäufer müssen letztendlich ständig neue Kontakte »anschleppen«, um einen permanenten Umsatz zu gewährleisten. Systematische Unternehmensentwicklung mit der Konzentration auf Interessentengewinnung und Marketing dagegen erhöht den Bekanntheitsgrad in Ihrer Zielgruppe und führt dazu, dass Interessenten von selbst auf das Unternehmen zukommen. Der anschließende Verkauf kann dann relativ standardisiert erfolgen und auch von Menschen mit durchschnittlichen rhetorischen Fähigkeiten und wenigen persönlichen Kontakten erfolgreich durchgeführt werden.

Wie viel muss ich für einen guten Verkäufer bezahlen? Oder anders gefragt: Wie finde ich einen guten Verkäufer, und welches Provisionsmodell ist am besten geeignet?

Diese Frage ist unpassend gestellt. Wer die Motivation von Verkäufern in der Bezahlung sieht und nach Provisionsmodellen sucht, handelt nach überholten Vorstellungen vom Verkauf, die in den siebziger Jahren Konjunktur hatten.

Zunächst ist eine Struktur zu schaffen, in der Mitarbeiter erfolgreich verkaufen können. Das Unternehmen muss dazu festlegen, wie verkauft wird (Prozess), welche Verkaufshilfen zu verwenden sind (Leitfäden, Präsentationen und Prospekte) und wie der Mitarbeiter in die Lage versetzt werden soll, in der Struktur zu arbeiten (Einarbeitung, Schulung). Anschließend definiert man genau die Anforderungen an die zu besetzende Stelle und sucht sich dann die geeignetsten Mitarbeiter für die geringstmögliche angemessene Bezahlung.

Unternehmensentwicklung geht also den Weg, zunächst die unternehmerischen Voraussetzungen (das System) für erfolgreichen Verkauf zu schaffen und anschließend das System von normal bis gut engagierten Mitarbeitern betreiben zu lassen. Diese unternehmerische Lösung hat viele Vorteile: Nicht der beste Verkäufer bestimmt über den Erfolg des Unternehmens, sondern die Qualität und Reife der Verkaufssystematik. Hierdurch hat der Unternehmer deutlich bessere Handlungsmöglichkeiten und schafft langfristige Wettbewerbsvorteile, die schwer kopiert werden können.

Was ist das Modell des Piratenschiffs?

Wenn in alten Piratenfilmen Matrosen angeheuert wurden, gab es auf die Frage: »Wie viel bezahlen Sie?« üblicherweise die Antwort: »Es gibt keine Heuer. Aber wir kapern jede Woche ein Schiff und teilen die Beute!«

Manche Unternehmer handeln nach demselben Prinzip. Verkäufer werden auf Provisionsbasis eingestellt, und bei erfolgreichem Abschluss wird die Unternehmerprovision zwischen Unternehmen und Verkäufer aufgeteilt. Oft ist jedoch der Unternehmer im Vergleich zum Piratenschiff schlechter organisiert: Jeder arbeitet für sich, und der Verkäufer muss selbst sehen, wie und an wen er verkauft. Daraus entstehen nur selten Vertrauen und Gemeinsamkeit.

Was unterscheidet Kundengewinnung vom klassischen Verkauf?

Die Kundengewinnung entspricht noch am ehesten dem klassischen Verkauf. Der Unterschied besteht jedoch in der Fokussierung und Systematisierung. Während in der Interessentengewinnung die Leads erzeugt werden, findet in der Kundengewinnung meist ein persönliches Gespräch statt, bei dem die Grundlagen geklärt werden, damit ein Lead zum Kunden wird. Das Ergebnis der Kundengewinnung sind daher eine Vereinbarung (Vertrag) oder eine Willenserklärung, sodass anschließend eine Leistung erbracht (und berechnet) werden kann.

Die Systematik der Kundengewinnung konzentriert sich auf die Entwicklung und Dokumentation von Überzeugungseinheiten (zum Beispiel Präsentationen, Verkaufsgespräche), sodass Mitarbeiter wirksame Kundengewinnung bei gleichbleibender Qualität betreiben können.

Wie sorge ich dafür, dass Gesprächsleitfäden von meinen Mitarbeitern befolgt werden?

Gesprächsleitfäden für die Kundengewinnung sollten kurz sein und die wichtigsten Überzeugungseinheiten enthalten. Darüber hinaus sollten sie einfach zu befolgen sein und keine lange Ausbildung voraussetzen.

Besonders einfach sind Leitfäden dann zu befolgen, wenn die Mitarbeiter zusätzlich gute Verkaufshilfen erhalten. So nutzen manche Unternehmer Präsentationen, die bei der Kundengewinnung einzusetzen sind. Andere geben den Mitarbeitern Prospekte, Leistungsgarantien oder manuelle Verkaufshilfen (zum Beispiel Modelle von Häusern oder Puzzles) mit, damit sie das Gespräch einfacher und strukturierter durchführen können.

Dass Dokumentationen sinnvoll sind, wenn sich eine Tätigkeit häufig wiederholt, verstehe ich. Wie dokumentiert man aber Dinge, die einen hohen Anteil an individueller Arbeit enthalten, zum Beispiel den Verkauf?

Individuell erbrachte Leistungen sind häufig komplex, schnell veränderlich und anspruchsvoll. Es ist daher kaum sinnvoll, hierfür feste Arbeitsbeschreibungen zu erstellen. Da komplexe Leistungen häufig auch einen großen Anteil kreativer Leistung enthalten, sollten Sie Mustervorlagen erarbeiten, die von den Mitarbeitern individuell angepasst werden müssen. Sie können zum Beispiel hochwertige Musterexposés erstellen, die zeigen, wie das gewünschte Endergebnis aussehen muss. Geben Sie in diesem Fall jedoch vor, dass die Muster nicht exakt kopiert werden dürfen. Ansonsten laufen Sie Gefahr, dass die individuell erstellten Unterlagen schließlich sehr einheitlich aussehen und Mitarbeiter sie aus Einfallslosigkeit einfach reproduzieren.

Legen Sie Regeln und Standards fest, die bei der Erstellung zu berücksichtigen sind und allgemeine Gültigkeit besitzen. In diesem Fall erhöhen Sie die Qualitätsstandards für Leistungen, die individuell erbracht werden.

Leistungserbringung

Warum gehören Referenzen und Weiterempfehlungen zur Leistungserbringung? Ich hätte erwartet, dass dies zum Marketing gehört.

Referenzen und Weiterempfehlungen sind ein wichtiges Instrument zur Interessenten- und Kundengewinnung. Sie werden jedoch erst dann freiwillig vom Kunden gegeben, wenn er mit der Leistung zufrieden ist. Daher ist es für ein Unternehmen von besonderer Wichtigkeit, dass im Prozess der Leistungserbringung auch die Frage nach der Kundenzufriedenheit gestellt wird, typischerweise direkt nach erbrachter guter Leistung. In jedem Fall sollte also im Prozess der Leistungserbringung immer auch die Frage nach Referenzen und Weiterempfehlungen vorgesehen sein.

Meine Kunden sind offensichtlich mit meiner Leistung zufrieden. Was kann ich noch tun, um mich in diesem Bereich zu verbessern?

In unserem Wirtschaftssystem setzen sich dauerhaft die Anbieter mit der besten Leistung und dem besten Service durch. Um sich einen Wettbewerbsvorteil zu verschaffen, sollten Sie die Verbesserung Ihrer Leistung systematisieren. Hierzu gehören regelmäßige Kundenbefragungen und interne Diskussionsrunden, die thematisieren, was Sie zukünftig optimieren und verbessern können. Nur so erzielen Sie eine ständig am Markt und den Kundenwünschen orientierte Leistung und verhindern, dass Ihr Unternehmen sich auf seit Jahren überholten Leistungsstandards ausruht, um schließlich von der Konkurrenz überholt zu werden. Insbesondere in der Immobilienbranche haben sich in letzter Zeit unzählige Anbieter durch neue Leistungen hervorgetan, an die vor wenigen Monaten noch niemand gedacht hat.

Führung

Ich verstehe den Unterschied zwischen einer Rolle und einer Stelle nicht. Wie halte ich diese Begriffe auseinander?

Eine Rolle ist durch ihre Hauptverantwortung definiert. Der Mitarbeiter erklärt sich mit Übernahme der Rolle einverstanden, die damit verbundene Hauptverantwortung zu übernehmen und alle notwendigen Aufgaben auszuführen, um die Verantwortung im speziellen Fall (beziehungsweise der aktuellen unternehmerischen Situation) zu erfüllen. Eine Stelle besteht aus einer oder mehreren Rollen und wird immer durch einen Mitarbeiter besetzt.

Aus welchen Elementen besteht eine typische Rollenbeschreibung?

Eine Rolle beschreibt zunächst einmal die Hauptverantwortung, die sie im Rahmen der Organisation erfüllen wird. Hierfür sind bestimmte fachliche und persönliche Voraussetzungen notwendig, die ebenfalls in die Rollenbeschreibung gehören. Darüber hinaus enthält sie alle Einarbeitungsaktivitäten, die dem Rolleninhaber ermöglichen, die geforderte Leistung zu erbringen, insbesondere betriebsspezifische Schulungen und Einweisungen. Sofern es sich um Rollen handelt, die qualitative Leistungen erbringen sollen, werden die damit verbundenen Ziele und Anforderungen beschrieben.

Ich kann mir unter der Hauptverantwortung einer Rolle nicht viel vorstellen. Können Sie ein paar Beispiele geben?

Die nachfolgende Tabelle beschreibt einige typische Rollen und deren Hauptverantwortung in inhabergeführten Unternehmen:

Rolle	Hauptverantwortung
Unternehmer	Unternehmerische Idee weiterentwickeln.
Geschäftsführer	Entwicklung und Umsetzung von Strategien, die das langfristige Überleben des Unternehmens sichern.
Assistenz	Administrative Unterstützung für den Geschäftsführer.
Buchhaltung	Buchführung entsprechend den gesetzlichen Vorgaben und Bereitstellung aktueller Berichte für die Geschäftsführung.
IT-Rolle	Optimale Unterstützung der Geschäftsabläufe durch IT.

Verkaufsleiter	Erreichung der jährlichen Umsatzziele durch das Verkaufsteam und Umsetzung der Verkaufsstrategie.
Verkäufer	Erreichung der vorgegebenen Umsatzziele durch Befolgen der Verkaufsstrategie.
Auszubildender	Erfüllung der Ausbildungsziele und positives Bestehen der Abschlussprüfung.

Sie sprechen so oft von Verantwortung! Welche Hindernisse sind denn zu erwarten, wenn ein Mitarbeiter seine Verantwortung nicht erfüllt?

Es gibt drei Hindernisse, die dem Übernehmen von Verantwortung im Wege stehen:

1. Nicht können: Eine Verantwortung darf nur übernommen werden, wenn die entsprechenden Fähigkeiten vorhanden sind oder im Rahmen der Aufgabe rechtzeitig erlernt werden können. Ist dies nicht der Fall, muss die Verantwortung abgelehnt werden oder darf nicht übertragen werden.

2. Nicht wollen: Der Mitarbeiter muss die Rolle übernehmen wollen. Dazu muss er zunächst verstehen, welche Bedeutung sie im Unternehmen hat. Bei Aufgabenübertragung ist das Wollen häufig ein Problem, weil der Sinn der Aktivität nicht verstanden wird. Motivation entsteht nur, wenn für den Mitarbeiter ein Sinn erkennbar ist.

3. Nicht dürfen: Häufig erlauben Vorgesetzte ihren Mitarbeitern nicht, die Verantwortung zu übernehmen. Die Ursache sind häufig unbewusste Konflikte innerhalb der Persönlichkeitsstruktur. Oft äußert sich dies darin, dass der Vorgesetzte zu schnell zu viel erwartet und dann Aufgaben aus dem Verantwortungsbereich selbst übernimmt oder sich in die Tätigkeiten einmischt. Dadurch entsteht beim Mitarbeiter das Gefühl der Unzulänglichkeit. Er wechselt in einen Modus der Hilflosigkeit und überlässt dem Vorgesetzten wieder die Führung.

Management

Was versteht man unter der Managementdisziplin?

Die Planung von Wachstum und Unternehmenserfolg ist die wichtigste Voraussetzung für eine nachvollziehbare und gesteuerte Geschäftsentwicklung. Anstatt die geschäftliche Entwicklung dem Zufall zu überlassen, definieren Sie Ihre Ziele und entwickeln Maßnahmen, um diese in die Realität umzusetzen. Aufgabe der Managementdisziplin ist es, die Voraussetzungen für die gewünschte Geschäftsentwicklung zu schaffen.

Das wichtigste Instrument der Managementdisziplin ist der Businessplan. Er beschreibt die strategische Entwicklung des Unternehmens und beinhaltet wesentliche Maßnahmen, die zur Erreichung der Ziele umgesetzt werden sollen. Neben der Businessplanung gehört zur Managementdisziplin auch die Erstellung und Steuerung der übergeordneten Geschäftsprozesse sowie die Schaffung aller Voraussetzungen, damit die Prozesse implementiert werden können (zum Beispiel in Form von Dokumentationsstandards und IT).

Wofür benötige ich einen Businessplan? Ich plane meist gar nicht, bin deshalb flexibel und erziele größere Gewinne, weil ich Möglichkeiten ergreife, die ich nicht vorhersehen konnte.

Ein guter Plan hält Sie auch dann auf der Spur, wenn sich nur wenige Möglichkeiten ergeben. Gerade wenn sich Geschäfte gut entwickeln, vernachlässigen viele Unternehmer die interne Entwicklung und bauen (oft unbewusst) Strukturen auf, die sich später als höchst problematisch herausstellen. Ein guter Plan legt einen wesentlichen Schwerpunkt auf die innere Entwicklung des Unternehmens und stellt sicher, dass nicht nur der Umsatz wächst, sondern auch die organisatorische Reife. Sollten sich gute Gelegenheiten ergeben, die im Plan nicht bedacht wurden, so spricht nichts dagegen, sie trotzdem zu ergreifen.

Was sind die wichtigsten Fragen, die ich vor der Erstellung eines Businessplans beantworten muss?

Wenn Sie Ihr Unternehmen nicht nur zum Spaß gründen, sondern um sich persönlich zu entwickeln und mehr Lebensqualität zu erreichen, dann gibt es vor allem drei Bereiche, die Sie untersuchen müssen, bevor Sie Ihren Plan erstellen:

➤ *Finanzen:* Bestimmen Sie, wie viel Geld Sie benötigen, damit das Unternehmen Ihren gewünschten Lebensstandard finanzieren kann. Definieren Sie außerdem, wo Ihre finanzielle Untergrenze liegt, ab der Sie das Unternehmertum aufgeben werden (gegebenenfalls legen Sie eine Kreditlinie für das Unternehmen fest).

➤ *Zeit:* Legen Sie fest, wie viel Arbeitszeit Sie für das Unternehmen zu investieren bereit sind. Viele Unternehmer arbeiten deutlich zu viel und vergeuden damit unwiederbringlich Lebenszeit. Legen Sie fest, in welchen zeitlichen Perioden Sie arbeiten wollen. Kurzfristig kann ein erhöhter Arbeitsaufwand sinnvoll sein, langfristig kann er Ihre persönlichen Ziele jedoch gefährden.

➤ *Inhalt:* Definieren Sie, welche Arbeitsinhalte Sie sinnvoll ausüben können. Wodurch schaffen Sie Nutzen und sorgen dauerhaft für eine positive Entwicklung? Wer seinen Arbeitsinhalt alleine im operativen Bereich sieht, benötigt einen Geschäftsführer, damit dieser Bereich nicht vernachlässigt wird. Viele Unternehmer sind aufgrund ihrer Arbeitsvorlieben der Hauptumsatzfaktor im Unternehmen, und zwar sowohl für den Verkauf als auch für die nachfolgende Leistungserbringung. Dieser Inhalt ist eine gefährliche Mischung.

Welche Elemente sollte ein Businessplan beinhalten?

In erster Linie muss ein Businessplan eine Strategie beinhalten, um die zuvor angesprochenen Fragen durch die strategische Entwicklung des Unternehmens zu beantworten. Wenn also klare Ziele des Unternehmers für seine Finanzen, die Arbeitszeit und den Inhalt der Tätigkeit vorliegen, dann muss das zu entwickelnde Unternehmen diese Ziele auch ermöglichen. Hierzu wird eine entsprechende strategische Planung über einen bestimmten Zeitraum (meist drei bis sieben Jahre) beschrieben.

Neben der strategischen Planung sind Kennzahlen zu definieren, welche die unternehmerische Entwicklung in allen wichtigen Bereichen bewerten, und eine Liste von strategischen Maßnahmen zu erstellen, die in den nächsten drei bis zwölf Monaten umzusetzen sind.

Weitere Elemente eines Businessplans betreffen die unternehmerische Vision, die Stärken und Schwächen des Unternehmens (SWOT-Analyse), Kundenprofile, angestrebte Beteiligungen und gegebenenfalls eine Betrachtung des Marktes und der Mitbewerber.

Ich verstehe, dass ein Businessplan eine Liste mit Maßnahmen beinhalten sollte. Aber welche Maßnahmen sind nun sinnvoll, um das Unternehmen zu entwickeln?

Diese Frage ist schwer zu beantworten, weil die Antwort für jedes Unternehmen anders ausfallen kann. Aus diesem Grunde ist zunächst ein Business-Scan zu empfehlen, welcher klare Auskunft erteilt, welche Maßnahmen die Unternehmensentwicklung am besten voranbringen werden. Alternativ erhalten Sie durch die Bearbeitung der Bestandsaufnahme im Kapitel »Das System« einen Überblick über Ihre aktuelle Situation und können daraus Maßnahmen entwickeln. Auf keinen Fall sollten Sie einfach willkürlich Maßnahmen vornehmen, die Sie möglicherweise als Tipps von anderen Unternehmern erhalten haben. In diesem Fall riskieren Sie, dass Sie Dinge tun, die nicht aufeinander abgestimmt sind, sich jedoch gegenseitig bedingen. Nur durch eine strukturierte Vorgehensweise mit klaren Prioritäten stellen Sie sicher, dass die Maßnahmen tatsächlich wirksam werden und die gewünschten Ergebnisse erzielen.

Sollte diese Ausführung Sie trotzdem nicht in Ihrem Aktivitätsdrang stoppen, so erstellen Sie als Erstes einen vollständigen Businessplan. Er ist die Grundlage für jede weitere Form der Unternehmensentwicklung.

Immer wieder wird die Wichtigkeit des Businessplans betont. Warum können trotzdem nur wenige Unternehmer einen aktuellen Businessplan vorlegen?

Die häufigsten Gründe für das Fehlen von Businessplänen sind:

➤ *Unfähigkeit, eine solche Planung zu erstellen:* Es fehlen die Grundkenntnisse, um mit der Arbeit an einem Businessplan zu beginnen (»Ich weiß nicht, wie ich anfangen soll!«).

➤ *Angst vor Versagen:* Der Unternehmer glaubt, keine verlässliche Planung erstellen zu können (»Niemand weiß, was die Zukunft bringt!«), und befürchtet, später an dem Plan gemessen zu werden.

➤ *Fehlende Einsicht,* dass Planung und Ziele ein wesentliches Element für den eigenen Erfolg sind – auch wenn dies bereits als erwiesen gilt (»Das funktioniert bei anderen, aber nicht bei uns!«).

Mit anderen Worten: Unfähigkeit, Angst und Ignoranz prägen die Geschäftsführung in vielen kleinen und mittelständischen Unternehmen. Stellen Sie sich vor, sie selbst wären Angestellter einer Person, die keine Vorstellung von der Zukunft hat oder nicht in der Lage ist, diese zu kommunizieren. Welche Perspektive hätten Sie dann? Die wichtigste Aufgabe eines Geschäftsführers ist es, dem Unternehmen eine positive Zukunft zu ermöglichen. Mit einem Businessplan schaffen Sie die Grundlage dafür.

Marketing

Im Marketing werden immer wieder Begriffe wie USP oder Elevator Pitch verwendet. Was versteht man darunter?

Bei diesen Begriffen handelt es sich um zentrale Marketingbotschaften, die immer an die gewünschte Zielgruppen anzupassen sind. Das Kapitel über Marketing beinhaltet Beispiele und Empfehlungen zur Gestaltung dieser Botschaften.

Was versteht man unter Supportprozessen?

Supportprozesse sind Unternehmensabläufe, die andere Hauptprozesse unterstützen oder überhaupt erst ermöglichen. In erster Linie gehören hierzu alle Abläufe, die mit der EDV oder mit Kommunikationseinrichtungen zu tun haben. Ohne EDV sind die meisten Abläufe in heutigen Unternehmen nicht mehr denkbar. Daher dienen alle Aktivitäten, die unter den Supportprozessen zusammengefasst werden, der optimalen Unterstützung und Gestaltung der anderen Geschäftsprozesse.

Während in der Vergangenheit die EDV in vielen Managementdisziplinen keine große Bedeutung hatte, ist sie heute zwingende Voraussetzung für nahezu alle Abläufe in Unternehmen. Interessentengewinnung funktioniert nicht ohne Telefonanlage und E-Mail-Systeme, die Finanzen werden mittels Buchhaltungs- und Kalkulationsprogrammen organisiert, und selbst Führungsaufgaben kommen ohne EDV-Systeme nicht mehr aus. Die Beziehung zwischen EDV und dem jeweiligen Prozess ist dabei eine gegenseitige: Der Prozess definiert die Anforderungen an die EDV, und die EDV-Systeme und Programme geben wiederum vor, was möglich ist. In vielen Fällen gestaltet die EDV die Geschäftsprozesse aktiv mit.

Supportprozesse sind daher von enormer Wichtigkeit, wenn es darum geht, ein Unternehmen zu schaffen und zu steuern, das optimal organisiert ist und in dem wichtige Arbeitsschritte hocheffizient ablaufen.

Business-Scan

Was ist der Business-Scan?

Der Business-Scan ist ein Instrument zur Bewertung Ihrer Unternehmenssystematik und der Professionalität des Managements. Mit anderen Worten: Er bewertet die Reife des Unternehmens. Der Scan zeigt außerdem auf, durch welche Entwicklungen ein Unternehmen die größten Fortschritte erzielen wird, und stellt einen Bewertungsmaßstab für die zukünftige Unternehmensentwicklung dar. Durch diese Eigenschaften ist der Scan ein einzigartiges Instrument für die Immobilienbranche, um Unternehmern die professionelle Unternehmensführung zu erleichtern.

Welchen Nutzen hat der Business-Scan für mich?

Der Business-Scan zeigt sofort, in welchen Bereichen ein Unternehmen Schwachpunkte hat und vor allem, welche Maßnahmen zuerst zu ergreifen sind, um den Erfolg zu unterstützen. In vielen Fällen ist es dem Unternehmer zwar bewusst, dass das Unternehmen Schwächen hat, aber er behebt sie nicht mit der richtigen Priorität. Häufig erlebt man auch, dass sich Unternehmer monatelang auf den Scan vorbereiten, in der Hoffnung, dass dadurch ein besseres Abschneiden ermöglicht wird. Tatsächlich geraten diese Unternehmer jedoch häufig in eine Stagnation der eigenen Entwicklung und erreichen fast nichts.

Der Business-Scan ist ein zuverlässiges Messinstrument und bietet Ihnen eine klare Anleitung zur Unternehmensentwicklung und weiteren Systematisierung. Wer den Scan einmal durchgeführt hat, kann seine Fortschritte selbst bewerten.

Was passiert während des Business-Scans, und welche Ergebnisse erhalte ich hinterher?

Der Business-Scan dauert circa vier bis sechs Stunden. In dieser Zeit erfragt der Berater bei Ihnen vor Ort verschiedene Leistungsbereiche Ihres Unternehmens und beurteilt anhand definierter Kriterien, wie systematisch diese Bereiche organisiert sind. Nebenbei erfahren Sie einiges über bewährte Vorgehensweisen in der Branche.

Die schriftliche Auswertung erhalten Sie einige Tage später. Sie umfasst zusammen mit dem Fragenkatalog circa 15 Seiten und beinhaltet für jeden Leistungsbereich eine Bewertung sowie klare Empfehlungen zur Optimierung. Schließlich erfahren Sie im Gesamtergebnis, wie Sie im Vergleich zu den besten Unternehmen der Branche (Benchmark) dastehen und welche Maßnahmen für die Weiterentwicklung am bedeutungsvollsten sind.

Ich führe gerade verschiedene Veränderungen in meinem Betrieb durch. Sollte ich nicht besser mit dem Business-Scan warten, bis diese Veränderungen abgeschlossen sind?

Warten Sie besser nicht. Einerseits können Sie häufig nicht sicher sein, ob die von Ihnen durchgeführten Veränderungen wirklich die größte Priorität für die weitere Entwicklung haben; andererseits ist der Scan kein Test, bei dem man ein besonders hohes Ergebnis erzielen will. Tatsächlich ist der Scan eine kritische Betrachtung der aktuellen Situation, die klare Empfehlungen für die Zukunft zur Folge hat. Damit sollte man nicht warten.

Ich habe derzeit große wirtschaftliche Probleme und muss dringend neue Aufträge gewinnen, sonst bin ich in einigen Wochen bankrott. Warum sollte ich einen Business-Scan machen?

In solchen Fällen analysiert der Scan Ihre aktuellen Chancen und gibt klare Empfehlungen. Ist Ihre gewählte Vorgehensweise riskant oder führt gar mit Sicherheit zum Bankrott, erhalten Sie Empfehlungen, wie Sie den Schaden sofort begrenzen können. Ist die Situation noch zu retten, erhalten Sie ein Feedback, was die wichtigsten Aktivitäten für Sie sind und wie Sie zukünftig eine positive Entwicklung herbeiführen können. Erfahrungsgemäß kommt man nicht selbst auf diese Empfehlungen, sonst wäre die kritische Situation gar nicht erst eingetreten.

Wir verdienen viel Geld und möchten schnell wachsen. Ich habe gehört, dass manche Unternehmen nach dem Scan auf Wachstum verzichtet haben. Was bedeutet das?

In einigen Fällen deckt der Business-Scan Schwächen im Bereich Führung und Management auf. In diesen Fällen wird dem Unternehmer empfohlen, das Wachstum erst dann zu finanzieren, wenn diese Schwächen behoben wurden. Ungeplantes Wachstum mit fehlender Strategie oder Schwächen bei der Auswahl und Führung der Mitarbeiter wirken sich in Phasen des Wachstums sehr negativ aus. Daher ist es sinnvoll, erst dann das Wachstum zu planen, wenn diese beiden Fundamente der Unternehmensentwicklung gestärkt wurden.

Unser Mitbewerber hat deutlich bessere Ergebnisse (Punktbewertung) im Business-Scan als wir, dabei haben wir mehr Mitarbeiter und verdienen auch mehr Geld. Wie kommt dieses enttäuschende Ergebnis zustande?

Die Größe und der wirtschaftliche Erfolg eines Unternehmens sind nur eines von vielen Kriterien bei der Bewertung der Unternehmensführung. Tatsächlich kann ein kleines Unternehmen deutlich besser organisiert und im Markt positioniert sein als ein großes. Das Ergebnis des Scans ist immer eine Kombination aus der Bewertung der Reife des Unternehmens, der Professionalität des Managements, der Systematisierung von Einzelbereichen und dem Potenzial, das ein Unternehmen in seinem Markt besitzt.

Die Umsetzung in die Praxis

Ich habe gewisse Bedenken gegen Unternehmensberater. Meistens erfüllen sie die Erwartungen nicht und verursachen hohe Kosten. Worin besteht für mich der Nutzen einer Unternehmensberatung?

Unternehmensberater leiden unter dem Vorurteil, dass sie teuer sind und nur wenig nachhaltige Ergebnisse erzielen. Oft hört man, dass die Berater nur die guten Ideen der Mitarbeiter zu Papier bringen und dann als ihre eigenen verkaufen. In anderen Fällen werden Unternehmensberater als Alibi missbraucht, um Kündigungen oder unbeliebte Veränderungen zu erzwingen. Der Unternehmensberater ist dann der Sündenbock für die Veränderung, während der beauftragende Manager unbeschadet weiter in der Firma verbleiben kann. In manchen Fällen werden umfassende Beratungsaufträge über mehrere hundert Tage vergeben, und der Berater wird als hoch bezahlter Mitarbeiter in die Linienorganisation integriert. Dann ist das Interesse der Berater häufig nur noch auf die Verlängerung der Beauftragung und nicht auf das Ergebnis gerichtet.

Tatsächlich kann gut geplante Unternehmensberatung jedoch der entscheidende Erfolgsfaktor für das schnelle Vorankommen Ihres Unternehmens sein! Ein guter Unternehmensberater arbeitet nach einem klaren Konzept, das er Ihnen ausführlich und verständlich darlegen kann. Dabei wird vor der Beauftragung ein Ziel definiert, an dem die Beratung gemessen wird. Bevorzugt werden dann Festpreise vereinbart, sodass die gewünschte Leistung für Sie kalkulierbar wird. Lässt sich das gewünschte Ziel nicht erreichen oder liegt der Arbeitsauftrag nicht im Spektrum des Beraters, so wird er die Beauftragung konsequent ablehnen.

Um größtmögliche Erfolge zu erzielen, sollten Sie das Ziel der Unternehmensberatung kennen: Der Berater zeigt Wege auf, wie sich einzelne Bereiche oder das Gesamtunternehmen optimieren lassen. Hierzu werden üblicherweise schriftliche Konzepte erarbeitet. An dieser Stelle endet die eigentliche Beratung.

Ein Unternehmensberater ist nicht für die Umsetzung verantwortlich. Dies wird oft falsch verstanden, weil manche Kunden der Ansicht sind, dass der Berater seine Ideen auch am besten in die Tat umsetzen kann. Tatsächlich ist jedoch die Realisierung guter Konzepte Aufgabe des Managements. Es gibt die Möglichkeit, für zeitlich begrenzte einmalige Aktivitäten Projekte aufzusetzen und einen externen Projektleiter zu bestimmen. Alternativ kann man einen Manager auf Zeit bestimmen, der dann mit den entsprechenden Kompetenzen ausgestattet die Umsetzung übernimmt.

Was ist die Aufgabe eines Coachs?

Ein Coach hat die Aufgabe, Sie bei der Ermittlung und Umsetzung Ihrer persönlichen Ziele zu unterstützen. Er gibt Ihnen die Ziele also nicht vor, sondern unterstützt Sie dabei, die für Sie richtigen Ziele zu finden und umzusetzen. Gute Coachs haben dafür eine strukturierte, erkennbare Vorgehensweise und erklären Ihnen diese auch. Wenn Sie auf Anbieter treffen, die Ihnen ihre Vorgehensweise nicht erklären können oder ein Geheimnis daraus machen wollen, seien Sie achtsam. Während des Coachings sollte der Coach Sie durch kritische Fragen dazu bringen können, auch unangenehme oder schwierige Entscheidung zu treffen.

Der Coach sollte engagiert sein, jedoch liegt in einem ausgewogenen Coaching der größere Aufwand meist beim Klienten. Es ist daher kein gutes Zeichen, wenn der Coach plötzlich ein größeres Interesse an Ihrer Entwicklung hat als Sie selbst: Stellen Sie sich einen Raucher vor, der heimlich raucht und nicht damit aufhören will, während sein Arzt ihn ständig ermahnt und sich persönlich sehr gegen das Rauchen engagiert. Eine solche Konstellation hätte geringe Chancen, eine positive Veränderung für den Raucher zu bewirken.

Mein Coach weigert sich, die Ergebnisse meiner Unternehmensentwicklung an die Mitarbeiter zu kommunizieren. Was ist da los?

Bestimmte Inhalte der Unternehmensentwicklung sollten ausschließlich durch die Führungskraft kommuniziert werden. Wenn ein Unternehmer seinen Coach beispielsweise bittet, die Ziele des Unternehmens und die geplante Weiterentwicklung an die Mitarbeiter zu kommunizieren, schwächt er dadurch seine eigene Position im Unternehmen. Stattdessen beriefe er sich auf die – für die Mitarbeiter fragliche – Autorität des Coachs und würde vermutlich keine positive Wirkung bei den Angestellten erzielen. Der Coach hat also vollkommen recht, wenn er diese Punkte nicht direkt an die Mitarbeiter kommunizieren will, und schützt damit vor allem den Unternehmer.

Was sind Gründe für einen Coach, die Zusammenarbeit mit einem Interessenten oder Kunden abzulehnen?

Es gibt mindestens die folgenden wichtigen Gründe für einen Coach, die Zusammenarbeit mit einem Kunden abzulehnen:

1. Es lässt sich kein klares Ziel für die Zusammenarbeit formulieren. Wenn trotz mehrfacher Nachfrage kein verständliches Ziel formuliert werden kann und der Klient stattdessen vage Formulierungen verwendet, lehnt der Coach den Auftrag besser ab.

2. Der Auftrag ist für den Coach wirtschaftlich und von der Gestaltung her nicht interessant. Versucht der Klient zu sparen, indem er komplexe Formen der Zusammenarbeit vorschlägt, so lehnt der Coach besser ab. Beispielsweise schlagen manche Interessenten vor, sich zu treffen, wenn der Coach gerade einmal in der Nähe ist, um Fahrtkosten zu sparen. Telefonische Zusammenarbeit wird dabei abgelehnt. Andere wollen zunächst Unterlagen selbst bearbeiten und den Coach nur als Notfallhilfe anheuern, wenn sie nicht mehr weiterkommen. Wieder andere möchten eine unklar definierte Zusammenarbeit, bei der gelegentlich telefoniert werden darf, um einen Sparringspartner zu haben. Solche Konstruktionen lassen sich nicht für beide Seiten fair kalkulieren und führen vermutlich zu späteren Konflikten. In diesem Fall ist ein Coaching nicht die richtige Wahl.

3. Der Coach ist aus zeitlichen oder fachlichen Gründen nicht in der Lage, den Auftrag auszuführen. Wenn ein Interessent Dinge fordert, die im Grenzbereich der eigentlichen Tätigkeit des Coachs liegen, kann es sein, dass der Coach nicht optimal für die Anforderung geeignet ist. Möchte der Interessent den Coach aber aus persönlichen Gründen trotzdem engagieren, drohen später Konflikte bei der fachlichen Zusammenarbeit. Problematisch sind auch Fälle, in denen die beiden Partner kaum in der Lage sind, Termine für die Zusammenarbeit zu finden.

4. Der Interessent zeigt im Verlauf des Vorgesprächs oder im Verlauf des Coachings nur ein geringes Engagement für seine Ziele. Klienten, die im Coachingverlauf keine Eigenverantwortung zeigen, haben kaum eine Chance, das Coaching erfolgreich abzuschließen. Der Klient muss mindestens so viel Interesse zeigen wie der Coach. Bearbeitet er Aufgaben nicht und hält Vereinbarungen – aus welchen Gründen auch immer – nicht ein, muss der Coach die Zusammenarbeit beenden. Anderenfalls entstehen für den Kunden unnötige Kosten, und der Coach läuft Gefahr, dass er seinen eigenen Ruf schädigt, weil er erfolglos gearbeitet hat.

5. Der Klient versucht, eine zu persönliche Beziehung zum Coach aufzubauen. Gute Coach-Klienten-Beziehungen leben von der richtigen

Spannung zwischen Vertrauen und Distanz. Wird die Beziehung zu eng und zu persönlich, läuft der Coach Gefahr, als Projektionsfläche für vielfältige Probleme des Klienten gesehen zu werden. Es wird für ihn immer schwerer, sich abzugrenzen und professionell und systematisch vorzugehen. Dadurch kann er im Coaching kaum noch positive Ergebnisse erzielen.

Woran erkenne ich einen guten Coach?

Sie erkennen einen guten Coach an seiner systematischen und nachvollziehbaren Vorgehensweise, daran, dass er klare Ziele und Ergebnisse mit Ihnen vereinbart und dass er einen Auftrag gegebenenfalls ablehnt, wenn die in der vorherigen Antwort genannten Gründe vorliegen. Ungünstig sind Coaches, die einen Auftrag nur annehmen, weil sie wirtschaftlich darauf angewiesen sind, oder die Sie nur deshalb auswählen, weil Sie die Person mögen. Trotzdem ist es natürlich eine wesentliche Voraussetzung, dass Sie sich auch persönlich mit dem Coach verstehen und bereit sind, ihm zu vertrauen.

Woran erkenne ich einen guten Unternehmensberater?

Ein guter Unternehmensberater verpflichtet sich zu bestimmten Standards, die seiner Arbeit zugrunde liegen. Hierzu gehören unter anderem:

➤ Die Beratung konzentriert sich ausschließlich auf Themen, in denen der Berater nachweislich über Kompetenz verfügt. Aufträge, die thematisch nicht mit den Kompetenzen des Beraters übereinstimmen, werden abgelehnt.

➤ Der Berater ist bereit, eine Geheimhaltungsvereinbarung zu unterschreiben, beziehungsweise gibt grundsätzlich keine Betriebsgeheimnisse an andere Personen weiter.

➤ Der Berater dokumentiert seine Arbeitsergebnisse und überlässt sie Ihnen ohne weitere Diskussion.

> ❯ Der Berater verfügt über ausreichend Berufserfahrung in seinem Beratungsgebiet und ist bereit, auch im Rahmen der Umsetzung der von ihm erarbeiteten Konzepte Mitverantwortung zu übernehmen.

> ❯ Der Berater grenzt Beratung und Management voneinander ab. Mit anderen Worten: Er erstellt für Sie belastbare Konzepte und Strategien, mischt sich aber nicht zu stark in die Unternehmensführung ein. Er weiß, dass Berater eben keine Manager sind, die für das Tagesgeschäft und die Unternehmensführung verantwortlich sind.

Wie kann ich die Ergebnisse meiner Unternehmensentwicklung vor meiner Konkurrenz geheim halten und meine Ideen schützen?

Diese Frage wird häufig gestellt und in vielen Fällen als erfolgskritisch angesehen. Tatsächlich ist es aber kaum möglich, die Ergebnisse der Unternehmensentwicklung dauerhaft geheim zu halten. Da sich fast alles auf Kunden und Mitarbeiter auswirkt, wird verständlicherweise (meist positiv) darüber gesprochen. Gute Dienstleistungen sprechen sich herum, und zufriedene Mitarbeiter berichten über Ihre Führungsmethoden. Häufig sind sogar die Unternehmer selbst an hoher Transparenz interessiert und geben schließlich ihre Erkenntnisse an die Presse oder befreundete Unternehmen weiter.

Es ist auch gar nicht problematisch, wenn die Ergebnisse guter Unternehmensführung bekannt sind. Schließlich könnte ein Konkurrent sie sich auch selbst durch Literaturstudium und externe Unterstützung beschaffen. Der tatsächliche Wettbewerbsvorteil erfolgreicher Unternehmen besteht daher nicht in der Geheimhaltung von Wissen, sondern in erster Linie darin, ihren Erfolg zu planen und ständig an der Umsetzung zu arbeiten. Mit der richtigen Unterstützung, der Fähigkeit, Veränderungen schnell und erfolgreich umzusetzen, und der nötigen Flexibilität sind Sie automatisch besser als die Konkurrenz. In der Regel dauern die wesentlichen Schritte der Unternehmensentwicklung mehrere Monate und bedingen viele wichtige Entscheidungen. Wenn Ihr Konkurrent beispielsweise Ihr wichtigstes strategisches Instrument – den Businessplan – in die Hände bekommt, so könnte er damit zunächst kaum einen Vorteil gewinnen. Er müsste selbst bereit sein, die entsprechenden Schritte einzuleiten, und könnte dabei nicht sicher sein, ob die beschriebene Entwicklung seinem Unternehmen überhaupt zuträglich ist. Auch für die Implementation einzelner Services oder Prozesse benötigen Unternehmen oft Wochen oder gar Monate. Sie sind auf jeden Fall schneller und werden daher auch die größten Erfolge aus der Entwicklung ziehen.

In der Praxis hat es sich bewährt, einige Dokumente der Unternehmensentwicklung als vertraulich zu kennzeichnen und nicht jedem Mitarbeiter zur Verfügung zu stellen. Das stellt keinen 100-Prozent-Schutz dar, verhindert aber häufig, dass bestimmte Informationen nicht zu schnell an die Öffentlichkeit dringen.

Welche Arten der externen Unterstützung gibt es?

Grundsätzlich ist jede Art der externen Unterstützung möglich, und es gibt entsprechende Angebote. Die wesentlichen Formen der Unterstützung sind in der folgenden Tabelle aufgelistet.

Form	Beschreibung
Seminare	Hier wird das Wissen durch Vortrag und kurze Übungen in komprimierter Form vermittelt. Je nach Dauer und Teilnehmerzahl ist eine intensive persönliche Betreuung möglich.
Telecoachings	Telefonisch werden in der Regel wöchentlich Themen zur Unternehmensentwicklung besprochen. In der Zwischenzeit sind Aufgaben zu bearbeiten. Ein Gruppencoaching hat einen festen Ablaufplan und geht weniger auf individuelle Bedürfnisse ein, dafür ist es preislich attraktiver, und man kann sich besser an anderen Teilnehmern orientieren.

Selbststudium	Durch den Kauf von Büchern, Videos oder Unterlagen erarbeiten Sie sich das Grundwissen und können eigenständig an Ihrer Entwicklung arbeiten. Dies ist die kostengünstigste Alternative, allerdings erfordert sie auch die größte Disziplin. Im Selbststudium werden Erfolge meist auch nur sehr langsam erzielt, weil die Unterstützung durch den erfahrenen Berater fehlt. Erfahrungsgemäß dauert es oft mehrere Monate, bis erste Ergebnisse sichtbar werden.
Beratung	Vor Ort oder telefonisch erarbeitet der Berater für Sie Strategien und belastbare Konzepte, die dann von Ihnen umzusetzen sind. Vorteil dieser Unterstützung ist, dass die Ergebnisse garantiert werden können. Der Berater erstellt professionelle Konzepte, und Ihr persönlicher Aufwand ist sehr gering. Dafür sind die Kosten etwas höher als bei den anderen Varianten.
Business-Scan	Der Business-Scan ist die kostengünstigste Variante, um schnell und sicher ein mittelfristiges Entwicklungskonzept für Ihr Unternehmen zu erhalten. Durch die Bewertung aller wichtigen Unternehmensbereiche erhalten Sie klare Anweisungen, was zu tun ist. Die Kosten sind im Vergleich zum Nutzen sehr niedrig, und Ihr persönlicher Aufwand beträgt (ohne die Umsetzung der Empfehlungen) circa vier bis sechs Stunden.
Implementation	Sofern Rollen und Abläufe in Ihrem Unternehmen definiert wurden, können sie auch in der IT implementiert werden. Wenn Sie ein entsprechendes Programm einsetzen, können Sie hier Anpassungen vornehmen, damit Arbeitsabläufe zukünftig einfacher und strukturierter ablaufen. Die Implementation kann durch einen externen IT-Spezialisten erfolgen.

Welche Möglichkeiten der Förderung gibt es?

Unternehmensberatung ist unter gewissen Rahmenbedingungen förde-rungsfähig. Hierzu muss das Beratungsunternehmen bestimmte Voraus-setzungen erfüllen. Ob das eigene Unternehmen und die gewählte Bera-tung förderungsfähig ist, erfahren Sie zum Beispiel unter http://www.beratungsfoerderung.info. Es können bis zu vier Beratungen zu jeweils 50 Prozent (maximal jeweils 1.500 Euro) gefördert werden. Weitere För-derungen werden über den europäischen Sozialfonds für Deutschland ge-währt. Informationen hierzu finden Sie unter http://www.esf.de. Auch die KfW-Mittelstandsbank bietet Förderungen für Unternehmensberatung an. Prüfen Sie in jedem Fall die Möglichkeiten, denn in vielen Fällen muss das Geld nicht zurückgezahlt werden und ist damit eine wirkliche Hilfe bei der Optimierung und Gestaltung Ihres Unternehmens.

Anhang

Bewertung Ihrer Fortschritte

Dieses Buch dient in erster Linie dazu, Ihre Fähigkeiten als Unternehmer zu verbessern und ein hervorragend organisiertes Unternehmen aufzubauen. Bewerten Sie daher Ihre bisherigen Fortschritte hinsichtlich der Unternehmensentwicklung. Verwenden Sie einfach das folgende Bewertungsschema:

Bewertung	Bedeutung
−1	Verschlechterung
0	Keine Verbesserung
+1	Klare Verbesserung
+2	Deutliche Verbesserung mit erkennbaren Auswirkungen im Unternehmen

Tabelle 43: Bewertungsskala zur Selbstkontrolle

Unternehmensbereich	Ihre Bewertung
Management (Dokumentationsvorlage, Businessplan, Businessstrategie, Maßnahmenplanung)	
Führung (Organigramm, Rollenmodell, Stellenbeschreibungen, Werte und Regeln, Mitarbeiterziele)	
Marketing (USP, Elevator Pitch, Kernkompetenz, Positionierungsaussage, Marketingplan, systematisches Marketing)	
Interessentengewinnung (zum Beispiel Aktivitäten zur Interessentengewinnung, Erfolgsmessung bei Marketingaktivitäten, Budget für Marketing)	

Kundengewinnung (zum Beispiel Systematisierung der Gesprächsleitfäden, Verkaufshilfen, Verträge, Zielgruppendefinition, Veränderung Ihres Angebots)	
Leistungserbringung (Kommunikation der Leistungen, Kundengarantien, Auswertung der Kundenzufriedenheit, Weiterempfehlungen, Referenzen)	
Support (IT-Administrationshandbuch)	
Finanzen (Verständnis, Planung, Reduzierung von Fixkosten, Überlebensquote)	

Tabelle 44: Bewertungsschema zur Selbstkontrolle

Grundlegende Fragen zur Businessplanung

Ein Businessplan ist in erster Linie ein Kommunikationsinstrument. Das aus der Planung resultierende Dokument (oder ein Teil davon) dient dazu, Ihre Ziele und Wachstumsstrategien anderen gegenüber zu kommunizieren. Der Plan selbst sollte einen Zeitraum von drei bis sieben Jahren umfassen und regelmäßig aktualisiert werden.

Woher können Sie wissen, was in sieben Jahren mit Ihrem Unternehmen sein wird? Die Antwort lautet: Sie können es nicht. Wenn Sie es jedoch planen, dann können Sie bereits heute erste Schritte gehen, damit Sie in sieben Jahren tatsächlich dort sind, wo Sie sein möchten. Letztendlich ist die gewählte Strategie zur Entwicklung eines Unternehmens wichtiger als das Wachstum, das Sie durch eine Markt- oder Wettbewerbsanalyse ermitteln können. Oft ändern sich Märkte und Konsumentenverhalten schnell. Ihre langfristige Strategie hilft Ihnen, konsequent zu wachsen, während Sie gleichzeitig flexibel auf Veränderungen reagieren.

Zur Vorbereitung auf die Erstellung des eigentlichen Plans empfehle ich die möglichst umfassende Beantwortung grundlegender Fragen über Ihr Geschäft. Nachfolgend eine Liste mit Fragen, die direkt oder indirekt durch den Businessplan beantwortet werden sollten:

Interessentengewinnung

➤ Wie machen wir Interessenten auf uns aufmerksam?

➤ Wie gelangen wir an Informationen über neue Interessenten?

➤ Wie stellen wir den ersten Kontakt her?

➤ Wie verringern wir schrittweise den Anteil der kalt akquirierten Aufträge und erhöhen die Anzahl der Interessenten, die von sich aus auf uns zukommen?

➤ In welchem Gebiet und in welcher Zielgruppe akquirieren wir?

➤ Wie viele Interessentenkontakte wollen wir in den ersten 60 Tagen erzeugen?

➤ Welche Medien und Kommunikationskanäle nutzen wir?

Kundengewinnung

➤ Wie werden Interessenten zu Auftraggebern?

➤ Wie werden die Verhandlungen geführt?

➤ Führt die Verhandlungen ein hauseigener Spezialist oder jeder, der einen Kontakt hergestellt hat?

➤ Was wird gebraucht, um Interessenten zu überzeugen (Medien, aufwendige Broschüren, Präsentationen et cetera)?

➤ Welche Ausbildung ist für die Verkäufer notwendig? Welche Fähigkeiten müssen wir uns als Unternehmen aneignen?

➤ Wie bauen wir die Verhandlung auf? Nach welchem Skript gehen wir vor?

➤ Wo führen wir die Verhandlung? Im eigenen Büro oder beim Auftraggeber?

Leistungserbringung

➤ Wie bestimmen wir ein Budget, und wie setzen wir es ein?

Management

➤ Wo werden wir in zwölf Monaten und wo in drei Jahren stehen?

➤ Wie wollen wir wachsen?

➤ Welche Mitarbeiter wollen wir beschäftigen?

➤ Arbeiten wir mit dokumentierten Prozessen, und wie werden sie erfasst?

Führung

➤ Wer sind wir?

➤ Wen wollen wir?

➤ Wie arbeiten wir zusammen?

➤ Welche Rollen gibt es im Unternehmen? Wie und wann werden sie besetzt?

➤ Aufgaben, Zuständigkeiten, Verantwortung und Gehalt einer einzelnen Stelle

Marketing

➤ Wo wollen wir präsent sein?

➤ Wollen wir mit einem Ladenlokal präsent sein?

➤ Auf welche Objekte konzentrieren wir uns?

➤ Wie ist unser Erscheinungsbild (Logo et cetera)? Wie stellen wir uns einheitlich nach außen dar?

➤ Wer sind unsere Zielkunden? Was sind deren Vorlieben und Entscheidungsstrategien?

Supportprozesse

➤ Welche Software unterstützt unsere Pläne am besten?

➤ Welche Standards sind nützlich und helfen uns, Kosten zu sparen?

➤ Wie kann die Systematisierung zur Automatisierung werden?

➤ Welche Bürotechnik brauchen wir?

Finanzen

➤ Wie hoch sind unsere Fixkosten?

➤ Mit welchen Kennziffern überwachen wir die Finanzen?

➤ Wie viel Geld können wir monatlich aus dem Unternehmen entnehmen?

➤ Welche Investitionen sind geplant, und wie werden sie finanziert?

Checklisten

Auf den folgenden Seiten finden Sie verschiedene Checklisten, die Ihnen dabei helfen, wichtige Aspekte Ihres Unternehmens besser zu steuern oder zu gestalten. Checklisten sind eine besonders einfache Methode, um Qualität und Professionalität sicherzustellen. Sie eignen sich vor allem zur Beschreibung einfacher Routineaufgaben, bei denen der Arbeitsablauf linear erfolgt, also ohne Entscheidungen oder Verzweigungen. Aus diesem Grunde ist die Checkliste oft der einfachste Weg, um die Systematisierung im Unternehmen zu verbessern. Beschreiben Sie zunächst den groben Ablauf oder die wichtigsten Eckpunkte. Anschließend testen Sie die Checkliste und ergänzen oder streichen gegebenenfalls einzelne Punkte. Eine Checkliste kann selten als vollständig gelten. Betrachten Sie sie eher als möglichst gute Annäherung an die gewollte Abfolge und ergänzen Sie sie, sobald deutlich wird, dass eine Änderung die Arbeitsqualität verbessern würde.

Ein IT-Techniker hatte die Aufgabe, in einem Unternehmen Laptop-Computer zu konfigurieren und sie anschließend an die Mitarbeiter auszuliefern. Nach einigen Wochen gab es Beschwerden, dass bei der komplexen Konfiguration direkt nach der Auslieferung Fehler auftraten. Beispielsweise war das Tastaturlayout gelegentlich in der falschen Sprache, Treiber fehlten, oder die Bildschirmauflösung für den externen Monitor stimmte nicht. Einige Fehler führten zu Beschwerden beim Vorgesetzten, der daraufhin eine Checkliste einführte, die der IT-Techniker von diesem Moment an zu benutzen hatte. Die Fehlerquote nahm sofort stark ab, die Beschwerden blieben aus.

Nach einigen Wochen gab es erneut Beschwerden, wobei ähnliche Konfigurationsfehler bemängelt wurden. Der Mitarbeiter wurde daraufhin angesprochen und konnte sich die Nachlässigkeiten nicht erklären. Schließlich war er Profi, und die durchgeführten Aufgaben waren für ihn keine besondere fachliche Herausforderung. Als der Vorgesetzte ihn auf die Checkliste ansprach, wurde die Ursache für die Fehler klar. Seine Antwort lautete: »Die Checkliste habe ich im Kopf!«

Achten Sie also darauf, dass Checklisten benutzt werden, und lassen Sie sie nach Verwendung durch die Mitarbeiter abzeichnen. Wer sich weigert, Checklisten zu benutzen oder zu verbessern, falls sie tatsächlich fehlerhaft sind, sollte zunächst freundlich angesprochen, in letzter Konsequenz jedoch verwarnt werden.

Checkliste Direktmarketing

Direktmarketingbriefe sind eine Methode der Interessentengewinnung. Sie können je nach Angebot auch dazu verwendet werden, direkt etwas zu verkaufen. In diesem Fall ersetzt ein solcher Brief das persönliche Verkaufsgespräch. Gut gemachte Direktmarketingschreiben unterscheiden sich deutlich von einfachen Informationsbriefen. Diese Checkliste beschreibt einige der wesentlichen Unterschiede und hilft Ihnen, schon vor dem eigentlichen Versand die Wirksamkeit der Briefe deutlich zu steigern.

➤ Das Ziel der Direktmarketingaktion ist es, möglichst direkt Geld zu verdienen. Es handelt sich daher nicht um Imagewerbung, sondern um Briefe, die im Hinblick auf persönliche Kontakte (Interessenten) oder Verkauf geschrieben wurden.

➤ Das Anschreiben beinhaltet einen guten, klar erkennbaren Grund, damit sich der Leser bei Ihnen meldet. Ein Nutzen muss für ihn offensichtlich sein.

➤ Das Alleinstellungsmerkmal Ihres Unternehmens (USP) beinhaltet einen verständlichen Kundennutzen und wird im Schreiben deutlich erwähnt.

➤ Ihre Kernkompetenz ist gut zu erkennen. Die Positionierungsaussage ist Bestandteil des Anschreibens.

➤ Die Direktmarketingaktion ist auf eine klar definierte Zielgruppe oder ein klar definiertes regionales Gebiet konzentriert. Das Anschreiben nimmt Bezug auf diese Fokussierung. Die Zielgruppe ist hinreichend homogen, sodass das Schreiben auf die Zielgruppe und deren Bedürfnisse direkt eingeht. Die Hauptbedürfnisse der Zielgruppe sind eindeutig bekannt und werden im Text angesprochen.

➤ Die Anschreiben sind persönlich adressiert (Name und Anschrift). Sie werden nicht einfach als Postwurfsendung verteilt.

➤ Die Inhalte des Anschreibens sind glaubwürdig und gegebenenfalls mit Referenzen, Kundenaussagen oder Beweisen untermauert.

➤ Die Frage »Warum soll ich mich für dieses Unternehmen entscheiden?« wird durch das Anschreiben nachvollziehbar beantwortet.

➤ Die Texte sind leicht verständlich und arm an typischen Werbeformulierungen.

➤ Rückantworten sind möglichst einfach in der Durchführung. Postkarten, auf denen die Absender- und die Firmenadresse eingetragen sind, werden eher genutzt als die Aufforderung, Sie anzurufen.

➤ Der Brief sieht eine Alternative für alle Empfänger vor, die im Moment nicht handlungsbereit sind. Entsprechende Informationsangebote helfen dabei, eine Interessentenkartei mit Personen aufzubauen, die jetzt noch nicht kaufen wollen.

➤ Der Brief ist hauptsächlich aus der Perspektive des Adressaten geschrieben. Zu häufige »Wir«-Formulierungen werden vermieden, der Adressat wird direkt angesprochen. Auch hier ist das richtige Verhältnis angemessen. Anschreiben, die in jedem Absatz den Adressaten direkt ansprechen (»Meinen Sie nicht auch, lieber Herr Müller?«), scheiden aus.

➤ Das Anschreiben wurden hinsichtlich seiner Einzigartigkeit getestet. Es beinhaltet keine Texte, Slogans oder Angebote, die zuvor von anderen Anbietern (auch aus anderen Branchen) verwendet wurden.

➤ Die Direktmarketingaktion ist im Marketingplan vermerkt. Das Budget dafür ist bekannt und wird kontrolliert.

➤ Erfolgskontrolle: Die Wirksamkeit der Briefe wird ausgewertet. Nur Briefe, die eine vorher definierte Wirksamkeit (zum Beispiel 5 Prozent Rückmeldungen) überschreiten, werden weiterhin eingesetzt. Ansonsten werden die Schreiben verändert und erneut getestet oder verworfen.

Checkliste interessentenoptimierte Website

Eine Website ist nicht nur die Visitenkarte Ihres Unternehmens. Sie ist gleichzeitig Kommunikationsinstrument, Informationspool und Shop. Selbst wenn Ihr Unternehmen ausschließlich komplexe Dienstleistungen anbietet, sollte Ihre Website mehr bieten als nur allgemeine Informationen und eine Telefonnummer für Rückfragen. Die nachfolgende Checkliste dient der Überprüfung der grundlegenden Kommunikationselemente. Beachten Sie unbedingt, dass es bei der Website in erster Linie um Ihre Interessenten geht und nicht um Ihren persönlichen Geschmack oder die Meinung selbst ernannter Experten. Gerade weil Websites ein so allgemeines Kommunikationsinstrument geworden sind, hat auch jeder eine Meinung dazu. Lassen Sie sich also nicht verunsichern und bewerten Sie Vorschläge vor allem nach der Möglichkeit, Ihr Geschäft zu unterstützen. Hübsche Websites sind zwar schön anzusehen, aber bringen sie auch neue Kontakte und Interessenten oder gar direkten Umsatz?

➤ Bereits auf der Startseite ist beschrieben, was das Unternehmen anbietet (Positionierungsaussage). Auf keinen Fall soll der Betrachter erst mühsam ermitteln müssen, was das Unternehmen leistet.

➤ Die Website enthält ein Kontaktformular, sodass der Betrachter um Rückruf oder Kontaktaufnahme per E-Mail bitten kann.

➤ Sofern Produkte angeboten werden, müssen die Vorteile klar beschrieben sein. Produkte, die aufeinander aufbauen (zum Beispiel bei Abonnements mit gestaffelten Leistungen oder Tarifoptionen), werden vergleichend gegenübergestellt, damit leicht erkennbar ist, welche Option für den Leser am besten geeignet ist. Auf keinen Fall soll der Leser mühsam Texte analysieren müssen, um herauszufinden, was die Eigenschaften eines Angebots sind.

➤ Wenn persönliche Dienstleistungen angeboten werden (zum Beispiel Ärzte, Freiberufler, Makler, Steuerberater, Anwälte), zeigt eine Site Bilder der Ansprechpartner, gegebenenfalls ein Profil und eine Kontaktmöglichkeit. Hochwertige Fotos von fremden Fotomodellen sind nicht geeignet, um einen persönlichen Bezug aufzubauen.

➤ Die Site bietet einen wichtigen Grund, sich zu melden. Newsletter reichen hierfür meist nicht aus und sind häufig sogar lästig für das Unternehmen, weil die Pflege sehr aufwendig werden kann. Arbeiten Sie besser mit exklusiven Einmalinformationen (E-Books, Produktproben, kostenlosen Kennenlernangeboten), die man nur gegen Angabe der Kontaktdaten erhält.

➤ Sofern möglich, gibt es mindestens ein preiswertes (hochwertiges) Einzelprodukt, das sofort bestellt werden kann. Hierdurch hat der Interessent die Möglichkeit, die Qualität Ihrer Leistungen zu bewerten.

➤ Sofern Produkte angeboten werden, ist immer auch eine Abbildung vorhanden. Handelt es sich um ein Infoprodukt oder E-Book, wird trotzdem ein Produktbild (zum Beispiel Titelseite) gezeigt.

➤ Zu jedem Produkt oder jeder Dienstleistung ist eine ausführliche Leistungsbeschreibung vorhanden. Sofern es Leistungsversprechen oder Zufriedenheitsgarantien gibt, werden diese auch erläutert.

➤ Kundenreferenzen untermauern die Glaubwürdigkeit und den Nutzen Ihrer Angebote. Nach Möglichkeit sind Referenzen mit Namensangabe und Bild versehen.

➤ Die Website entspricht den aktuellen rechtlichen Anforderungen (Impressum, AGB, Widerrufsrechte et cetera).

Checkliste Besuch im Büro

Wenn Sie in Ihrem Büro Kunden, Bewerber oder für Sie wichtige Personen empfangen, achten Sie darauf, dass der erste Eindruck möglichst positiv ist. Je besser organisiert Ihr Büro wirkt, desto größer ist das Vertrauen in Ihre Leistung. Außerdem muss ein gut vorbereiteter Gesprächstermin seltener unterbrochen werden, weil man eben nicht erst nach Teebeuteln, Präsentationen oder Beamern suchen muss. Ein gut vorbereitetes Gespräch spart Zeit und führt zu besseren Ergebnissen.

➤ Das Büro ist grundsätzlich aufgeräumt. Vertrauliche Unterlagen wie Verträge, Personalakten, Strategien und Rechnungen sind Besuchern nicht zugänglich.

➤ Falls das Rauchen erlaubt ist, stehen saubere Aschenbecher bereit.

➤ Der Besuchsraum ist aufgeräumt. Unterlagen oder Notizen vorheriger Gespräche wurden entfernt. Gegebenenfalls wurde gelüftet oder ein Raumspray verwendet.

➤ Im Besuchsraum stehen (sofern für das Gespräch vorgesehen) Kaffee, Tee, Wasser, frische Gläser und Snacks bereit. So wird Störungen und Unterbrechungen vorgebeugt. Es ist lästig, wenn die Assistenz zunächst alle Anwesenden nach ihren Getränkewünschen befragt und anschließend Verhandlungen beginnen, falls die verlangten Erfrischungen nicht vorhanden sind.

➤ Im Besuchsraum sind genügend Stühle vorhanden. Stifte, Notizblöcke, Boardmarker, Firmenbroschüren, Verkaufsunterlagen und gegebenenfalls ein Beamer mit Leinwand stehen bereit.

➤ Falls Technik benötigt wird (zum Beispiel Internetzugang), sind die Geräte bereits funktionsfähig aufgebaut. Gegebenenfalls müssen Demos oder Programme vorher installiert werden.

➤ Während des Gesprächs sind Unterbrechungen nicht gestattet. Telefone werden abgestellt oder umgeleitet. Ein Schild »Bitte nicht stören« sorgt für Ruhe während des Termins.

➤ Weitere mögliche Störquellen werden beseitigt. Zum Beispiel werden Hunde aus dem Besuchsraum ausgesperrt, da nicht jeder Gesprächspartner davon begeistert sein wird.

➤ Der Gesprächspartner wird namentlich an der Tür begrüßt und am Empfang abgeholt. Sofern er warten muss, stehen Toiletten sowie Getränke oder interessanter Lesestoff bereit. Der Lesestoff entspricht den möglichen fachlichen Interessen der Besucher und ist aktuell. Auf keinen Fall werden einfach Zeitschriften ausgelegt, bloß weil das Unternehmen sie kostenlos bezieht, zum Beispiel das BMW-Magazin, weil der Unternehmer zufällig einen BMW fährt, oder die *Focus*-Ausgaben der letzten Monate, weil er die selbst gerne liest.

➤ Wenn im Unternehmen Einheitskleidung vorgeschrieben ist, wird darauf geachtet, dass zum Beispiel der Firmensticker oder andere Accessoires getragen werden.

Beispiel für einen Fragebogen zur Kundenzufriedenheit

Sehr geehrte Frau/Sehr geehrter Herr <Name>,

herzlichen Dank, dass Sie sich für unser Unternehmen und unsere Leistungen entschieden haben. Wir möchten diese gerne kontinuierlich verbessern, damit wir auch in Zukunft die Wünsche und Erwartungen unserer Kunden optimal erfüllen können. Aus diesem Grund erhalten Sie heute einen Fragebogen von uns, der uns dabei unterstützt, unsere Leistungen weiter zu verbessern. Bitte nehmen Sie sich ein wenig Zeit zur Beantwortung der Fragen. Als kleines Dankeschön spenden wir für jeden ausgefüllten Bogen 5 Euro an eine von drei Organisationen, wobei Sie selbst entscheiden dürfen, wem die Spende zugutekommt.

1. Wie haben Sie zum ersten Mal von uns erfahren?

   O Internet   O Weiterempfeh-   O Ich wurde an-
                            lung   gerufen
   O Pressemittei-   O Messebesuch   O Werbeflyer
      lung
   Sonstiges:

2. Wie zufrieden waren Sie mit unserer telefonischen Erreichbarkeit?

   Note:

3. Wie schätzen Sie die Kompetenz unserer Mitarbeiter ein?

   Note:

4. Wie zufrieden waren Sie mit der Qualität unserer Leistung?

   Note:

5. Wurden alle Zusagen korrekt eingehalten?

   O Ja   O Nein

6. Welches Lob möchten Sie uns aussprechen?

7. Welche Verbesserungsvorschläge haben Sie?

Vielen Dank für Ihre Mithilfe!

O Ja, Sie dürfen meine Antworten auszugsweise veröffentlichen (Internet, Prospekte).

Bitte wählen Sie, für welche Einrichtung wir 5 Euro als Dankeschön für Ihre Zeit spenden sollen:

O SOS-Kinderdörfer (http://www.sos-kinderdorf.de)

O DKMS Deutsche Knochenmarkspenderdatei (http://www.dkms.de)

O Fairness Stiftung (http://www.fairness-stiftung.de)

Zum Schluss

Dieses Buch hat Ihnen gezeigt, was Sie dafür tun können, um ein gut systematisiertes Unternehmen aufzubauen, das sich kontinuierlich erfolgreich weiterentwickelt. Wenn ich vor dem Beginn einer Unternehmensentwicklung mit Geschäftsführern spreche, ist es oft erschreckend, wie wenig diese von Unternehmensentwicklung wissen. Sie arbeiten lieber sehr engagiert im Tagesgeschäft und vergessen dabei, sich um die Firma selbst zu kümmern. Anfänglich ist es häufig schwierig, die alten Gewohnheiten zu ändern und genügend Abstand zu gewinnen, um sich objektiv mit der Firmenentwicklung auseinanderzusetzen.

Sicherlich ist einiges an Konsequenz notwendig, wenn man beispielsweise feststellt, dass man mit der bisherigen Situation – oder, noch schlimmer, mit der bisherigen Teamsituation – nicht in der Lage sein wird, die unternehmerischen Ziele durchzusetzen. Andererseits ist es auch fast nie sinnvoll, sehr viele Veränderungen gleichzeitig durchzuführen. Manche Unternehmer wünschen sich heimlich ein paar Tage in einer stillen Berghütte, um in dieser Zeit die Firma nach dem hier vorgestellten Modell komplett neu zu denken.

Leider funktioniert dies in der Praxis meist nicht. Sobald man nämlich einige Veränderungen umgesetzt hat, verhält sich das Unternehmen bereits ein wenig anders, als man sich das gedacht hat. Das bedeutet gleichzeitig, dass die nächsten geplanten Veränderungen nicht mehr wie gewünscht greifen werden. Auch wenn es möglich ist, in vier Tagen sein Unternehmen grundlegend zu analysieren, Schwachstellen zu erkennen und neue Möglichkeiten und Strategien zu entwickeln, dauert es eine Weile, bis Veränderungen wirken und Erfolge sich einstellen.

Die wichtigsten persönlichen Eigenschaften bei der Gestaltung eines guten Unternehmens sind die Fähigkeit zur klaren Zielsetzung, die geistige Flexibilität, falsche Entscheidungen zu erkennen und zu revidieren, sowie die notwendige Ausdauer, um konsequent für Verbesserungen zu sorgen. Das notwendige Wissen dazu und die passendes Systematik finden Sie in diesem Buch.

Dank

Ohne das Engagement von Werner Berghaus, dem Herausgeber des *Immobilienprofis*, wäre das in diesem Buch vorgestellte Modell nicht denkbar. Durch seine Bereitschaft, auch Ideen zu unterstützen, die zunächst als unkonventionell galten und teilweise auf Widerstand stießen, wurde es überhaupt erst möglich, bestimmte Konzepte zu tragfähigen Lösungen zu entwickeln. Mit »Makeln21« wurde zwischenzeitlich ein anerkannter und offener Standard für die Unternehmensentwicklung geschaffen, der in der Immobilienbranche als einzigartig zu bezeichnen ist.

Annette Sommer sei für ihren unermüdlichen Einsatz gedankt und für ihre Bereitschaft, mit Immobileo ein Musterunternehmen zu gründen, das die hier vorgestellten Prinzipien getestet und mitgestaltet hat. Dirk Johannes Oestreich danke ich für die Unterstützung bei der Implementation zahlreicher Praxiselemente sowie für die Lösung technischer Probleme bei eigenen Systemen und denen von Kunden.

Meiner Frau Mirela danke ich für ihre liebevolle Unterstützung und ihre unermüdlichen Bemühungen, mir auch in schwierigen Zeiten zur Seite zu stehen.

Meinen Kunden danke ich für die vertrauensvolle Zusammenarbeit, die großen Erwartungen und die Bereitschaft, Ideen und Vorschläge umzusetzen, auch wenn diese anfänglich nicht immer einleuchtend waren.

Schließlich bedanke ich mich bei meinen Kritikern und Wettbewerbern für die Erfahrungen und Enttäuschungen. Ich habe mich bemüht, die Lektionen zu lernen und in meinen Modellen und Standards zu verarbeiten.

Stichwortverzeichnis

E

E-Books 151, 328
EFQM-Modell 292
Eigenkapitalquote 247
Einarbeitung 38, 43, 75, 108, 113,
117, 121, 124, 126, 128, 136, 138,
269 f., 273, 288, 296
Einkäufer 295
Einsparungen 220, 253, 262
Einwandbehandlungstechniken
160
Elevator Pitch 79 87, 91, 171, 278,
305, 318
Energiekosten 217
Entlassung *siehe* Kündigung
Entscheidungsdauer 70, 171
Entstörung 265
Erscheinungsbild 79, 89, 242, 322
Ertragsoptimierung 208, 216 f.,
219-223
Ertragsoptimierungsprozess 222
Events 154

F

Facebook 91, 96 f., 100, 102, 107
Fahrzeugkosten 212
Fairpreis-Garantie 199, 201, 206
Faktura 209
Farben, des Firmenlogos 76, 89,
242
Farming 90, 93-96, 107, 150, 155,
157, 164
Finanzplanung 17, 57, 64, 207 f.,
210, 233, 288 f.
Firmenlogo 73, 76, 89, 153
Fixkostenberechnung 223

Förderung, Möglichkeiten der 317
Führungsgrundsätze 109
Führungssystematik, Hauptge-
schäftsprozess Führung 116

G

Gerber, Michael 31, 48
Geschäftsaufgabe 292
Geschäftsführer 16, 29, 38, 40, 42,
57, 60 ff., 76, 89, 118, 122, 125 f.,
128, 131 f., 187, 190 f., 205, 300,
303, 305, 333
Geschäftsübergabe 66, 118
Gewinnspanne 71, 247
Google 77, 92, 102, 179,
Grundprinzipien 32, 48, 77, 81,
114, 148

H

Hauptaufgabe, Geschäftsführer 60
Hauptgeschäftsprozesse
–, Finanzen 70, 209, 283
–, Führung 70
–, Interessentengewinnung 70
–, Kundengewinnung 62, 70, 144,
280, 295
–, Leistungserbringung 70, 281
–, Management 70, 277
–, Marketing 70, 278
–, Support 70, 281
Hauptverantwortung 66, 108, 112,
120, 124f., 132, 142, 277, 279,
299 f.
High Probability Selling 162
Huckepackmarketing 147, 156

Das ultimative Sündenbuch für Manager

Jeder kennt sie: Chefs, die am liebsten alles selbst machen und glauben, andere können gar nichts, die alle Informationen wie ein Staatsgeheimnis hüten und Mitarbeitermotivation für unproduktive Gefühlsduselei halten. Solche Führungskräfte sind auf dem besten Weg, den Berufsalltag für sich und andere zur Hölle zu machen.

Mit viel Humor und aus dem Leben gegriffenen Beispielen bringt Klaus Schuster die 11 schlimmsten Managementsünden auf den Punkt und zeigt konkret, dass es auch anders geht. Schließlich führt nicht zuletzt Spaß an der Arbeit zu besserer Leistung!

280 Seiten
Hardcover
€ 14,90 (D) | € 15,40 (A) | sFr. 26,90
ISBN 978-3-86881-038-7

Das Geheimnis effektiver Führung

Die Experten des Meinungsforschungs-
unternehmens Gallup haben die
Grundlagen einer effektiven Führung
analysiert – mithilfe von über 20 000
Tiefeninterviews mit Top-Führungskräf-
ten, Studien über mehr als eine Million
Arbeitsgruppen und 50 Jahren einzigar-
tiger Managementforschung.

Die Quintessenz dieser Untersuchung
präsentieren Tom Rath und Barry
Conchie in diesem Buch: Sie verraten
die drei Grundpfeiler von erfolgreicher
Führung und bieten in 34 Führungsan-
sätze konkretes Wissen über die eigenen Stärken und die von anderen. Ein
persönlicher Zugangscode zu Gallups
einzigartigem StrengthsFinder-Pro-
gramm ermöglicht es Ihnen, Ihre Stärken selbst zu analysieren.

240 Seiten
€ 29,90 (D) | € 30,80 (A) | sFr. 48,90

ISBN 978-3-86881-052-3

www.redline-verlag.de

REDLINE | VERLAG

Ein Bild sagt mehr als 1000 Worte – und das viel schneller

Bei vielen Geschäftsverhandlungen kommen PowerPoint-Präsentationen in epischer Länge und zahllose Dokumente zum Einsatz. Doch was ist, wenn eine wichtige Verhandlung im Restaurant, am Bahnhof oder sehr kurzfristig stattfindet, sodass keine Zeit für ausführliche Vorbereitungen bleibt? Dann müssen Ideen eben spontan auf Servietten oder auf der Rückseite einer Visitenkarte skizziert werden.

Dan Roam zeigt, wie man Geschäftsideen im Kopf visualisiert, auf den Punkt bringt und freihändig Schaubilder dazu entwirft. Und er beweist mit vielen Beispiel-Skizzen, dass – außer der vielzitierten Steuererklärung – so ziemlich jeder Business-Fall auch auf einem Bierdeckel Platz hat.

280 Seiten
Hardcover
€ 19,90 (D) | € 20,50 (A) | sFr. 35,90
ISBN 978-3-86881-016-5

www.redline-verlag.de

REDLINE | VERLAG

Management in neuer Dimension

Nur wer groß denkt, hat langfristig den Erfolg auf seiner Seite – ein Motto, das Führungskräfte wieder beherzigen sollten. Dieses Buch führt Managern vor, wie sie sich über Bedenkenträger und Erbsenzähler hinwegsetzen. Es gilt, sich auf das Wesentliche, das kreative Potenzial zu konzentrieren, und wirklich innovative Ideen zuzulassen.

Bernd H. Schmitt plädiert eindringlich dafür, Durchschnitt und Mittelmaß aus unseren Unternehmen zu verbannen, neue Impulse zu setzen und sich ein Beispiel am trojanischen Pferd, Fitzcarraldo und Gustav Mahler zu nehmen.

184 Seiten
Hardcover
€ 24,90 (D) | € 25,60 (A) | sFr. 44,90
ISBN 978-3-86881-024-0

www.redline-verlag.de

REDLINE | VERLAG

Nur die Liebe zählt –
Produkt sucht Kunde

Emotionen beeinflussen Entscheidungen, Kommunikation und Kaufverhalten – und sind damit ein elementares Kriterium für wirtschaftlichen Erfolg. Dem bewussten Umgang mit Gefühlen wird im Unternehmensalltag jedoch viel zu wenig Aufmerksamkeit gewidmet und so wird wertvolles Potenzial am Markt, bei Werbekampagnen und in der Mitarbeiterführung nicht genutzt.

Emotionomics bedeutet, im gesamten Unternehmen systematisch Empathie einzusetzen, um Emotionen zu wecken und Beziehungen aufzubauen. Dieses Buch zeigt die Umsetzung speziell für Marketing, Design, Werbung, Verkauf, Handel und Service und dass es wichtiger und lukrativer sein kann, auf Gefühle zu setzen, als Fakten zu bieten.

510 Seiten
Hardcover
€ 29,90 (D) | € 30,80 (A) | sFr. 48,90

ISBN 978-3-86881-040-0

www.redline-verlag.de

REDLINE | VERLAG

Wenn Sie **Interesse** an
unseren Büchern haben,

z. B. als Geschenk für Ihre Kundenbindungsprojekte,
fordern Sie unsere attraktiven Sonderkonditionen an.

Weitere Informationen erhalten Sie bei Nikolaus Kuplent
unter +49 89 651285-276

oder schreiben Sie uns per E-Mail an:
nkuplent@redline-verlag.de

REDLINE | VERLAG